高职高专"十三五"规划教材

网页设计与制作

项目化教程

何　芳　谭冬平　姜东洋　主编
郑伟丽　吴雪毅　副主编

化学工业出版社
·北京·

本书主要以Dreamweaver CC为操作平台，结合Photoshop、Flash等应用软件，按照工学结合、项目化教学要求编写，从基础知识着手，介绍了网页设计与制作技术中最基本、最实用的知识，舍弃了网页制作技术中那些过于枯燥难懂的内容，力图解决课堂教学中理论与实际脱节、学生普遍缺乏实际应用能力的问题。

全书以一个完整实例贯穿各项目，每个项目都有明确的知识目标和能力目标，结合两大目标划分具体任务，每个任务都按照"任务内容分析"→"任务知识学习"→"任务实践训练"→"任务小结"的思路编写。全书共分6个项目，主要介绍了网页制作基础、基本网页的制作、网页布局设计、制作内容丰富的网页、网站的测试与管理，以及综合应用实战等内容。

本书内容实用，通用性好，可操作性强，既适合作为高职高专类院校计算机相关专业教材，也适合网页制作初级用户自学。

图书在版编目(CIP)数据

网页设计与制作项目化教程/何芳，谭冬平，姜东洋主编. —北京：化学工业出版社，2018.4
高职高专"十三五"规划教材
ISBN 978-7-122-31672-1

Ⅰ. ①网… Ⅱ. ①何… ②谭… ③姜… Ⅲ. ①网页制作工具-高等职业教育-教材 Ⅳ. ①TP393.092.2

中国版本图书馆CIP数据核字（2018）第042751号

责任编辑：王听讲　　装帧设计：刘丽华
责任校对：宋　玮

出版发行：化学工业出版社（北京市东城区青年湖南街13号　邮政编码100011）
印　刷：三河市延风印装有限公司
装　订：三河市宇新装订厂
787mm×1092mm　1/16　印张13¾　字数356千字　　2018年5月北京第1版第1次印刷

购书咨询：010-64518888（传真：010-64519686）　　售后服务：010-64518899
网　址：http://www.cip.com.cn
凡购买本书，如有缺损质量问题，本社销售中心负责调换。

定　价：32.00元

前 言

随着计算机网络技术的飞速发展，网页制作技术也在不断进步。快速且全面地掌握网页设计与制作技术，已成为众多网页制作爱好者的需求。为了普及网页制作技术，且配合高职高专院校计算机基础教育，特编写本书。

为了使本书的学习者能掌握较为扎实的基础知识，并能学以致用，将学过的知识融汇贯通应用于实践，在编写本教材时注重知识与技能并讲，理论与实践互补，设计与制作并重，向读者全面介绍了网页制作的特点和最常用的方法和技巧。

全书共分 6 个项目，主要介绍了网页制作基础、基本网页的制作、网页布局设计、制作内容丰富的网页、网站的测试与管理，以及综合应用实战。

全书以一个完整实例贯穿各项目，每个项目都有明确的知识目标和能力目标，结合两大目标划分具体任务，每个任务都按照“任务内容分析”→“任务知识学习”→“任务实践训练”→“任务小结”的思路编写，任务明确，重点突出，简明实用。

与同类教材相比，本书特点如下。

（1）本书采用项目化编写模式，将网页设计与制作的知识，按页面开发的基本过程，划分为各个项目进行介绍，可读性强。

（2）全书通过 21 个具体任务，以任务驱动的形式，介绍实际的操作案例，使学生能够学以致用，边学边用。

（3）通用性好。本书具有很强的针对性，既适合作为高职高专类院校的教材，也适合网页制作初级用户学习。

本书由辽宁机电职业技术学院何芳、湖南电子科技职业学院谭冬平和辽宁机电职业技术学院姜东洋担任主编，郑州城市职业学院郑伟丽和漯河职业技术学院吴雪毅担任副主编，具体编写分工如下：项目 1 由郑伟丽编写，项目 2 由何芳编写，项目 3 由姜东洋编写，项目 4 由谭冬平编写，项目 5、项目 6 由吴雪毅编写。全书由何芳策划和定稿。在编写过程中还得到了丹东一达软件开发有限公司张震总经理的技术支持，在此表示感谢。

由于水平有限，不足之处在所难免，恳请读者批评指正。

编 者

前言

编者

目　　录

项目 1　网页制作基础

学习网页制作首先要了解什么是网页，用哪些工具可以制作网页，制作网页时应遵循什么流程，以及开发网页的基本知识等。本项目将介绍网页设计制作的基础知识，主要包括网页的基本概念和相关知识、网页设计常用工具、网站的设计开发流程，以及 HTML 和 CSS 基础知识等内容。

【知识目标】

- 了解网页、网站及其特点；
- 掌握网页设计中的基础知识，包括色彩的基础知识；
- 了解网站的开发流程；
- 熟悉常见的网页布局；
- 认识 Dreamweaver CC，熟悉 Dreamweaver CC 的操作界面；
- 掌握 HTML 基本语法。

【能力目标】

- 能准确掌握网页制作的相关基础知识；
- 了解网站开发设计的基本流程；
- 熟练掌握 Dreamweaver CC 的基本操作，包括如何显示和使用面板；
- 能使用 HTML 编写简单的网页。

【具体任务】

- 任务 1：了解网页与网页制作流程；
- 任务 2：用 Dreamweaver CC 创建站点；
- 任务 3：编写 HTML 代码。

任务 1.1　了解网页与网页制作流程

当前网络空前繁荣，网络中最典型的表现形式就是网页，各类公司、企事业单位和个人都相继建立了自己的网站，越来越多的人开始学习制作网页。想要制作网页，首先应该了解网页，了解网页制作的相关知识。

什么是网页和网站？常用的网站分为哪几类？制作网页需要了解哪些相关知识？本任务就来解决这些问题。

❖　任务内容分析

掌握网页制作技术，首先要了解网页和网站的基础知识，主要包括以下内容：

① 认识网页；

② 网页设计的基础知识；

③ 网页开发工具；

④ 网站制作流程。

❖ 任务知识学习

1.1.1 认识网页

1. 网页与网站

网页是 Internet 的基本信息单位，一般网页中都会有文本和图片等信息，而复杂一些的网页中还会有声音、视频等多媒体文件内容。网页通过超链接实现网络资源的非线性访问是其最大特点。

网页由网址标识，当浏览者在浏览器的地址栏中输入网址并确定浏览后，网页文件通过编译被浏览器翻译成图文并茂的网页。

虽然网页的表现形式多种多样，但构成网页的基本元素基本相同，一般包含文本、图像、超链接、动画、表单、音频和视频等内容。

文本和图像是网页中两个最基本的构成元素，它们是页面信息表现的基本形式。

超链接是网页的核心，通过它可以实现从一个网页指向另一个目的端的链接。链接目标通常是一个网页，但也可以是图像、电子邮件地址、文件、程序等。

动画、音频和视频是页面内容更丰富的表现形式，通过这些元素可以使页面更具有个性和吸引力。

表单可以用来收集访问者的数据信息，收集的数据信息会根据设计者所设置的表单程序进行相应处理，利用表单可以完成搜索、登录、发送邮件等交互功能。

网站是指在 Internet 中根据一定规则，使用 HTML 等工具制作的，用于展示特定内容的相关网页的集合。简单地说，网站是一个信息平台，就像通告栏一样，人们可以通过浏览器来访问网站，获取自己所需的信息或享受网络服务。

网站中有个页面是浏览者在访问网站时首先看到的，这个页面中包含了一个网站中几乎所有主要内容及相关导航，浏览者可以按页面中的分类，快速找到自己所需的信息内容或链接，该页面通常被称为主页或首页。

2. 网页的分类

我们通常看到的网页都是以 html 或 htm 为后缀的文件，即 HTML 文件。不同的后缀分别代表了不同类型的网页文件，如 asp、php、jsp 等。

网页通常分为静态网页和动态网页两种。

所谓静态网页，就是指网页文件中没有程序，只有 HTML 代码，即单纯使用 HTML 编写的网页。这种网页是最早发展起来的网络浏览器文件（静态网页文件格式一般为*.html 或*.htm)，它作为全球信息网交流平台的媒介，用户只需通过编写 HTML 即可将信息显示在网页上，为网络浏览者提供各种信息共享服务。

静态网页由于使用 HTML 编写，所以受到 HTML 的限制，一般不具备与用户进行交互的功能，主要用于信息发布。

所谓动态网页，就是指网页文件不仅具有 HTML 标记，而且还包含其他动态程序代码，从而具备与访问者进行交互的功能，能够自我更新、动态显示数据。动态网页可以由程序控制自动、实时生成页面，所以这种网页具有日常维护简单、更改结构方便、交互性能强大等优势。动态网页一般使用在需要快速更新网站信息、搜集访问者信息、自动显示后台数据的网站设计上，如新闻网站、门户网站等。

动态网页是与静态网页相对应的，以 htm、html、shtml、xml 等形式出现的网页是静态网页，而以 asp、jsp、php、cgi 等形式出现的是动态网页。

动态网页可以是纯文本内容，也可以包含各种动画内容，这些只是网页具体内容的表现形式，无论网页是否具有动态效果，采用动态网站技术生成的网页都称为动态网页。

1.1.2　网页设计的基础知识

1. 网页版块构成

网页是由各种版块构成的。Internet 中的网页内容各异，然而多数都由一些基本版块组成，包括 Logo、网站导航、Banner、内容版块、页脚版块等。

（1）Logo。Logo 是企业或网站的标志。图 1-1 所示为新浪网的 Logo。

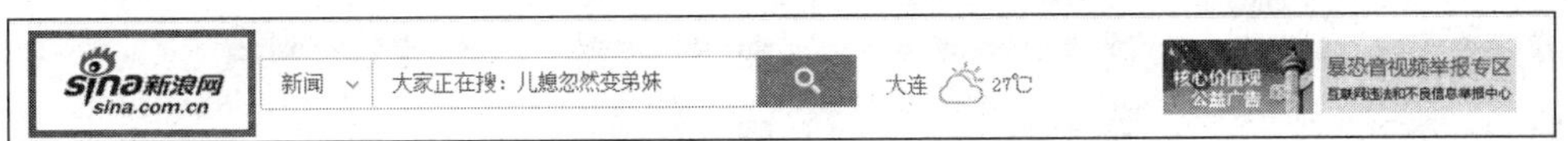

图 1-1　新浪网 Logo

（2）网站导航。网站导航是网站的重要组成元素。合理安排导航条可以帮助浏览者迅速查找到需要的信息。图 1-2 所示为 Adobe 公司网站的导航条。

图 1-2　Adobe 公司网站导航条

（3）Banner。Banner 直译为旗帜、网幅或横幅，意译则为网页中的广告。多数 Banner 都以 JavaScript 技术或 Flash 技术制作，通过动画效果可展示更多内容并吸引用户观看。

（4）内容版块。网页的内容版块通常是网页的主体部分。这一版块可以包含各种文本、图像、动画、超链接等。图 1-3 所示为 IBM 公司网站的内容版块。

图 1-3　IBM 公司网站内容版块

（5）页脚版块。页脚是网页最底端的板块，通常放置网站的版权信息。图 1-4 所示为国家新闻出版总署网站的页脚版权版块。

图 1-4 国家新闻出版总署网站页脚版块

2. 网页色彩的使用

网页设计是平面设计的一个分支，与其他平面设计一样，对色彩都有较大依赖性。色彩可以决定网站的整体风格，也可以决定网站所表现的情绪。

RGB 色彩模式主要应用于输出 CRT 显示器的一种色彩模式，它采用加法混色法，通过描述各种可见光在颜色中占据的比例来分析色彩。RGB 色彩的基准是光学三原色（红、绿和蓝）。

所有网页设计领域中的色彩都是以 RGB 色彩模式表现的。例如，常见的#RRGGBB 以及数字表示法等都是根据 RGB 三原色的强度实现的。

在早期各种浏览器中，图像的颜色显示方式并不统一，同一种颜色在不同的网页浏览器中可能会显示为不同的颜色。

为了保证网页基本的色彩显示，人们规定了 216 种颜色的显示方法，这 216 种颜色以同样的效果，在任意浏览器中都不会造成色彩错乱，被称为安全的颜色，即 Web 216 安全色。

RGB 色彩模式中由 00、33、66、99、CC、FF 组成的颜色都是网页安全色。216 种网页安全色不需要特别记忆，很多常用的网页设计软件中都自带 216 种网页安全色调色板，使用非常方便。

1.1.3 网页开发工具

随着计算机技术的不断发展，网页开发涉及的工具和技术多种多样，设计者可以根据网页的不同功能需求和本身使用偏好，以及对工具的掌握程度，灵活地使用开发工具和技术。厦门介绍目前较为常用的开发工具和技术。

1. 网页制作工具

Dreamweaver 是由美国 Adobe 公司推出的一款可视化网页设计和网站管理软件，也是当前最常用的网页制作软件，其功能全面、操作灵活。Dreamweaver 对动态网站的支持也毫不逊色，使用 Dreamweaver 及相关的技术，可以方便地创建 Internet 应用程序。本书主要以 Dreamweaver CC 为操作平台进行讲解。

除了 Dreamweaver 之外，还有很多工具可以开发网页，比如微软公司的办公软件 Office 家族成员之一的 FrontPage 也是一种所见即所得的网页制作软件。由于其使用简单，并且容易上手，也是初学者选择较多的一种工具。

2. 图像处理软件

（1）Photoshop。Adobe Photoshop，简称“PS”，是由 Adobe 公司开发的一款图像处理软件。其功能十分强大，使用范围广泛，一直深受欢迎。Photoshop 支持多种图像和色彩模式，可以完成效果图和图片素材的处理工作。Photoshop 可以存储的图像格式丰富，可以满足设计的多种需求。

（2）Fireworks。Fireworks 是 Adobe 公司推出的一款网页作图软件，可以加速 Web 设计与开发，是一款创建与优化 Web 图像和快速构建网站与 Web 界面原型的理想工具。Fireworks 不仅具备编辑质量图形与位图图像的灵活性，还提供了一个预先构建资源的公用库，可与 Adobe Photoshop、Adobe Dreamweaver 和 Adobe Flash 软件很好地集成使用。

3. 网页动画制作软件

Flash 是由 Adobe 公司推出的交互式矢量图和 Web 动画制作软件。Flash 与 Adobe 公司的 Dreamweaver、Fireworks 并称为“网页三剑客”。Flash 以界面简洁、功能强大而著称，能把动画、音效、交互等完美地融合在一起，是动画设计者常用的工具软件。

4. 网页标记语言

HTML 是用来开发网页的标记语言。HTML 的英文全称是 Hyper Text Markup Language，即超文本标记语言。用 HTML 编写的文档被称为超文本标记文档，使用.html 或.htm 作为文件的扩展名，这种文档不要编译，可以直接被浏览器执行。HTML 是网页设计的核心技术，做网页离不开 HTML。

1.1.4 网站制作流程

开发网站通常都应遵循一个基本的开发流程，包括站点规划、设计、开发、测试、发布与维护，该流程常用于指导网站的开发与制作。

1. 网页设计的要点

网页作为网络中传播信息的一种重要工具，承载了大量信息内容，但页面内容和作用不同，表现形式也不同，不能要求所有网页千篇一律，既要将技术与艺术完美结合，也要实现内容与形式的统一，这就要求在设计过程中把握以下几个要点。

（1）从用户角度出发。浏览者是网页的使用者，设计人员应一切从使用者的角度出发进行网页设计。设计时应综合考虑网页受众群，浏览者的浏览器的兼容性，以及浏览者的网络条件等。

（2）突出页面主题。一个有明确主题的页面能很快吸引观众，运用多种手段突出页面的主题，能达到增强页面可读性，帮助浏览者理解网页内容的作用，所以在设计网页时应注重对主题的设计，可以通过空间层次设计等手段突出页面主题。

（3）内容与形式统一。形式通过页面的结构、风格和设计等来表现页面内容，两者应达到和谐统一。

在设计网页时，一个注意形式美的设计方案，应适合当前页面主题，不要一味追求独特而导致脱离页面应该表现的内容。同时，要注意使用恰当的页面元素来表现内容，不要盲目地堆砌各种元素，应做到形式与内容的统一。

2. 网站建设的基本流程

建设网站之前就应该有一个整体的战略规划和目标，规划好网页的大致外观后就可以着手设计了。整个网站制作并测试完成后，就可以将其发布到网络上。下面介绍建设网站的基本流程。

（1）网站需求分析。要进行网站整体设计，首先应该对用户的需求进行分析，确定网站的用户群和定位网站的主题，还有形象策划、制作规划和后期推广等内容，需求分析应以需求为本。制作一个较大的网站时，特别需要把架构规划好，还要考虑以后的扩充性。

① 确定网站主题。网站主题就是网站所包含的主要内容，网站必须有明确的主题，还要明确网页所使用的语言，调动一切手段充分表现网站的个性和情趣，这样才能给用户留下深刻的印象。

② 搜集素材。确定网站主题后，就要围绕主题开始搜集素材了。要想让自己的网站有声有色，能够吸引用户，就要尽量搜集素材，包括图片、音频、文字、视频和动画等。这些素材的准备很重要，搜集的素材越充分，以后制作网页就会越容易。素材既可以从图书、报刊、光盘等得来，也可以自己制作，还可以从网上搜集。然后，把搜集的素材去粗取精，作为自己制作网页的素材。

③ 规划站点。一个网站的设计成功与否，很大程度上取决于设计者的规划水平。网站规划包含很多内容，如网站的结构、栏目的设置、网站的风格、网站导航、颜色搭配、版面布局、文字图片的运用等。只有在制作网页之前把这些方面都考虑到了，才能在制作时驾轻就熟，胸有成竹。也只有如此，制作出来的网页才能有个性、特色和吸引力。

（2）制作网站页面。网页设计是一个细致的过程，一定要按照先大后小、先简单后复杂的顺序来进行制作。所谓先大后小，就是指在制作网页时先把大的结构设计好，然后再逐步完善小的结构设计。所谓先简单后复杂，就是指先设计简单的内容，然后再设计复杂的内容，以便出现问题时方便修改。

在制作网页时要灵活运用 CSS、模板和库，这样可以大大提高制作效率。如果很多网页都用相同的版面设计，就应为这个版面设计一个模板，然后就可以此模板为基础创建网页。如果想要改变所有网页的版面设计，只需简单地改变模板即可。

（3）测试网页。测试网页主要从以下 3 个方面着手：

① 看页面的效果是否美观；

② 看页面中的链接是否完好；

③ 最重要也是最麻烦的一点，就是要兼容不同的浏览器。

对于网页是否美观，仁者见仁，智者见智，但是也是有章可循的，可以从页面的整体视觉效果、美工设计、页面布局、内容实力和亲和力等方面进行检查。对于链接是否完好，可以使用 Dreamweaver 中的相应命令来检查。对于是否兼容不同的浏览器，同样可以使用 Dreamweaver 来检查。

（4）发布网站和维护。制作好网站并经过测试后，就可以将网站放在服务器上进行发布，这样能让更多的人知道并浏览网站。

发布网站可以使用专业的网站上传软件，也可以使用 Dreamweaver 的 FTP 功能。

维护是一项长期的工作，包括对服务器的软、硬件维护，数据库的维护，网站内容的更新等。多数网站还会定期改版，以保持用户的新鲜感。

掌握网站开发的基本流程，了解流程中各阶段的工作内容，进行规范化的操作，按流程进行网站开发，可以降低工作成本，提高工作效率。

任务 1.2　用 Dreamweaver CC 创建站点

了解了网站的基本概念和开发流程后，还需要了解和熟悉网站的开发工具。本节主要介绍 Dreamweaver CC 的基本知识，读者通过本节内容的学习，将掌握使用 Dreamweaver CC 创建本地站点、管理站点以及文档的基本操作。

❖ 任务内容分析

Dreamweaver 是一种非常方便的所见即所得式的页面开发工具，通过本任务我们主要掌握 Dreamweaver 的操作界面，站点、文件的基本操作方法，常用环境参数的设置方法。本任务主要解决以下问题：

① 熟悉 Dreamweaver 的操作界面；

② 使用 Dreamweaver 进行站点管理；

③ 页面的基本操作；

④ 设置页面属性。

❖ 任务知识学习

1.2.1　Dreamweaver CC 概述

在网页制作领域，Dreamweaver 是目前最流行的网页设计与开发工具之一。Dreamweaver CC 是 Dreamweaver 当前最新的一个版本，Dreamweaver CC 是一套针对专业网页设计师的视觉化网页开发工具，利用它可以轻而易举地制作出跨越平台和浏览器限制的充满动感的网页。

1. Dreamweaver CC 的新增功能

Dreamweaver CC 提供了众多功能强大和可视化设计工具、应用开发环境和代码编辑支持功能，使开发人员和设计师能够快捷创建代码规范的应用程序，其集成程度非常高，开发环境精简而高效，开发人员能够运用 Dreamweaver CC 与服务器技术，构建功能强大的网络应用程序，并且衔接到用户的数据、网络服务体系中。

Dreamweaver CC 同以前的 Dreamweaver CS6 版本相比，增加了一些新的功能，并且还增强了很多原有的功能。下面就对 Dreamweaver CC 的新增功能进行简单的介绍。

（1）全新简化的用户界面。Dreamweaver CC 对工作界面进行了全面的精简，减少了对话框的数量和很多不必要的操作按钮，如对文档工具栏和状态栏都进行了精简，使得整个工作界面更加直观、简洁。

（2）新增 HTML 5 画布插入按钮。HTML 5 中的画布元素是在网页中动态创建图形的容器，这些图形是在网页运行过程中通过 JavaScript 脚本创建的。在 Dreamweaver CC 的“插入”面板中，新增了“画布”插入按钮，单击“插入”面板“常用”选项卡中的“画布”按钮，即可快速地在网页中插入 HTML 5 画布元素。

（3）新增网页结构元素。在 Dreamweaver CC 中新增了 HTML 5 结构语义元素的插入操作按钮，它们位于“插入”面板的“结构”选项卡中，包括“页眉”、“标题”、Navigation、“侧边”、“文章”、“章节”和“页脚”等。通过这些按钮，可以快速地在网页中插入 HTML 5

语义标签。

（4）新增 Edge Web Fonts。在网页中能够使用的默认字体并不多，如果需要使用特殊的字体效果，通常都是将特殊文字制作成图片的形式，在 Dreamweaver CC 中新增了 Edge Webfonts 的功能，在网页中可以加载 Adobe 提供的 EdgeWeb 字体，从而在网页中实现特殊字体效果。执行“修改> 管理字体”命令，在弹出的“管理字体”对话框中选择 Adobe Edge Web Fonts 选项卡，即可使用 Adobe 提供的 Edge Web 字体。

（5）新建 HTML 5 音频和视频插入按钮。虽然在 Dreamweaver CS5.5 和 CS6 版本中，已经可以支持 HTML 5 的相关标签，但是只能是通过代码视图直接编写 HTML 5 代码。在 Dreamweaver CC 中提供了对 HTML 5 更全面、更便捷的支持，用户可以通过新增的 HTML 5 音频和视频插入按钮。在网页中轻松插入 HTML 5 音频和视频，而不需要编写 HTML 5 代码。

（6）新增插入 Adobe Edge Animate 动画。在全新的 Dreamweaver CC 中，可以插入 Adobe Edge Animate 动画（OAM 文件），默认情况下，用户在 Dreamweaver 中插入 Adobe Edge Animate 动画后，会自动在当前站点的根目录中生成一个名为 edgeanimate_assets 的文件夹，可以将 Adobe EdgeAnimate 动画的提取内容放入该文件夹中。如果需要在 Dreamweaver CC 中插入 Adobe Edge Animate 动画，可以单击“插入”面板“媒体”选项卡中的“Edge Animate 作品”按钮。

（7）新增 HTML 5 表单输入类型。在 Dreamweaver CC 中，为了能够对 HTML 5 提供更好的支持和更便捷的操作，新增了许多 HTML 5 表单输入类型，这些 HTML 5 表单输入类型，位于“插入”面板的“表单”选项卡中，包括“数字”、“范围”、“颜色”、“月”、“周”、“日期”、“时间”、“日期时间”和“日期时间（当地）”。单击相应的按钮，即可在页面中插入相应的 HTML 5 表单输入类型。

2. Dreamweaver CC 的界面

在 Dreamweaver CC 的程序界面中，将一系列窗口和选项面板组合起来，操作很方便，使用者的工作效率可以明显提升。

Dreamweaver CC 应用程序窗口包括菜单栏、文档工具栏、文档窗口、工作区切换器、面板组合、标签选择器、“属性”检查器等几个部分，如图 1-5 所示。

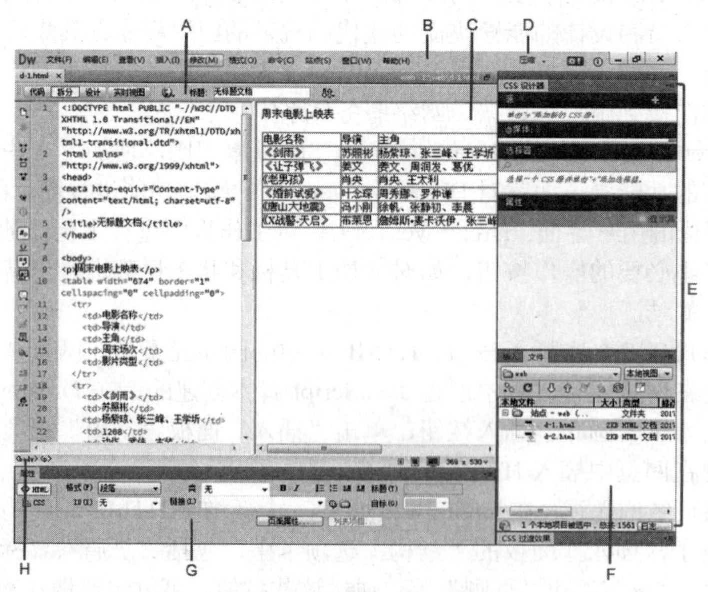

图 1-5 Dreamweaver CC 应用程序操作界面

A：文档工具栏。文档工具栏包含一些按钮，它们提供各种文档窗口视图，如“设计”视图和“代码”视图等的选项，以及各种查看选项和一些常用操作。

B：菜单栏。菜单栏包含所有可执行命令的菜单，可以利用浮动面板组合来操作命令，以减少操作时间，但当浮动面板被关闭时，就需要通过菜单栏来执行相关命令。

C：文档窗口。文档窗口显示当前正在创建和编辑的文档。

D：工作区切换器。工作区切换器用于切换不同操作界面，以适应不同等级设计者的操作需求。

E：面板组合。Dreamweaver CC 的面板组合包含文件、行为、层、CSS 等常用面板，面板组合是可自定义的，用户可根据自身设计需求组合面板，以最大限度地方便操作。

F：“文件”面板。用于管理文件和文件夹。使用“文件”面板，还可以访问本地磁盘上的所有文件。

G：“属性”检查器。“属性”检查器用于查看和更改所选对象或文本的各种属性。每个对象都具有不同的属性。在编码器工作区布局中，“属性”检查器默认是不展开的。

H：标签选择器。标签选择器位于文档窗口底部的状态栏中，显示环绕当前选定内容的标签的层次结构。单击该层次结构中的任何标签，都可以选择该标签及其全部内容。

3. Dreamweaver 的工作流程

（1）规划和设置站点。确定将在哪里发布文件，检查站点要求、访问者情况以及站点目标。此外，还应考虑诸如用户访问，以及浏览器、插件和下载限制等技术要求。在组织好信息并确定结构后，您就可以开始创建站点。

（2）组织和管理站点文件。在“文件”面板中，可以方便地添加、删除和重命名文件及文件夹，以便根据需要更改组织结构。在“文件”面板中还有许多工具，可使用它们管理站点，向/从远程服务器传输文件，设置“存回/取出”过程来防止文件被覆盖，以及同步本地和远程站点上的文件。使用“资源”面板可方便地组织站点中的资源，然后可以将大多数资源直接从“资源”面板拖到 Dreamweaver 文档中。此外，还可以使用 Dreamweaver 来管理 Adobe Contribute 站点的各个方面。

（3）设计网页布局。选择要使用的布局技术，或将 Dreamweaver 布局选项与布局技术结合使用来创建站点外观。可以使用 Dreamweaver AP 元素、CSS 定位样式或预设计的 CSS 布局来创建网页的布局。利用表格工具，可以通过绘制并重新安排页面结构来快速地设计页面。如果希望同时在浏览器中显示多个元素，可以使用框架来设计文档的布局。最后，可以基于 Dreamweaver 模板创建新的页面，然后在模板更改时自动更新这些页面的布局。

（4）向页面添加内容。添加资源和设计元素，如文本、图像、鼠标，以及图像、图像地图、颜色、影片、声音、HTML 链接、跳转菜单等。可以对标题和背景等元素使用内置的页面创建功能，在页面中直接输入，或者从其他文档中导入内容。Dreamweaver 还提供相应的行为，以便为响应特定的事件而执行任务，例如，在访问者单击“提交”按钮时验证表单，或者在主页加载完毕时打开另一个浏览器窗口。最后，Dreamweaver 还提供了专用工具，以便最大限度地提高 Web 站点的性能，并测试页面，以确保能够兼容不同的 Web 浏览器。

（5）通过手动编码创建页面。手动编写网页的代码是创建页面的另一种方法。Dreamweaver 提供了易于使用的可视化编辑工具，但同时提供了高级的编码环境；使用者可以采用任一种方法（或同时采用这两种方法）来创建和编辑页面。

（6）针对动态内容设置 Web 应用程序。许多 Web 站点都包含了动态页，动态页使访问者能够查看存储在数据库中的信息，并且一般会允许某些访问者在数据库中添加新信息或编辑信息。若要创建此类页面，则必须先设置 Web 服务器和应用程序服务器，创建或修改 Dreamweaver 站点，然后连接到数据库。

（7）创建动态页。在 Dreamweaver 中，使用可以定义动态内容的多种来源，其中包括从数据库提取的记录集、表单参数和 JavaBeans 组件。若要在页面上添加动态内容，只需要将该内容拖动到页面上即可。

（8）测试和发布。测试页面是在整个开发周期中进行的一个持续的过程，在这一工作流程的最后，可以在服务器上发布该站点。许多开发人员还会安排定期的维护，以确保站点保持最新并且工作正常。

使用者可以使用多种方法来创建 Web 站点，上面介绍的只是其中的一种方法。

1.2.2 使用 Dreamweaver CC 创建本地站点

1. 创建新站点

设置 Dreamweaver 站点是一种组织所有与 Web 站点相关联文档的方法。用户可在“站点设置”对话框中，为 Dreamweaver 站点指定设置。

若要创建新的本地站点，可在 Dreamweaver 主界面中执行“站点”→“新建站点”命令，弹出如图 1-6 所示的对话框，在其中可以进行站点的相关设置。

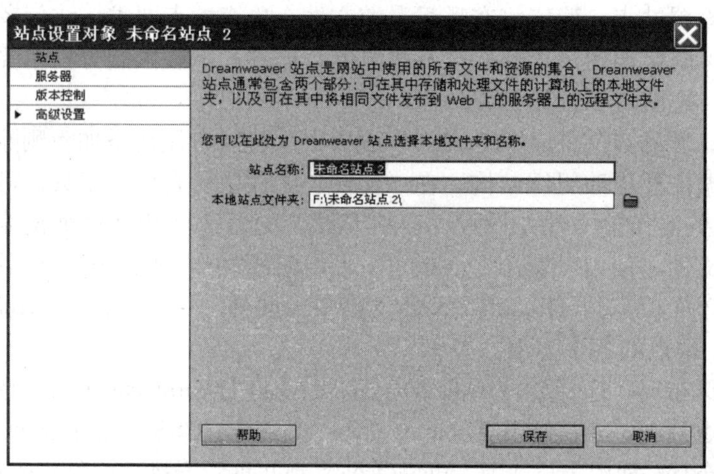

图 1-6 “站点设置对象 未命名站点 2”对话框

（1）“站点”选项。仅需设置“站点”选项，即可开始创建 Dreamweaver 站点。在“站点”类别中，为 Dreamweaver 站点设置站点名、选择本地站点文件夹。本地站点文件夹的设置，可以直接在文本框中输入文件夹路径和文件夹名，也可以点击【浏览文件夹】按钮，在打开的“选择根文件夹”对话框中选择一个文件夹。

设定站点类别后，可以继续设置其他选项。例如，用户可以在“服务器”选项中指定远程服务器上的远程文件夹。

注意：若本地根文件夹位于运行 Web 服务器的系统中，则无需指定远程文件夹。这意味着该 Web 服务器正在本地计算机上运行。

站点名称为显示在“文件”面板和“管理站点”对话框中的名称，不会在浏览器中显示。

本地站点文件夹为本地磁盘上存储站点文件、模板和库项目的文件夹。当 Dreamweaver 解析站点根目录的相对链接时，是相对于该文件夹来解析的。

（2）“服务器”选项。用户在“服务器”选项界面中，可以指定远程服务器和测试服务器，如图 1-7 所示。

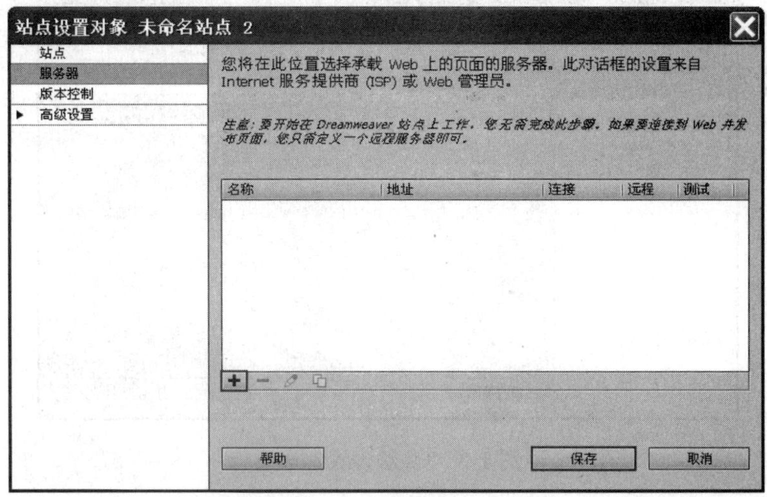

图 1-7 “服务器”选项

远程服务器用于指定远程文件夹的位置，该文件夹可以存储生产、协作、部署或许多其他方案的文件。远程文件夹通常位于运行 Web 服务器的计算机上。

远程文件夹被称为远程站点。在设置远程文件夹时，必须为 Dreamweaver 选择连接方式，以便将文件上传到 Web 服务器或从 Web 服务器下载。

注意：Dreamweaver 可以连接到支持 IPv6 的服务器上，所支持的连接类型包括 FTP、SFTP、WebDav 和 RDS。

（3）“版本控制”选项。该选项是可选项，在“版本控制”选项界面中，可以使用 Subversion 获取和存回文件，如图 1-8 所示。

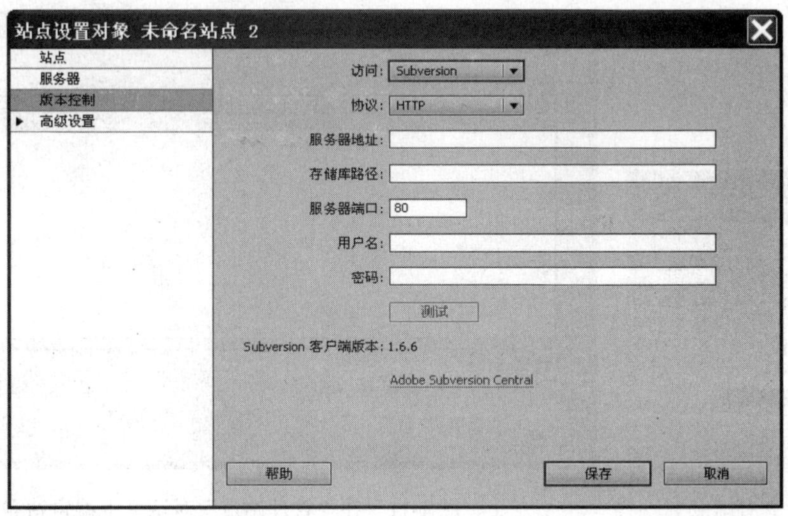

图 1-8 “版本控制”选项

（3）“高级设置”选项。该选项是可选项，在“高级设置”选项界面中，可以设定“遮盖”、“设计备注”、“文件视图列”等多项内容，如图 1-9 所示，本书不做详细介绍，用户可以通过帮助功能进行了解。

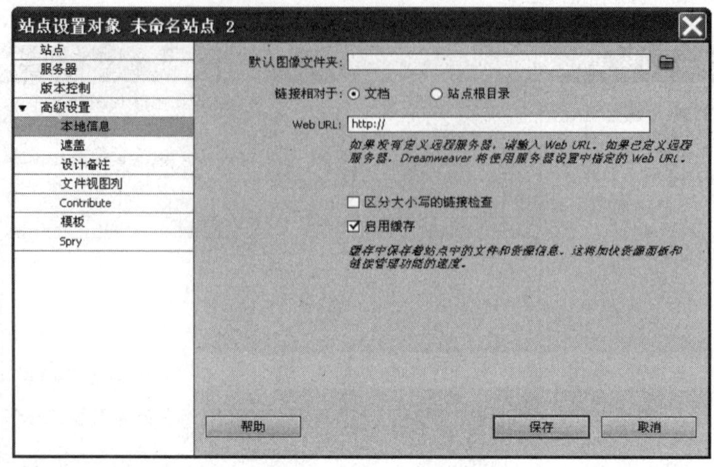

图 1-9 “高级设置”选项

2. 管理站点

成功创建站点后，“文件”面板中会显示本地站点中的文件和文件夹。对于一个已经创建的站点，可以在“管理站点”对话框中，查看站点、编辑站点、复制站点、删除站点、导入或导出站点等。

（1）查看站点。如果在 Dreamweaver 中创建了多个站点，那么可以在“文件”面板的站点列表中选择某个站点，以便切换到该站点，如图 1-10 所示。

（2）编辑站点。对于一个已经创建的站点，可以在“管理站点”对话框中编辑站点。

在 Dreamweaver 主界面中，执行“站点”→“管理站点”命令，在弹出的“管理站点”对话框的列表框中选择一个站点，单击“编辑”按钮相应按钮进行相关设置和编辑，如图 1-11 所示。设置和编辑完成后，单击“完成”按钮。

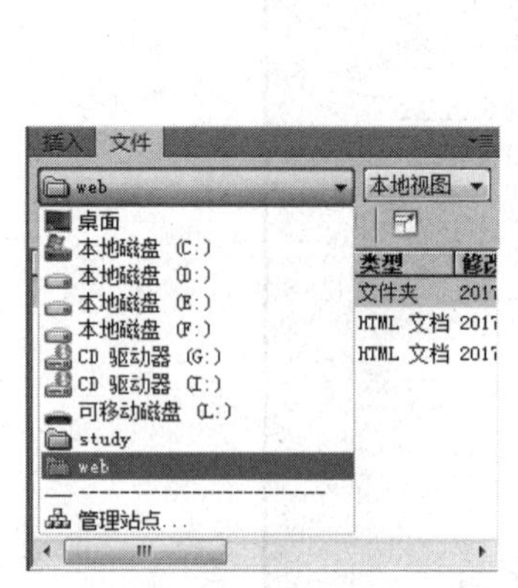

图 1-10 查看站点

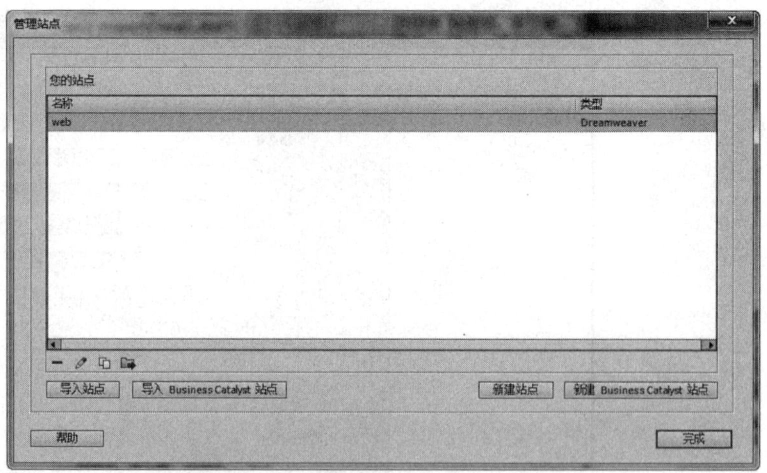

图 1-11 在“管理站点”对话框中编辑站点

（3）复制站点。在“管理站点”对话框中，选择要复制的站点，单击【复制当前选定的站点】按钮，即可复制选中的站点，新复制的站点在“管理站点”对话框的站点列表中显示，如图 1-12 所示。

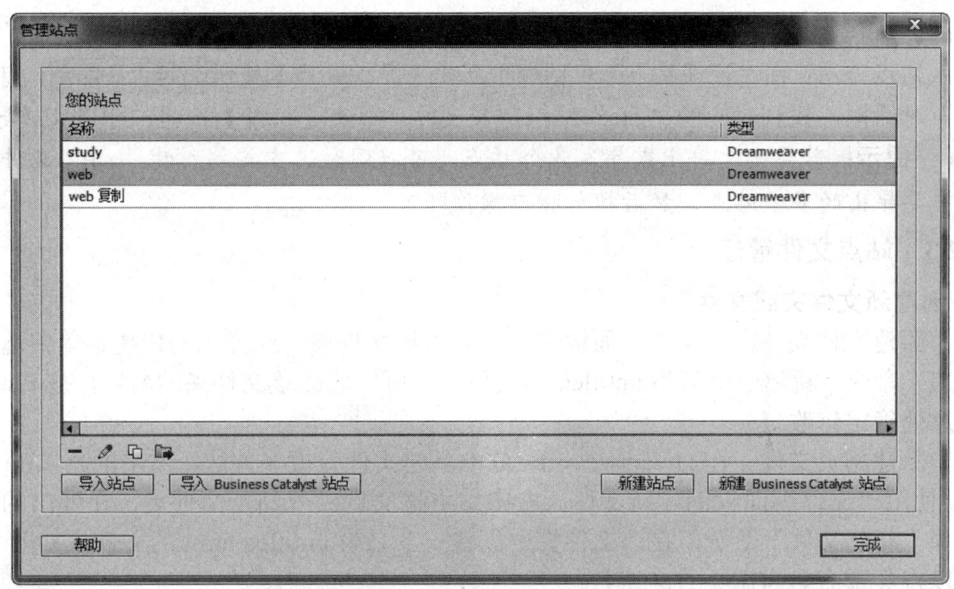

图 1-12 “复制站点”对话框

（4）删除站点。在“管理站点”对话框中选择要删除的站点，单击【删除当前选定的站点】按钮 执行删除，在弹出的“删除确认”对话框中点击【是】，确认删除后，即可将选中的站点删除，如图 1-13 所示。

图 1-13 “删除站点”对话框

（5）导入和导出站点。导出是将 Dreamweaver 中站点的定义信息记录，在一个扩展名为“.ste”的文件中单独进行存储。导入是将含有站点定义信息的“.ste”文件重新加载到 Dreamweaver 中，使 Dreamweaver 能对站点进行识别与管理。

导出站点方法：在“管理站点”对话框中选择要导出的站点，单击【导出当前选定的站点】按钮 ，在“导出站点”对话框中定义文件名，并制定保存的路径，单击【保存】按钮，即可导出站点。

导入站点方法：在“管理站点”对话框中单击【导入站点】按钮 导入站点 ，打开“导入站点”对话框，找到对应的“.ste”站点定义文件，单击【打开】按钮，即可完成导入。

提示： 若要一次导出或导入多个站点，可以同时选中要导入的“.ste”文件，或者同时选中要导出的多个站点，然后执行相应操作即可。

1.2.3 站点文件管理

1. 创建新文件夹或文件

（1）新建文件夹。在“文件”面板中右击站点根文件夹，在弹出的快捷菜单中选择“新建文件夹”命令，新建一个名为 untitled 的文件夹，可以修改该文件夹的名称，按 Enter 键或单击任意处确定修改。

（2）新建网页文件。在 Dreamweaver CC 中新建文件有很多方法，常用的有以下 3 种。

① 使用“文件”面板创建新文件。右击站点根文件夹或站点文件夹，在弹出的快捷菜单中选择“新建文件”命令，在该文件夹中创建一个名为 untitled.html 的文件，如图 1-14 所示，可以将其重命名为需要的文件名。

② 使用欢迎界面。启动 Dreamweaver CC 时，系统会自动打开欢迎界面，如图 1-15 所示。

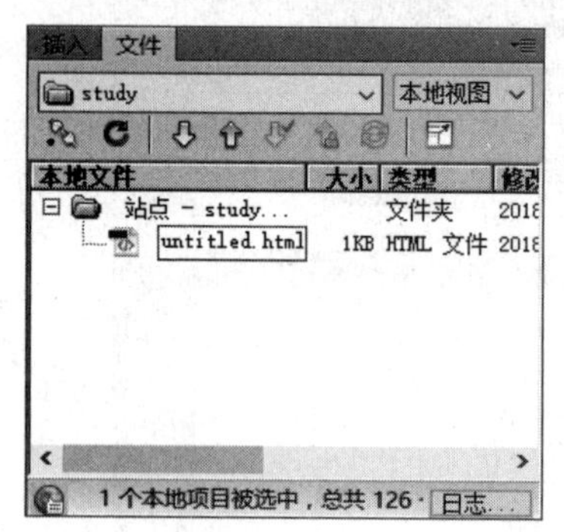

图 1-14 使用“文件”面板新建文件

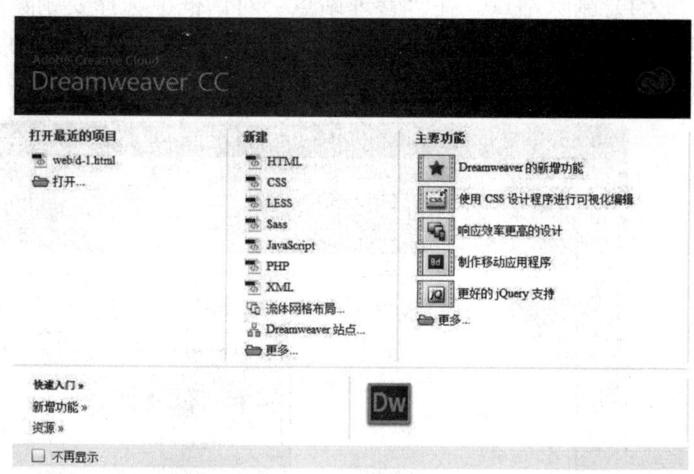

图 1-15 使用欢迎界面新建文件

使用该界面可以快速执行一些常用操作。例如，打开最近的项目、新建文件或站点、从模板创建文件等。

单击“新建”选项区中的 HTML 选项，即可创建一个空白网页文档。

③ 使用“新建文档”对话框。执行“文件”→“新建”命令，弹出“新建文档”对话框，如图 1-16 所示。

在左侧选项区中选择“空白页”选项，然后在“页面类型”列表框中选择 HTML 选项，在“布局”列表框中选择“无”选项，然后单击“创建”按钮，创建一个空白网页文档。

（3）文件命名规则。在网站开发过程中，文件和文件夹的命名是一个需要特别注意的事项。符合规则的命名既能保证网站正常工作，又能简化维护工作。网站中的文件命名规则如下。

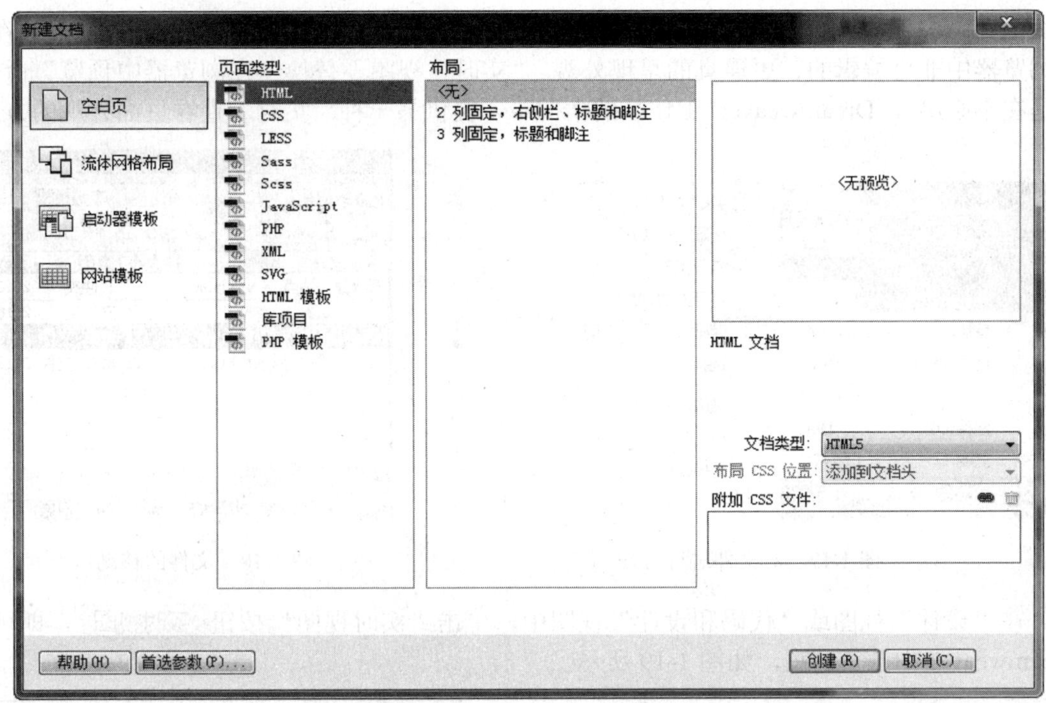

图 1-16　使用“新建文档”对话框创建新文件

① 最好使用小写英文名称（或汉语拼音），如 index.html、start.jpg 等。

② 尽量不要大小写混用，因为某些系统区分大小写，而另一些不区分，大小写混用容易引起混乱。

③ 不要使用中文文件名，因为部分系统无法显示具有中文文件名的网页或文件。

④ 可以使用数字、下划线或分割线，如 summer.jpg、bg-1.jpg、about1.htm 等。

⑤ 不允许使用特殊字符，如,、!、？、/、\、*、#、@、$等，尤其不能使用空格，即名称中应该只包含字母、数字、-或者_。

⑥ 网页的扩展名既可以是.htm，也可以是.html，但一定要选定其中一种，而不要两种交叉使用，否则很容易造成混乱。

⑦ 需要特别强调的是，不论是文件、文件夹，还是其他网站文件的命名，一定要让其名称具有清楚明确的含义，而不要用一些无法理解其含义的字符序列。例如，文件名 soft.html 很容易被理解为与软件相关的网页，而 a.html 则是个抽象的命名，无法判断该文件的内容。另外，文件的扩展名是由相应软件自动生成的，通常不需要手动修改。

2. 利用“文件”面板处理文件

在“文件”面板中，可以方便地利用鼠标右键快捷菜单进行文件相关操作，如剪切、复制、删除、重命名等。

在文件列表中右击要处理的文件（或文件夹），在弹出的快捷菜单中，选择“编辑”命令下相应的子命令，就可以实现对文件的管理，如图 1-17 所示。

也可以使用鼠标拖动文件的方式来实现文件夹的移动，在站点文件列表中，选择要移动的文件或文件夹，用鼠标将其拖动到目标文件夹中，然后释放鼠标即可，如图 1-18 所示。

3. 预览网页文档

（1）在 Dreamweaver 中预览网页。在 Dreamweaver CC 中可以使用“实时”视图预览当前页面。“实时”视图与传统 Dreamweaver“设计”视图的不同之处，在于它提供页面在某一浏览器中非可编辑的、更逼真的呈现外观。“实时”视图不替换“在浏览器中预览”命令，而是在不必离开 Dreamweaver 工作区的情况下，提供另一种“实时”查看页面外观的方式。

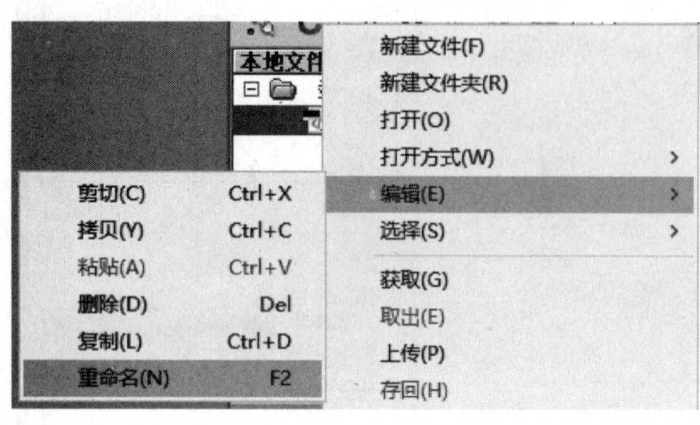

图 1-17 对文件进行管理

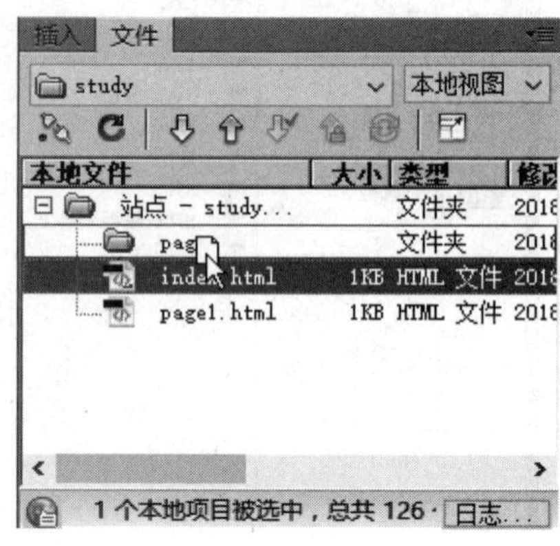

图 1-18 文件的移动

在“设计”视图或“代码和设计”视图中，单击“实时视图”按钮 实时视图 ，即可在 Dreamweaver 中预览网页，如图 1-19 所示。

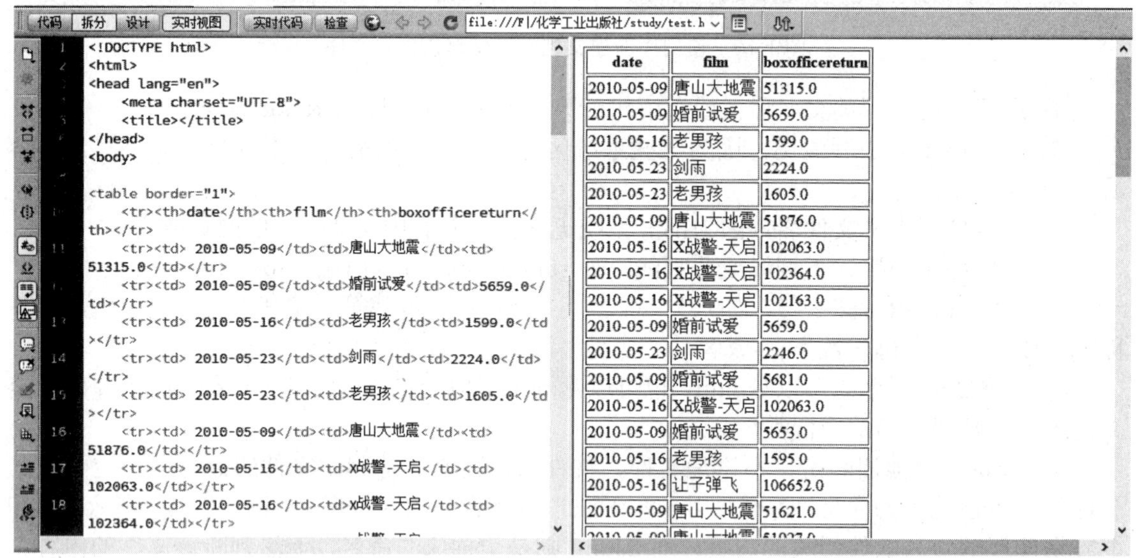

图 1-19 “实时视图”预览网页

（2）在浏览器中预览网页。使用者可以在浏览器中预览页面，而不必先将文档上传到 Web 服务器。在预览文档之前，需要保存该文档；否则，浏览器不会显示最新的更改。

执行下列操作之一，可以在浏览器中预览页面。

① 选择“文件”>“在浏览器中预览”，然后选择一个列出的浏览器。如果未列出任何浏览器，请选择“编辑”>“首选项”，然后选择左侧的“在浏览器中预览”类别，可以选择一个浏览器，如图 1-20 所示。

② 按 F12 (Windows)或 Option+F12 (Macintosh) 在主浏览器中显示当前文档。按 Ctrl+F12（在 Windows 中）或 Command+F12（在 Macintosh 中），可在候选浏览器中显示当前文档。

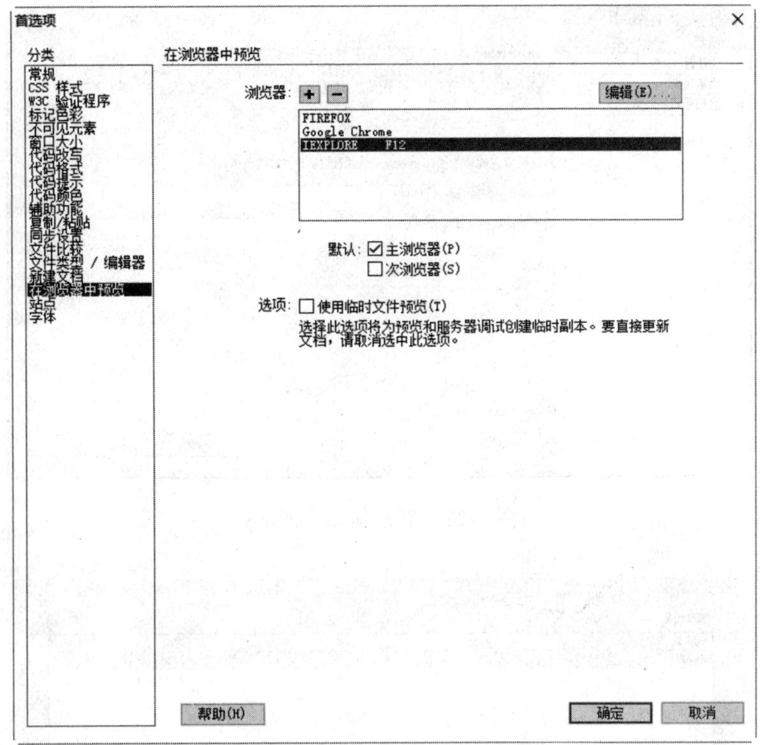

图 1-20　“首选项”对话框

③ 在文档工具栏中点击“在浏览器中预览/调试”按钮，如图 1-21 所示，在菜单中选择一个列出的浏览器进行预览。

图 1-21　通过“在浏览器中预览/调试”按钮预览页面

❖ 任务实践训练

【具体任务】

（1）创建一个名为 study 的本地站点，在本地计算机的任一分区中，创建一个名为 study 的文件夹，将站点文件保存在该文件夹中。

（2）创建站点后，导出该站点，导出文件名与站点名相同。

【实施步骤】

（1）执行“站点”→“新建站点”命令，在弹出的对话框中，默认选中“站点”选项，在“站点名称”文本框中输入 study，设置“本地站点文件夹”为已经新建的 study 文件夹，如图 1-22 所示。完成后单击“保存”按钮。

（2）执行“站点”→“管理站点”命令，弹出“管理站点”对话框，在列表框中选择 study 站点，如图 1-23 所示。单击“导出”按钮，将导出文件以 study.ste 文件保存在站点文件夹中，如图 1-24 所示。

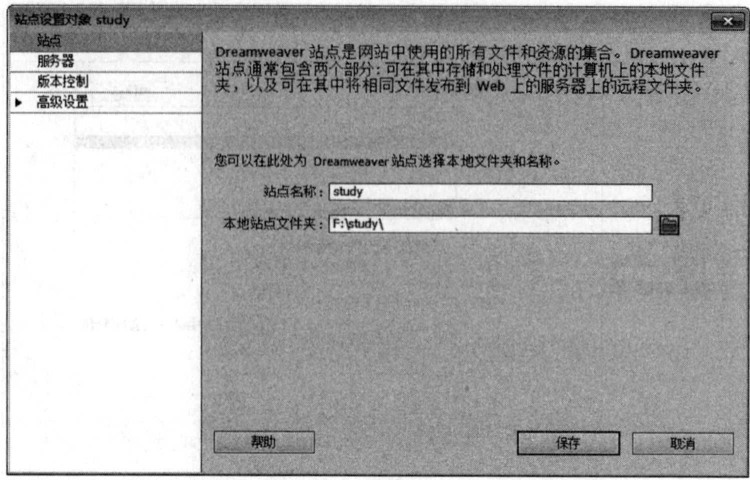

图 1-22 创建新站点 study

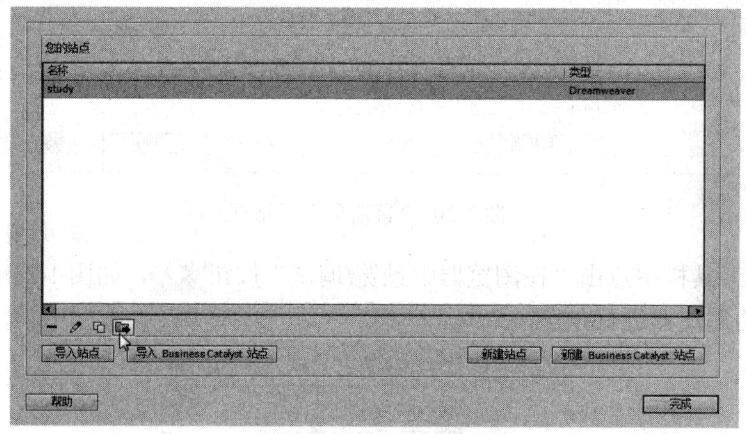

图 1-23 选择站点 study

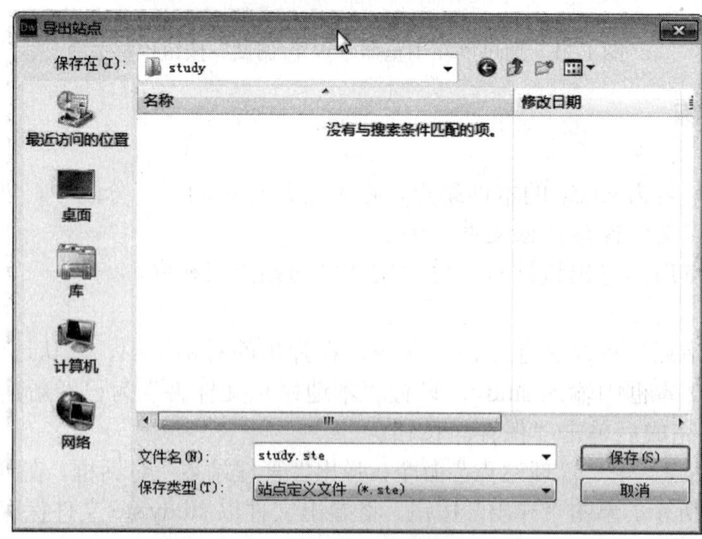

图 1-24 保存站点导出文件

❖ 任务小结

创建本地站点是网页制作的基础步骤，熟练、正确地对站点进行操作是网页制作的保障，应熟练掌握对站点的各项操作。

任务 1.3 编写 HTML 代码

网络新技术层出不穷，但是不管技术如何变化，编写 HTML 代码都是网页设计的基础之一。

对于网页设计者来说，代码知识是必须掌握的。在学习使用 Dreamweaver CC 制作网页之前，了解相关语言是非常必要的。

❖ 任务内容分析

掌握 HTML，需要首先掌握以下内容：

① HTML 的基本概念；

② HTML 的基本结构；

③ Dreamweaver CC 的代码视图模式；

④ 常用 HTML 标签。

❖ 任务知识学习

1.3.1 HTML 简介

1. HTML 基本概念

HTML（hypertext markup language，超文本标记语言）是用来描述网页的一种标记语言。用 HTML 编写的超文本文档称为 HTML 文档，可以在其中加入图片、声音、多媒体等内容，它能独立于各种操作系统平台（如 UNIX、Windows 等）。

HTML 超文本标记语言文档制作不是很复杂，但功能强大，支持不同数据格式的文件镶入，这也是万维网（WWW）盛行的原因之一，其主要特点如下。

① 简易性：超文本标记语言版本升级采用超集方式，从而更加灵活方便。

② 可扩展性：超文本标记语言的广泛应用带来了加强功能，增加标识符等要求，超文本标记语言采取子类元素的方式，为系统扩展带来保证。

③ 平台无关性：虽然个人计算机大行其道，但使用 MAC 等其他机器的大有人在，超文本标记语言可以使用在广泛的平台上，这也是万维网（WWW）盛行的另一个原因。

④ 通用性：HTML 是网络的通用语言，它是一种简单、通用的全置标记语言。它允许网页制作人建立文本与图片相结合的复杂页面，这些页面可以被网上任何其他人浏览，无论使用的是什么类型的电脑或浏览器。

2. HTML 的编辑方法

用 HTML 语言编辑的文档的扩展名为.html 或.htm。可以使用下列专业的 HTML 编辑器来编辑 HTML：

① Adobe Dreamweaver；

② Microsoft Expression Web；

③ CoffeeCup HTML Editor。

也可以使用任何能够生成 TXT 类型源文件的文本编辑器来产生超文本标记语言文件，只用修改文件后缀即可。使用一款简单的文本编辑器就可以学习 HTML。

1.3.2 HTML 的基本结构

HTML 文档主要由三部分组成，如图 1-25 所示。

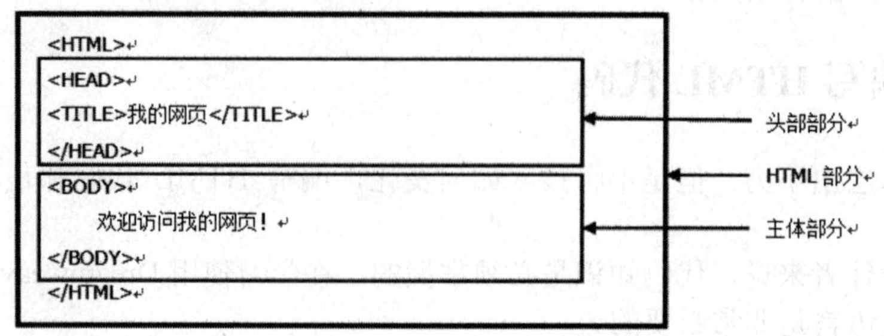

图 1-25 HTML 文档的组成

具体说明如下。

① <html>标签。<html>标签标示该文档为 HTML 文档，<html>与</html>之间的文本用于描述网页。

② 头部。头部以<head>标签开始，以</head>标签结束。这部分包含显示在网页标题栏中的标题、文档使用的脚本、样式定义和其他文档在网页中不显示的信息。标题包含在<title>标签和</title>标签之间。

③ 主体部分。主体部分包含在网页中显示的文本、图像和链接。主体部分以<body>标签开始，以</body>标签结束。

大多数标签都有一个开始标签和结束标签，与开始标签相对应的结束标签只是在标签名称前面加一个反斜线，没有属性，而标签作用的范围就是开始标签和结束标签之间的内容。

所有标签都有一个标签名称，有些标签后面还有可选的属性列表，这些都放在一对尖括号（<和>）之间。

1.3.3 编写 HTML 代码

编写 HTML 代码的方法多种多样，本书介绍两种比较简单、常见的方法。

1. 使用记事本编写 HTML 代码

使用记事本编写 HTML 代码的方法如下。

（1）创建一个记事本文件，在其中输入 HTML 代码，如图 1-26 所示。

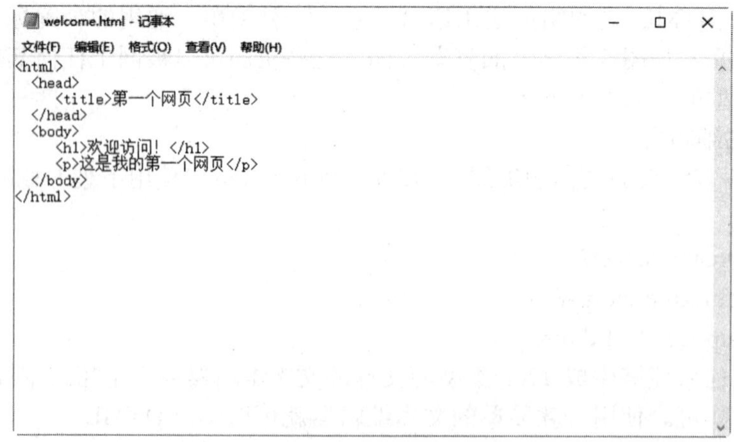

图 1-26 使用记事本编写 HTML 代码

（2）选择“文件”→“另存为”，在“另存为”对话框中设置“文件名”以“.html”或“.htm”为扩展名的名称；“保存类型”为所有文件；“编码”为“ANSI”，如图 1-27 所示。

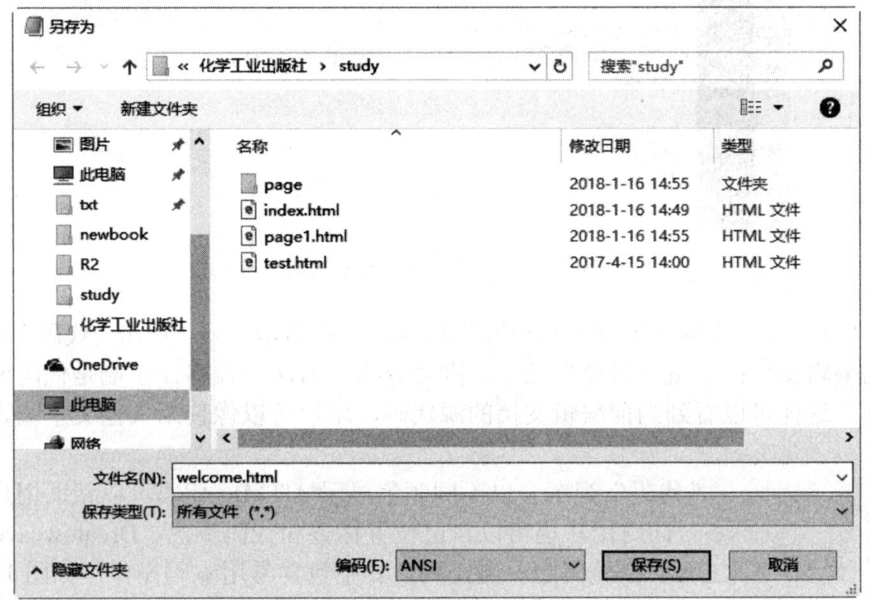

图 1-27　保存 html 文件

（3）保存成功后，在存储路径下即可找到保存的网页文件，启动浏览器，然后选择“文件”菜单的“打开文件”命令，或者直接在文件夹中双击该 HTML 文件，如图 1-28 所示。

图 1-28　浏览 HTML 网页

2. 使用 Dreamweaver 编写 HTML 代码

使用 Dreamweaver CC 的“代码”视图和快速标签编辑器可以方便地编辑代码。

（1）使用“代码”视图。“代码”视图用于查看、输入和修改网页代码。启动 Dreamweaver CC 后，单击文档工具栏的“代码”按钮 代码 ，即可启动源代码编辑窗口，如图 1-29 所示。

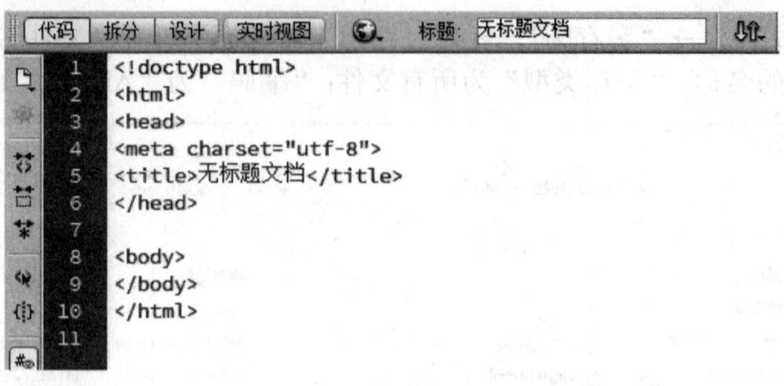

图 1-29 启动源代码编辑窗口

Dreamweaver CC 为用户提供了两种源代码编辑窗口显示方式。单击“代码”按钮，则显示整个代码编辑窗口；单击“拆分”按钮，则会分为左右两个窗格，左侧是代码窗格，右侧是设计窗格，这样可以看到当前编辑文档的源代码，用户可以像使用其他文本编辑器那样使用它。

图 1-30 代码工具栏

“代码”视图会以不同颜色显示 HTML 代码，以帮助用户区分各种标签，同时用户也可以自己设置标签和代码颜色。DreamweaverCC 的代码工具栏在编码面一侧排列，其中包含常用编码操作，如图 1-30 所示。

下面介绍工具栏中按钮的功能。

①“打开文档”按钮：列出已打开的文档。选择一个文档后，它将显示在文档窗口中。

②“显示代码浏览器”按钮：显示与页面上特定选定内容相关的代码源列表。

③“折叠整个标签”按钮：折叠位于一组开始和结束标签之间的内容。例如，位于标签<p>和</p>之间的内容。

④“折叠所选”按钮：可折叠所选代码。

⑤“扩展全部”按钮：可将所有折叠内容扩展。

⑥“选择父标签”按钮：可以选择放置了插入点的那一行的内容，及其两侧的开始和结束标签。如果反复单击此按钮且标签是对称的，则 Dreamweaver 最终将选择最外面的标签<html>和</html>。

⑦“选取当前代码段”按钮：选择放置插入点的那一行的内容，及其两侧的圆括号、大括弧或方括号。若反复单击该按钮且两侧的符号是对称的，则 Dreamweaver 最终将选择该文档最外面的大括号、圆括号或方括号。

⑧“行号”按钮：可以在代码行的行首隐藏或显示编号。

⑨“高亮显示无效代码”按钮：将以黄色高亮显示无效代码。

⑩“自动换行”按钮：用于设置超过代码窗口宽度的代码是否自动换行。

⑪“信息栏中的语法错误警告”按钮：启用或禁用页面顶部提示出现语法错误的信息栏。

⑫“应用注视”按钮：可以在所选代码两侧添加注释标签或打开新的注释标签。

⑬“删除注释”按钮：删除所选代码的注释标签。如果所选内容包含嵌套注释，就只删除外部注释标签。

⑭“环绕标签”按钮：在所选代码两侧添加选自快速标签编辑器的标签。

⑮“最近的代码片段”按钮：可以从“代码片段”面板中插入最近使用过的代码片段。

⑯“移动或转换 CSS”按钮：可以转换 CSS 行内样式或移动 CSS 规则。

⑰“缩进代码”按钮：将选定内容向右移动。

⑱“凸出代码”按钮：将选定内容向左移动。

⑲“格式化源代码”按钮：将先前指定的代码格式应用于所选代码，如果选择的是代码块，则应用于整个页面。也可以单击该按钮，在弹出的下拉菜单中选择“代码格式设置”选项，快速设置代码格式首选参数，或选择“编辑标签库”选项来编辑标签库。

（2）使用快速标签编辑器。使用快速标签编辑器，可以在不退出“设计”视图的情况下，快速插入和编辑 HTML 标签。

插入 HTML 标签的方法如下。

① 在“设计”视图中，在页面上单击，可以将插入点放置于要插入代码的位置。

② 按 Ctrl+T (Windows) 或 Command+T (Macintosh)。快速标签编辑器以“插入 HTML”模式打开，如图 1-31 所示。

③ 输入 HTML 标签并按 Enter，该标签被插入到代码中，同时还插入相匹配的结束标签（如果适用）。

④ 按 Esc 可以在不进行任何更改的情况下退出。

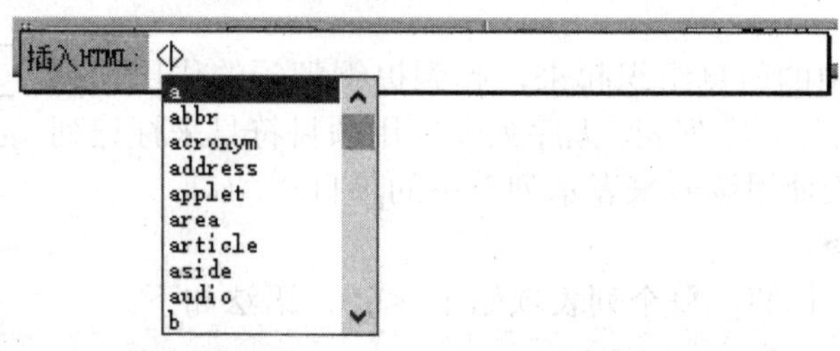

图 1-31　快速标签编辑器

1.3.4　常用 HTML 标签

1. 文本标签

文本是网页中最多使用的元素之一，下面介绍常用的文本标签，以掌握对页面中文本编排和修饰的方法。

（1）标题标签。在浏览器中的正文部分，可以显示标题文字，所谓标题文字就是以某几种固定的字号去显示的文字。

标题标签共有六种，每一种标题在字号上都有明显的区别，一般用标题来强调段落要表现的内容。在 HTML 中定义了 6 级标题，从 1 到 6 级，每级标题的字体大小与字号成反比。

标题标签的语法描述如表 1-1 所示。

表 1-1　标题标签的语法描述

标　　签	描　　述
<h1>……</h1>	一级标题
<h2>……</h2>	二级标题
<h3>……</h3>	三级标题
<h4>……</h4>	四级标题
<h5>……</h5>	五级标题
<h6>……</h6>	六级标题

（2）段落标签<p>。在 HTML 语言中，有专门划分段落的标签“<p>”，语法如下。

```
<p>段落文字</p>
```

使用成对的“<p>”标签来实现段落。段落文字的对齐，可以通过设置段落标签<p>的 align（对齐）属性来实现。align 有 3 个属性值：left（默认）、center、right，分别表示居左、居中、居右对齐。

```
<p align=left>段落文字</p>
<p align=center>段落文字</p>
<p align=rightt>段落文字</p>
```

（3）换行标签
。段落和段落之间是自动换行的，文字与文字之间的换行使用换行标签
来实现，语法如下。

```
第一行文字<br>第二行文字
```

一个
表示一次换行，多次换行可以连续使用多个
标签。

（4）水平线标签<hr>。水平线标签可以在页面中生成一条水平的线，用来分隔页面中内容。<hr>水平线标签是单标签，没有结束标签，语法如下。

```
<hr size="5" width="65%" color=
"red" align="center" noshade>
```

<hr>水平线标签可以通过如表 1-2 所示的属性对齐进行修饰。

表 1-2 <hr>标签属性

属性名	功能
size	设置水平线的粗细，属性值为整数，单位为像素
width	设置水平线的宽度，单位为像素或百分比
color	设置水平线带颜色，默认为黑色
noshade	不使用阴影效果
align	设置水平线的对齐，有 left、center、right 三个值

（5）特殊符号。在 HTML 文档中，一些有特殊用途的字符无法直接使用，需要通过特殊的代码来实现，常见的特殊符号代码如表 1-3 所示。

表 1-3 特殊符号

特殊符号	符号码
<	<
>	>
“	"
&	&
空格	

2. 列表标签

列表可以将页面中的信息组织起来，起到提纲挈领的作用。列表分为两种：无序列表与有序列表。无序列表使用项目符号来标记列表中的项目，有序列表使用编号来表示列表中的项目。

（1）无序列表<ul>。

无序列表始于<ul>标签。每个列表项始于 <li>，语法如下。

```
<ul>
    <li>列表项 1</li>
    <li>列表项 2</li>
    …
</ul>
```

无序列表在默认情况下，使用粗体圆点●（典型的小黑圆圈）来表示列表项，可以通过“type”属性来设置列表符号类型，如表 1-4 所示。

表 1-4 无序列表项目符

值	描述
disc	●
circle	○
square	■

（2）有序列表<ol>。有序列表会在列表项前面加上有序的编号，编号会随着列表项的增减自动调整，列表项始于<li>，语法如下。

```
<ol>
    <li>列表项 1</li>
    <li>列表项 2</li>
    …
</ol>
```

有序列表在默认情况下使用数字作为编号，可以通过“type”属性设置编号类型，“type”如表 1-5 所示，语法如下。

```
<ol  type="a">
    <li>列表项 1</li>
    <li>列表项 2</li>
    …
</ol>
```

表 1-5　有序列表类型

值	描　述
1	数字 1、2、3…
a	小写字母 a、b、c…
A	大写字母 A、B、C…
i	小写罗马数字 i、ii、iii…
I	大写罗马数字 I 、II、III…

在默认情况下，有序列表的列表项从 1 开始计数，可以通过“start”属性调整计数的起始值，语法如下。

```
<ol  start="3">
    <li>列表项 1</li>
    <li>列表项 2</li>
    …
</ol>
```

3. 图像标签<img>

图像是网页中另一种常用的元素，使用图像可以丰富页面内容的表现形式，HTML 中使用<img>标签来引用图像，语法如下。

```
<img  src="image/pic.jpg"  width="500"  height="350"/>
```

图像标签需要相关属性的配置来完成，其属性如表 1-6 所示。

表 1-6　<img>图像标签属性

值	描　述
src	设置图像的源文件地址，可以是相对路径或绝对路径
alt	设置图像的提示文字
Width、height	设置图像的宽度、高度
border	设置图像的边框宽度，单位为像素
vspace	设置图像的垂直间距，单位为像素
hspace	设置图像的水平间距，单位为像素
align	设置图像与其周围文本的对齐，其值有 top、middle、bottom（默认）、left、right

4. 超链接标签<a>

超链接是网页核心元素，是其与其他文件区别的根本特征，超链接是通过<a>标签实现的。超链接效果需要配合相关属性来实现，超链接标签属性如表 1-7 所示，语法如下。

```
<a  href="http://www.baidu.com"  target="_blank"  title="baidu" >…</a>
```

表 1-7　<a>超链接标签属性

值	描　述
href	设置超链接地址，即目标地址，可以是相对路径或绝对路径
target	设置链接的目标打开方式，分别为：_parent（在父级窗口中打开）、_blank（在新窗口打开）、_self（在原窗口打开）、_top（在整个浏览器窗口中打开）
title	设置超链接的提示文字
name	设置链接的名字

5. 表格标签

表格是网页中排列内容的最佳工具，也是网页布局中不可缺少的一部分。表格通过三个标签来构成，分别是表格标签、行标签、单元格标签，如表 1-8 所示。

表 1-8　表格标签

值	描　述
<table>…</table>	定义一个表格的开始和结束
<tr>…</tr>	定义表格的行，一行由<td>或<th>标签组成
<td>…</td>	定义一个单元格
<th>…</th>	定义个表头单元格

表格语法如下。

```
<table  width="800" height="600" border="1" align="center" cellpadding=
"0"  cellspacing="0">
<caption>表格标题</caption>
    <tr>
        <th>单元格 1</th>
        <th>单元格 2</th>
        …
    </tr>
    <tr>
        <td>单元格 1</td>
        <td>单元格 2</td>
        …
    </tr>
    …
</table>
```

表格可以通过设置相关的属性来对其进行修饰，表格属性如表 1-9 所示。

表 1-9　表格属性

值	描　述
border	设置表格边框的粗细，单位为像素，默认为 0
Width、height	设置表格的宽度、高度，单位可以为像素或百分比
align	设置表格的对齐，分别为 left、center、right
cellpadding	设置单元格的边距，即单元格内容与边框之间的距离，单位为像素
cellspacing	设置单元格的间距，即单元格与单元格之间的距离，单位为像素
bgcolor	设置表格的背景颜色
background	设置表格的背景图像

表格中的行和单元格也可以通过设置属性来对其进行修饰，其属性如表 1-10 所示。

表 1-10　表格中行与单元格的属性

值	描　述
colspan	在水平方向向右合并单元格，其值为跨列的数目
rowspan	在垂直方向向下合并单元格，其值为跨行的数目
align	设置一行单元格或某个单元格中内容的水平对齐，分别为 left、center、right
valign	设置一行单元格或某个单元格内容的垂直对齐，分别为 top、middle、bottom
bgcolor	设置行或单元格的背景颜色
background	设置行或单元格的背景图像

6. 表单标签

表单是网页中一个特殊的组成，它为用户提供了与网站交互的接口，表单在动态网页开发中非常重要。

（1）表单标签<form>。表单标签<form>用来定义一个表单区域，在这个表单区域中，可以添加输入标签、菜单标签、文本域标签等其他表单控件标签来丰富表单内容。表单标签<form>的常用属性如表 1-11 所示。

表 1-11　表单标签属性

值	描　述
action	用来定义处理表单程序的位置，标记动态网页文件的路径
method	定义表单数据传输到服务器使用的方法，其值有 post、get

（2）输入标签<input>。

输入标签是表单中最常用的标签之一，语法如下。

```
<form>
    <input  name="user"  type="text" >
</form>
```

其中“type”属性可以包含多种类型值，每种类型值可以在页面中实现不同的显示效果，具体如表 1-12 所示。

表 1-12　输入标签 type 属性值

值	描　述
text	文本域
password	密码域
file	文件域
checkbox	复选框
radio	单选框
button	普通按钮
submit	提交按钮
reset	重置按钮
hidden	隐藏域
image	图像域

（3）菜单和列表标签<select>。菜单是一种最节省空间的方式，正常状态下看到一个选项，打开菜单就可以看到全部选项。

列表则可以显示一定数量的选项，若超过显示范围，则会出现滚动轴，用户可以通过拖动滚动轴来查看所有选项。语法如下。

```
<select  name="city"  size="3"  multiple>
   <option value="city1" selected>city1</option>
   <option value="city2" selected>city2</option>
   …
</select>
```

其中，菜单和列表属性如表 1-13 所示。

表 1-13　菜单和列表属性

值	描　述
name	设置菜单和列表的名称
size	显示的选项数目
multiple	设置列表中的项目多选
value	选项值
selected	设置选项为默认选项

（4）文本区域标签<textarea>。

文本区域标签用来设置多行的文本区域，允许输入更多的文本。语法如下。

```
<textarea  name="address"  rows="10"  cols=
"5"  value="value">
</textarea>
```

其中，各属性含义如表 1-14 所示。

表 1-14　文本区域属性

值	描　述
name	设置文本区域的名称
rows	设置文本区域的行数
cols	设置文本区域的列数
value	设置文本区域的默认值

7. 框架标签

框架主要包括两个部分：一个是框架集；另一个是框架。框架集定义了在一个窗口中显示框架的个数、尺寸、引用的页面等。框架是在网页定义的一个显示区域。

框架文档的结构如下。

```
<html>
    <head>
    </head>
    <frameset>
        <frame>
        <frame>
        …
    </frameset>
</html>
```

其中<frameset>标签常用的属性如表 1-15 所示。

表 1-15 <frameset>标签常用属性

值	描 述
cols	水平分隔窗口，默认值为 100%。其值可用像素或百分比来设定，数值的个数代表分隔出窗口的个数，用逗号分隔。例如:cols="80,*,80"表示从左到右分隔了 3 个窗口，第一个窗口宽度为 80 像素，第三个窗口宽度为 80 像素，剩余的宽度大小分配给第二个窗口。
rows	垂直分隔窗口，其值的设置方法同 cols
frameborder	设置是否显示框架边框，其值为 yes 或 no，yes 为显示，no 为不显示
border	设置框架边框的粗细
bordercolor	设置框架边框的颜色
framespacing	设置框架与框架之间的留白间距

<frame>常用的属性如表 1-16 所示。

表 1-16 <frame>常用的属性

值	描 述
src	设置框架中引用的网页的地址，其值可用为相对路径或绝对路径
name	设置框架的名称
frameborder	设置是否显示边框，其值为 yes、no
framespacing	设置框架与框架之间留白的间距
bordercolor	设置框架边框的颜色
scrolling	设置是否显示滚动轴，其值有 yes（显示滚动轴）、no（不显示滚动轴）、auto（自动显示滚动轴）
noresize	设置在无法用浏览器浏览时调整框架尺寸大小
marginheight	设置上边距和下边距的高度
marginwidth	设置左边距和右边距的宽度

❖ 任务实践训练

1. 记事本编写 HTML 任务

【具体任务】

在站点 study 中使用记事本工具编写“poetry.html”文档，实现如图 1-32 所示的页面效果。其中页面的标题为“静夜思”，诗的标题为 1 号标题字，作者为 2 号标题字。

【实施步骤】

（1）在“study”站点目录中新建记事本文件，在其中输入以下 HTML 代码：

```
<html>
    <head>
```

```
        <title>静夜思</title>
    </head>
    <body>
        <h1>静夜思</h1>
        <h2>作者：李白</h2>
        <p>
        床前明月光，<br>
        疑是地上霜。<br>
        举头望明月，<br>
        低头思故乡。
        </p>
    </body>
</html>
```

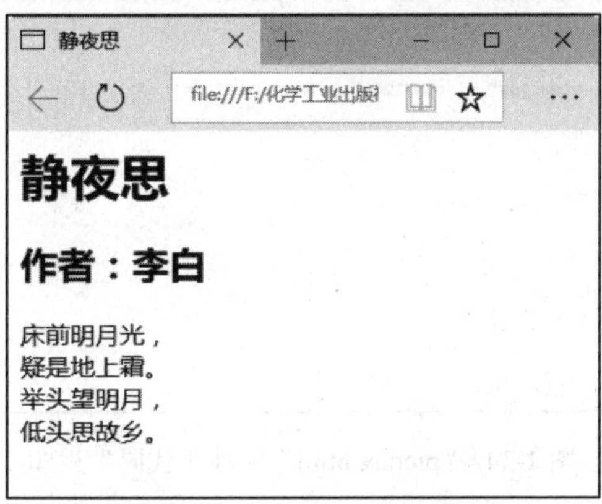

图 1-32 “poetry.html”页面效果

（2）将记事本文件另存为“poetry.html”，在浏览器中预览。

2. 使用 Dreamweaver“代码”视图编写 HTML 代码

【具体任务】

在站点 study 中新建一个名为“picture.html”的新文档，通过在 Dreamweaver CC 的 “代码”视图中编写 HTML 代码，实现如图 1-33 所示的页面浏览效果。

图 1-33 “picture.html”页面浏览效果

其中页面标题为“Dreamweaver CC”；文字内容标题为 1 号标题字，居中对齐；正文段落文字居中对齐；水平线高度为 5px；图像所在的段落对齐方式为居中对齐。

【实施步骤】

（1）在“文件”面板中选择站点 study，右击站点根文件夹，在弹出的快捷菜单中选择“新建文件”命令，新建一个文件并将其重命名为 picture.html。

（2）打开“picture.html”文件，切换到“代码”视图，在该视图中编写如图 1-34 所示的 HTML 代码。

（3）保存文件，在浏览器中浏览。

```
<!DOCTYPE html PUBLIC "-//W3C//DTD XHTML 1.0 Transitional//EN" "http://www.w3.org/TR/xhtml1/DTD/xhtml1-transitional.dtd">
<html xmlns="http://www.w3.org/1999/xhtml">
<head>
<meta http-equiv="Content-Type" content="text/html; charset=utf-8" />
<title>Dreamweaver CC</title>
</head>

<body>
<h1 align="center">制作适用于任何浏览器或设备的精美网站</h1>
<p align="center">利用Dreamweaver CC对 HTML、CSS、JavaScript 等内容的支持，设计人员和开发人员可以在几乎任何地方快速制作并发布网页。<br /
>
</p>
<hr size="5"  color="#CC0000"/>
<p align="center"><img src="images/dw.jpg" width="1200" height="218"  alt=""/></p>
<hr size="5"  color="#CC0000"/>
<p><br />
</p>

</body>
</html>
```

图 1-34 “picture.html”文件“代码”视图

❖ 任务小结

使用记事本编写 HTML 代码是网页制作人员基本技能，应能熟练掌握。

使用 Dreamweaver 中的“代码”视图是一种高效、快捷的 HTML 代码编写途径，可以提高编写代码的效率和准确性。

习 题

一、选择题

1．下面关于网站制作的说法错误的是（　　）。

A．首先要定义站点

B．最好把素材和网页文件放在同一个文件夹中

C．首页的文件名必须是 index.html

D．制作网站时，站点一般定义为本地站点

2．下面关于页面的背景和风格设置说法错误的是（　　）。

A．在页面属性设置中一般定义页边距为 0

B．可以设置页面的背景图片

C．页面的背景图片一般选择显眼的图像

D．页面的风格一般依网站主题而定

3．下面关于素材准备的说法错误的是（　　）。

A．素材准备是网站制作中重要的一环

B．Dreamweaver 自带素材准备功能

C．Fireworks 可以和 Dreamweaver 很好地结合使用

D．网站徽标的设计对于制作网站来说比较重要

4．在网页设计过程中，以下说法不正确的是（　　）。

A．网站的主题应统一、明确

B．页面中应尽可能多使用各种网页元素，以达到更好地表现内容的目的

C．网页中色彩的运用应恰当，应与主题、风格呼应

D．设计网页时应更多地从用户的角度出发

4．以下关于网页文件命名的说法错误的是（　　）。

A．可以使用字母和数字，不要使用特殊字符

B．建议使用长文件名或中文文件名，以便更清晰、易懂

C．使用字母作为文件名的开头，不能使用数字

D．使用下划线或破折号来模拟分隔单词的空格

5．使用 Dreamweaver CS5 设计网站的第一步是（　　）。

A．定义站点　　B．创建网页　　C．创建模板　　D．为站点创建库项目

6．以下关于查看源代码的说法正确的是（　　）。

A．一般不能在浏览器中查看网页的源代码

B．可以在 Dreamweaver CC 的“代码”视图中查看页面的源代码

C．在 Dreamweaver CC 中只有一种方法可以查看网页的源代码

D．以上说法都错误

二、操作题

1．选取一个自己熟悉的网站，浏览并分析该网站页面元素的特点。

2．选取一个自己熟悉的网站，浏览并分析该网站在风格设计、色彩运用等各方面的特点。

项目 2　基本网页的制作

网页的内容和主题需要通过众多的页面元素来体现，本项目通过相关任务的实现，介绍页面主要元素的添加和编辑方法。

【知识目标】

- 掌握页面头部设置方法；
- 掌握网页中文本的编辑方法；
- 掌握网页中图像的编辑方法；
- 掌握网页链接的设置方法；
- 掌握 CSS 的编辑和应用方法；
- 掌握页面中表单的添加和编辑方法。

【能力目标】

- 能恰当地添加网页文本；
- 能在页面中添加图像和图像特效；
- 能够使用链接实现网页间的有效关联；
- 能使用 CSS 美化网页。

【具体任务】

- 任务 1：设置页面的整体属性；
- 任务 2：设置页面头部内容；
- 任务 3：网页中文本的使用；
- 任务 4：网页中图像的使用；
- 任务 5：网页中链接的实现；
- 任务 6：使用 CSS 修饰页面。

任务 2.1　设置页面的整体属性

页面文件创建后，可以对页面的整体属性进行设置，以满足页面的设计需求。

❖ 任务内容分析

页面的整体属性，主要包含以下内容：

① 设置页面的外观；

② 设置页面的链接；

③ 设置页面的标题。

❖ 任务知识学习

对于用户在 Dreamweaver CC 中创建的每个页面，都可以在“页面属性”对话框中进行相关设置。“页面属性”对话框用于指定页面的默认字体系列和字体大小、背景颜色、边距、链接样式及页面设计的其他许多方面。用户可以为创建的每个新页面指定新的页面属性，也可以修改现有页面属性。在“页面属性”对话框中所进行的更改将应用于整个页面。

Dreamweaver CC 将页面属性设计划分成很多类，在“页面属性”对话框中，“外观（CSS)”、“链接（CSS)”和“标题（CSS)”选项中指定的属性用于定义 CSS 规则，这些规则嵌在页面的 head 部分中。在“外观（HTML）”选项中设置相关属性，会使页面采用 HTML 格式，而不是 CSS 格式。

1. 设置 CSS 页面的字体、背景颜色和背景图像属性

可在“页面属性”对话框中，设置 Web 页面的基本布局选项，包括字体、背景颜色和背景图像。具体操作如下。

（1）执行“修改”→“页面属性”命令，或在“属性”面板中单击“页面属性”按钮。

（2）在弹出的“页面属性”对话框中，选择“外观（CSS）”选项并进行相关设置，如图 2-1 所示。

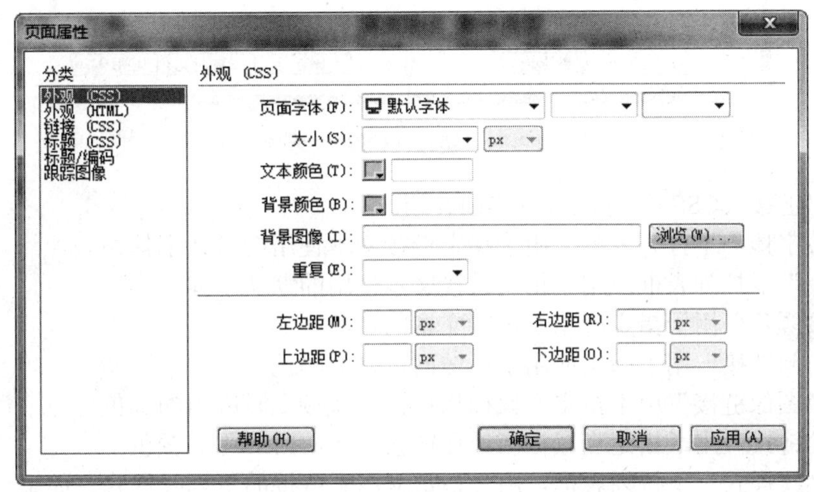

图 2-1　“页面属性”对话框

下面对“外观（CSS）”选项进行详细介绍。

①“页面字体”下拉列表框，用于指定在 Web 页面中使用的默认字体系列。

②“大小”下拉列表框，用于指定在 Web 页面中使用的默认字体大小。

③“文本颜色”用于指定显示字体时使用的默认颜色。

④“背景颜色”用于设置页面的背景颜色，单击“背景颜色”旁的色块按钮，并从弹出的颜色选择器中选择一种颜色。

⑤ 单击“背景图像”文本框右侧的“浏览”按钮，在弹出的“选择图像源文件”对话框中选择需要的图像，或者在文本框中直接输入图像的路径。

⑥ 在“重复”下拉列表框中，可以选择不同选项，以设置背景图像的显示方式，repeat 方式的效果类似于设置 Windows 桌面图片的平铺效果；no-repeat 表示背景图像只显示一次，如果图像的尺寸小于页面浏览窗口，则图像之外的空间将留有空白；repeat-x 和 repeat-y 表示只在一个方向进行平铺排列。

⑦“左边距”和“右边距”用于指定页面左边距和右边距的大小。

⑧“上边距”和“下边距”用于指定页面上边距和下边距的大小。

2. 设置 CSS 链接属性

可以设置默认字体、字体大小、链接的颜色、已访问链接的颜色，以及活动链接的颜色。

（1）执行“修改”→“页面属性”命令，或在“属性”面板中单击“页面属性”按钮。

（2）在弹出的“页面属性”对话框中，选择“链接（CSS）”选项，并进行相关设置，如图 2-2 所示。

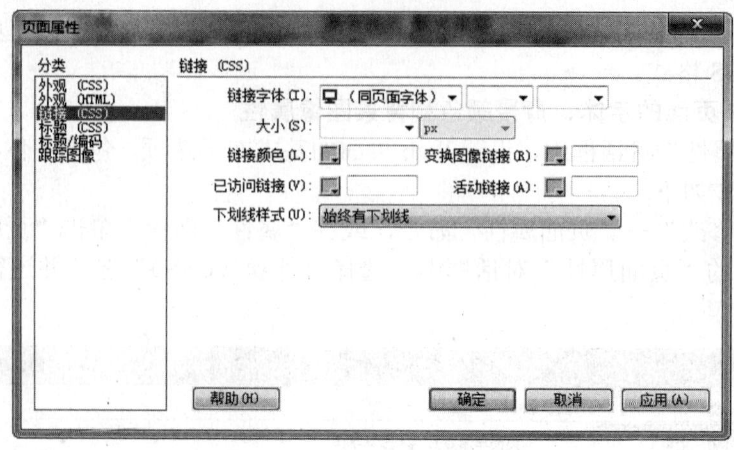

图 2-2 “链接（CSS）”选项

下面对“链接（CSS）”选项进行详细介绍。

①“链接字体”下拉列表框，用于指定链接文本使用的默认字体系列。

②“大小”下拉列表框，用于指定链接文本使用的默认字体大小。

③“链接颜色”用于指定应用于链接文本的颜色。

④“已访问链接”用于指定应用于已访问链接的颜色。

⑤“变换图像链接”用于指定当鼠标指针位于链接上时应用的颜色。

⑥“活动链接”用于指定当鼠标指针在链接上单击时应用的颜色。

⑦“下划线样式”下拉列表框，用于指定应用于链接的下划线样式。如果页面已经定义了一种下划线链接样式，则“下划线样式”默认为“不更改”选项，该选项会提醒用户已经定义了一种链接样式。如果修改了下划线链接样式，Dreamweaver CS5 将会更改以前的链接定义。

3. 设置 CSS 页面标题属性

可以定义默认标题文字属性。具体操作如下。

（1）执行“修改”→“页面属性”命令，或在“属性”面板中单击“页面属性”按钮。

（2）在弹出的“页面属性”对话框中，选择“标题（CSS）”选项，并进行相关设置，如图 2-3 所示。

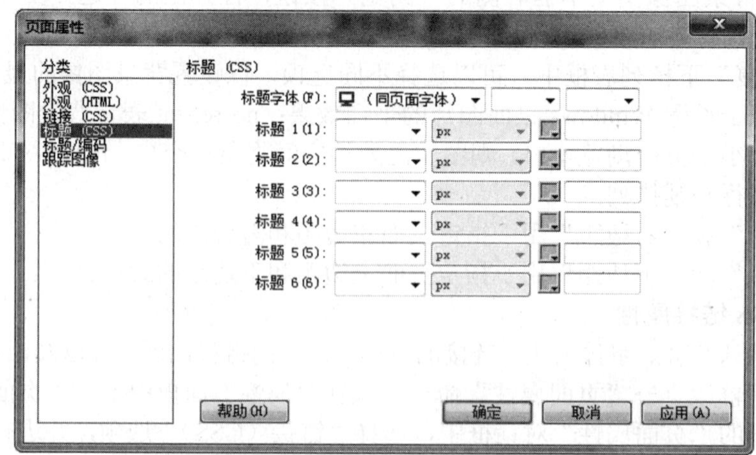

图 2-3 “标题（CSS）”选项

下面对“标题（CSS）”选项进行详细介绍。

①“标题字体”下拉列表框，用于指定标题使用的默认字体系列。

②“标题 1”至“标题 6”，用于指定最多 6 个级别的标题标签所使用的字体大小和颜色。

4. 设置标题和编码页面属性

“标题/编码”选项可用于指定制作 Web 页面时所用语言的文档编码类型，以及用于该编码类型的 Unicode 样式。

（1）执行“修改”→“页面属性”命令，或在“属性”面板中单击“页面属性”按钮。

（2）在弹出的“页面属性”对话框中，选择“标题/编码”选项，并进行相关设置，如图 2-4 所示。

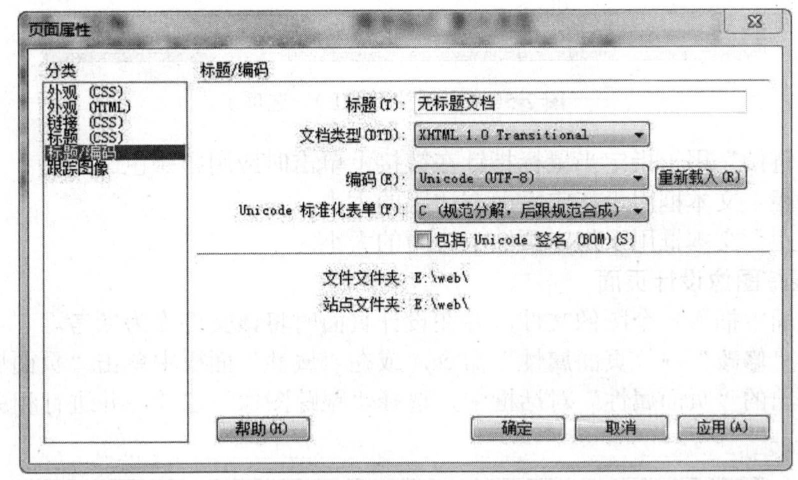

图 2-4　“标题/编码”选项

下面对“标题/编码”选项进行详细介绍。

①“标题”文本框，用于指定在文档窗口和浏览器窗口的标题栏中出现的页面标题。

②“文档类型”下拉列表框，用于指定一种文档类型定义。

③“编码”下拉列表框，用于指定文档中字符所用的编码。

④“Unicode 标准化表单”下拉列表框，用于设置表单的标准化类型。

5. 设置 HTML 页面属性

在“页面属性”对话框的“外观（HTML）”选项中，设置属性会使页面采用 HTML 格式，而不是 CSS 格式。

（1）执行“修改”→“页面属性”命令，或在“属性”面板中单击“页面属性”按钮。

（2）在弹出的“页面属性”对话框中，选择“外观（HTML）”选项，并进行相关设置，如图 2-5 所示。

下面对“外观（HTML）”选项进行详细介绍。

① 单击“背景图像”文本框右侧的“浏览”按钮，在弹出的“选择图像源文件”对话框中选择需要的图像，或者在文本框中直接输入图像的路径。

②“背景”用于设置页面的背景颜色。

③“文本”用于指定显示字体时使用的默认颜色。

④“链接”用于指定应用于链接文本的颜色。

⑤“已访问链接”用于指定应用于已访问链接的颜色。

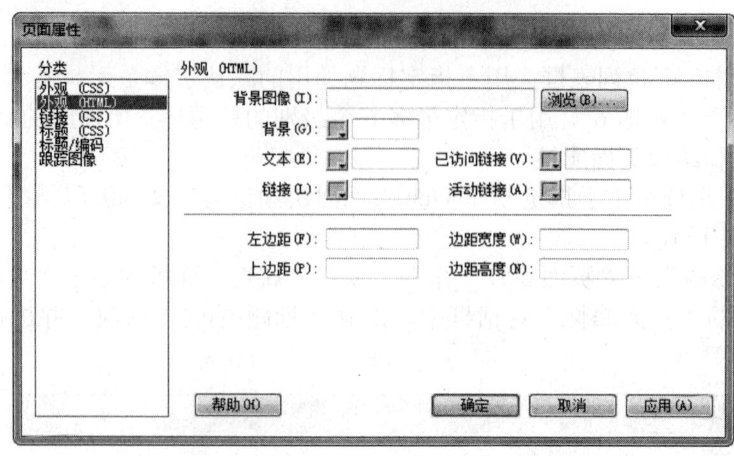

图 2-5 “外观（HTML）”选项

⑥“活动链接”用于指定当鼠标指针在链接上单击时应用的颜色。

⑦“左边距”文本框用于指定页面左边距的大小。

⑧“上边距”文本框用于指定页面上边距的大小。

6. 使用跟踪图像设计页面

可以在页面中插入一个图像文件，并在设计页面时将该文件作为参考。

（1）执行“修改”→“页面属性”命令，或在“属性”面板中单击“页面属性”按钮。

（2）在弹出的“页面属性”对话框中，选择“跟踪图像”选项，并进行相关设置，如图 2-6 所示。

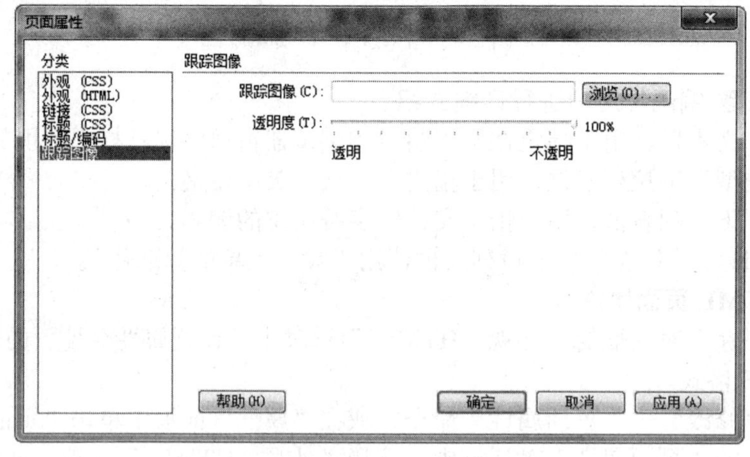

图 2-6 “跟踪图像”选项

下面对“跟踪图像”选项进行详细介绍。

①“跟踪图像”文本框用于指定在复制设计时作为参考的图像。该图像只供参考，当文档在浏览器中显示时并不出现。

②“透明度”用于确定跟踪图像的不透明度，从完全透明到完全不透明。

❖ 任务实践训练

【具体任务】

（1）在站点 study 中创建一个名为 images 的文件夹，并在站点中创建页面 soft.html。

（2）设置页面 soft.html 的属性，“页面字体”默认为“宋体”，“大小”为 12px，黑色字，上、下、左、右页面边距均为 0px；网页标题为“软件介绍”，“编码”为“简体中文（GB2312）”。

【实施步骤】

（1）在“文件”面板中选择站点 study，右击站点根文件夹，在弹出的快捷菜单中选择“新建文件夹”命令，新建一个文件夹并将其重命名为 images。再次右击站点根文件夹，在弹出的快捷菜单中选择“新建文件”命令，新建一个文件并将其重命名为 soft.html，如图 2-7 所示。

（2）在“文件”面板中双击 soft.html 页面，然后执行“修改”→“页面属性”命令，弹出“页面属性”对话框。默认选中“外观（CSS）”选项，设置“页面字体”为“宋体”，“大小”为 12px，“文本颜色”为黑色，上、下、左、右边距均为 0px，如图 2-8 所示，然后单击“确定”按钮。

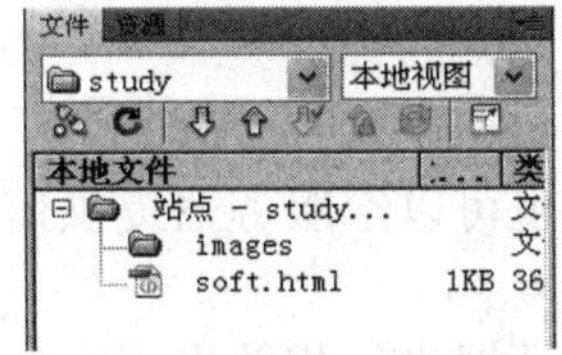

图 2-7　创建文件夹和页面

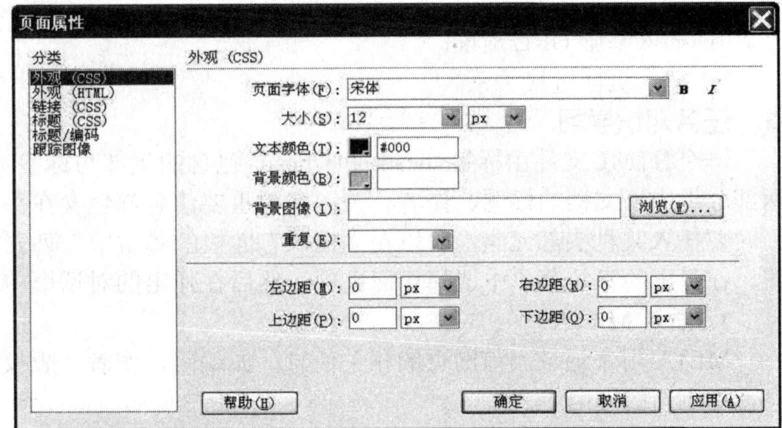

图 2-8　设置页面的“外观（CSS）”选项

（3）再次打开“页面属性”对话框，切换到“标题/编码”选项，设置页面“标题”为“软件介绍”，“编码”为“简体中文（GB2312）”，如图 2-9 所示，然后单击“确定”按钮。

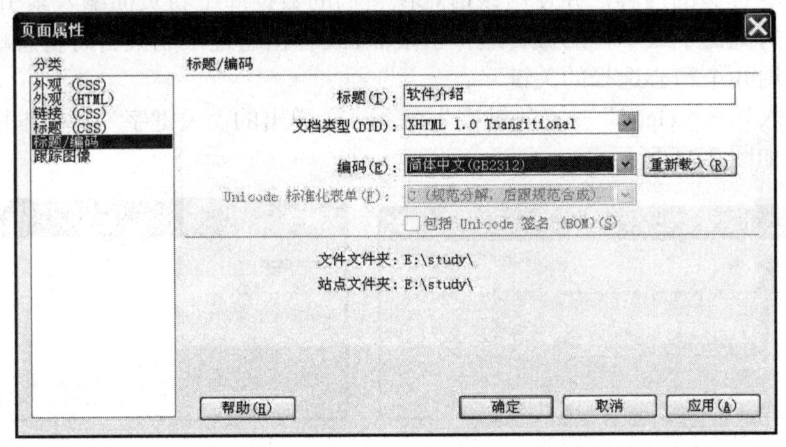

图 2-9　设置页面的“标题/编码”选项

❖　任务小结

对站点中各类文件的操作是指对站点管理的基本内容、规范的定义和管理站点中的各类文件的操作，是开发符合 Web 标准网站的技术基础。

任务 2.2　设置页面头部内容

页面头部内容是网页的重要组成部分，头部中包含很多非常重要的信息，掌握页面头部的设置方法，可使网页被更多浏览者访问。

❖ 任务内容分析

设置网页头部内容，需要掌握以下内容：

① 插入 META；
② 插入关键字；
③ 插入说明；
④ 插入自动刷新；
⑤ 插入基础 URL 地址；
⑥ 插入页面链接关系。

❖ 任务知识学习

一个 HTML 文件由标签<head>和</head>包含的头部与标签<body>和</body>包含的主题两部分组成。文档的标题、作者、关键字等重要信息都包含在头部。

要插入某种头部元素，可以在“插入”面板的“常用”列表框中，单击“Head”下拉按钮，在弹出的下拉菜单中选择相应选项，然后在弹出的对话框中输入元素的选项。

1. 插入 META

META 用来记录当前网页的相关信息，如编码、作者、版权等，也可以给服务器提供信息，如刷新的间隔等。

执行“插入”→“Head”→“Meta”命令，在弹出的 META 对话框进行相关设置，如图 2-10 所示。

2. 插入关键字

许多搜索引擎装置（自动浏览 Web 页为搜索引擎收集信息，以便编入索引的程序）读取关键字为<meta>标签的内容，并使用该信息在它们的数据库中将页面编入索引。因为有些搜索引擎对索引的关键字或字符的数目进行了限制，或者在超过限制数目时将忽略所有关键字，所以最好只使用几个精心选择的关键字。

执行“插入”→“Head”→“关键字”命令，在弹出的“关键字”对话框中指定关键字，以逗号隔开，如图 2-11 所示。

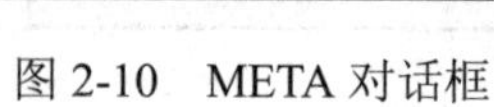
图 2-10　META 对话框

图 2-11　“关键字”对话框

3. 插入说明

许多搜索引擎可以读取 meta 标签的说明内容，有些可以使用该信息在它们的数据库中将页面编入索引，有些还可以在搜索结果页面中显示该信息（而不只显示文档的前几行），有些搜索引擎会限制索引的字符数，因此说明内容应尽量简明。

执行"插入"→"Head"→"说明"命令，在弹出的"说明"对话框中输入说明性文本，如图 2-12 所示。

图 2-12　"说明"对话框

4. 插入视口

"视口"是 Dreamweaver CC 新增的网页头部信息设置功能，该功能主要是针对浏览者使用移动设备查看网页时，控制网页布局的大小。每款手机有不同的屏幕大小和分辨率，通过视口的设置，可以使制作出来的网页大小适应各种手机屏幕大小。

执行"插入"→"Head"→"视口"命令即可插入"视口"，在网页的代码视图中，在<head></head>标签中，可以查看到所设置的视口代码，如图 2-13 所示。

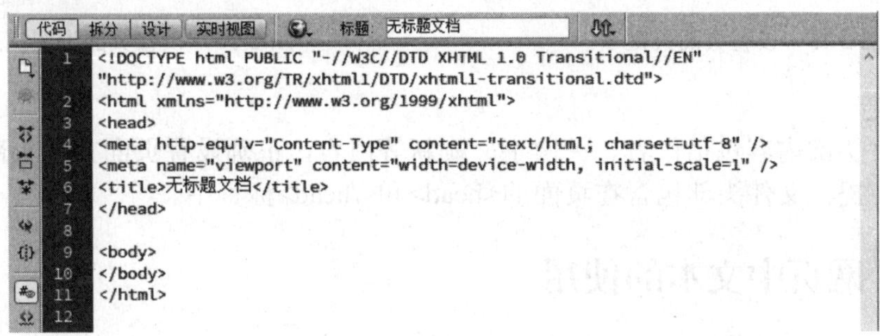

图 2-13　"视口"对话框

其中的 Width 属性用来设置视口的大小，如图 2-13 中所示的"width=device-width"表示视口的宽度，默认等于屏幕的宽度；initial-scale 属性用来设置网页初始缩放比例，即当网页被载入时的缩放比例；如图 2-13 中所示的"initial-scale=1"，表示网页初始大小占屏幕面积的 100%。

❖　任务实践训练

【具体任务】

（1）设置前面制作的 soft.html 页面的头部内容，添加页面作者信息，作者为"王丹"。

（2）插入页面关键字"软件，Adobe"。

（3）给页面添加内容为"网页制作软件介绍"的说明。

【实施步骤】

（1）在 Dreamweaver CC 中打开 soft.html 页面，执行"插入"→"Head"→"Meta"命令，在弹出的 META 对话框中设置"属性"为"名称"，在"值"文本框中输入 author，在"内容"列表框中输入"王丹"，如图 2-14 所示，然后单击"确定"按钮。

图 2-14 设置网页作者信息

（2）执行“插入”→“Head”→“关键字”命令，在弹出的“关键字”对话框中，按要求设置页面关键字，如图 2-15 所示，然后单击“确定”按钮。

（3）执行“插入”→“Head”→“说明”选项，在弹出的“说明”对话框中，按要求设置页面说明信息，如图 2-16 所示，然后单击“确定”按钮。

图 2-15 设置页面关键字

图 2-16 设置页面说明信息

❖ 任务小结

页面文件头部内容包括作者、关键字、刷新等内容，正确设置页面文件头部内容是制作网页的必要前提，文件头部包含在页面的<head>和</head>标签中。

任务 2.3 网页中文本的使用

文本是网页中最普遍的内容，也是页面的主体之一。恰当地对页面中的文本进行编辑，使之直观、清晰地表达出页面信息的内容是本任务的主要目的。

❖ 任务内容分析

合理、有效地使用页面文本需要掌握以下内容：

① 文本的添加；
② 文本的编辑；
③ 特殊符号的使用；
④ 水平线的插入。

❖ 任务知识学习

2.3.1 文本的添加

文本是网页中最基本的元素之一，在 Dreamweaver 中可以直接输入文本，还可以引用外部文本文件。引用外部文本文件时，可以打开外部文本文件，选择要引用的文本内容，将其复制后粘贴到网页中，如图 2-17 所示。

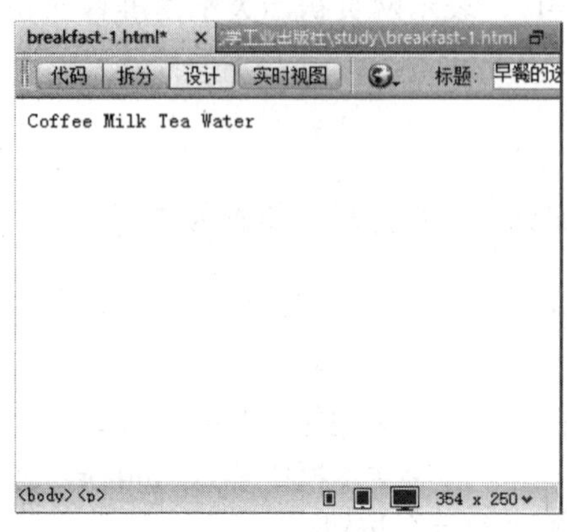

图 2-17 在页面中添加文本

提示：Dreamweaver 会自动打开纯文本格式的

文件。

除了引用外部文本文件外，也可以借鉴其他网页内容。

2.3.2　文本的编辑

网页中文本的编辑主要在“属性”面板中来实现，主要包括编辑文本的段落、颜色、字体、大小和列表效果等内容。

1. 文本段落的编辑

（1）按 Enter 键分段。将光标移动到要分段的位置后按 Enter 键即可，但这样分段会造成较大行距，如图 2-18 所示。

（2）按 Shift+Enter 组合键换行。在图 2-17 所示文本中，若按 Shift+Enter 组合键，则只是文本换行，显示效果如图 2-19 所示。

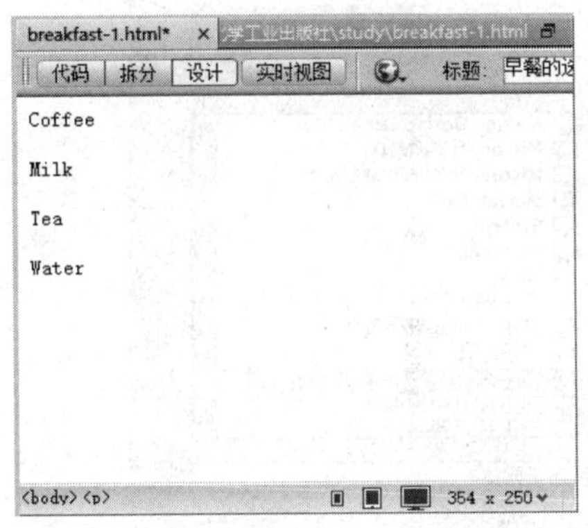

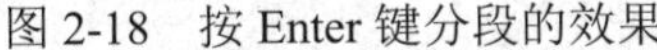

图 2-18　按 Enter 键分段的效果

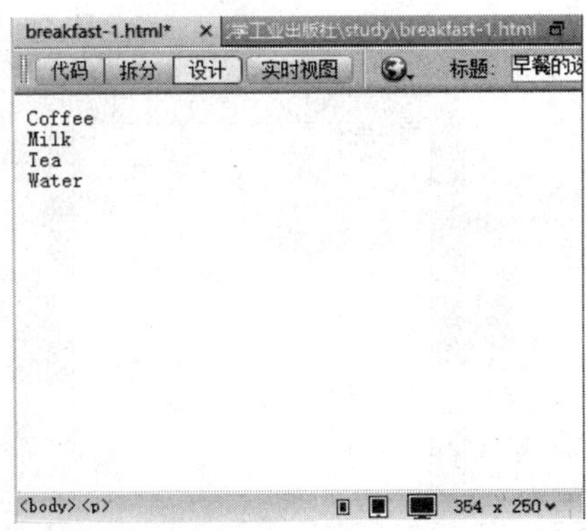

图 2-19　按 Shift+Enter 键分段的效果

（3）选取要编辑的文本，单击“属性”面板中“CSS”中的对齐方式按钮，即可设置被选文本的对齐方式。

2. 编辑文本的字体、颜色和大小

（1）选取要编辑的文本，在“属性”面板中单击 CSS 按钮，然后在“字体”下拉列表框中选择相应字体。若其中没有要使用的字体，则可以在“字体”下拉列表框中选择“管理字体”选项，如图 2-20 所示。

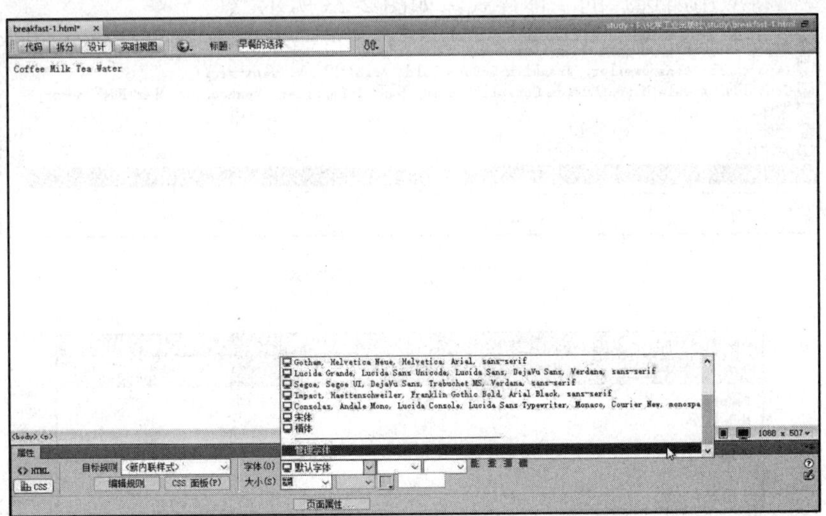

图 2-20　选择“编辑字体列表”选项

（2）随即弹出“管理字体”对话框，在“自定义字体堆栈”中选择要使用的字体，单击添加按钮 << ，将需要的字体添加到“选择的字体”列表框中，然后单击“确定”按钮，如图 2-21 所示。

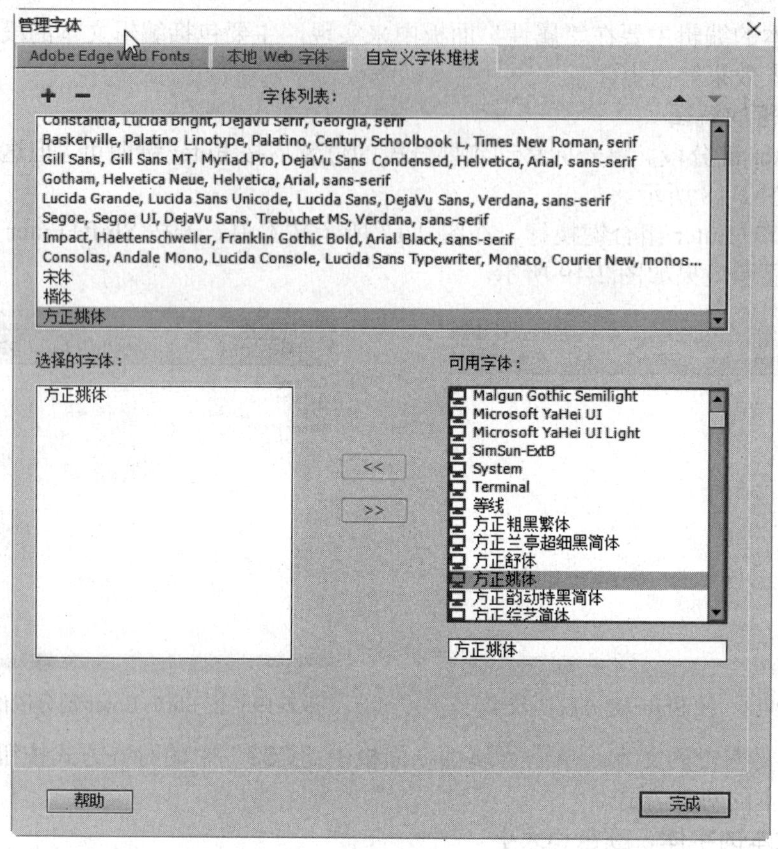

图 2-21 “字体列表”对话框

（3）返回编辑界面，在“字体”下拉列表框中，选择需要使用的新增字体，如图 2-22 所示，选择后字体将应用所选择的字体样式，如图 2-23 所示。

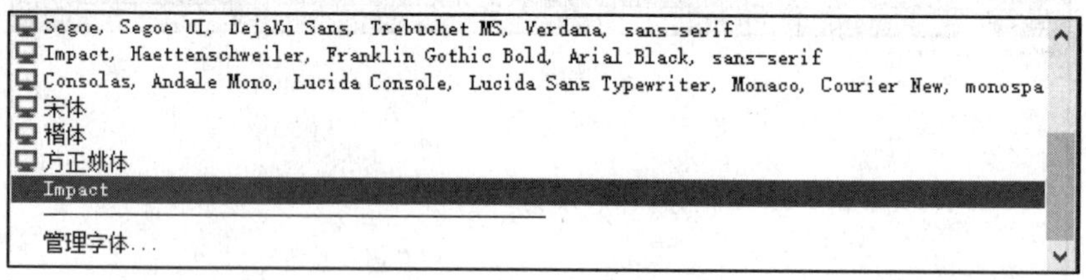

图 2-22 选择文本字体

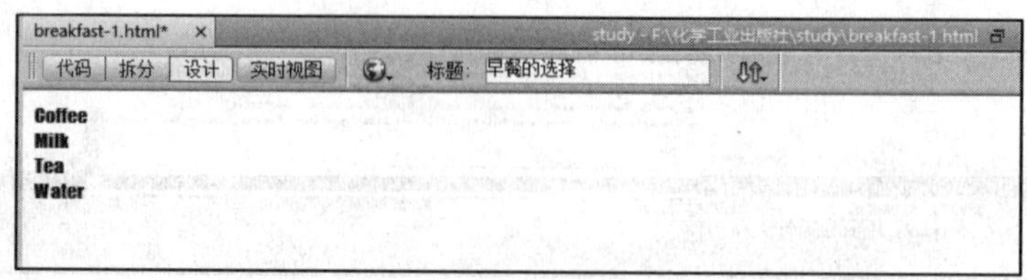

图 2-23 应用所选字体效果

（4）设置标题文本。选取文本后，在“属性”面板中单击 HTML 按钮，在“格式”下拉列表框中选择对应的标题，如图 2-24 所示，则选取的文本将应用所选择标题样式，如图 2-25 所示。

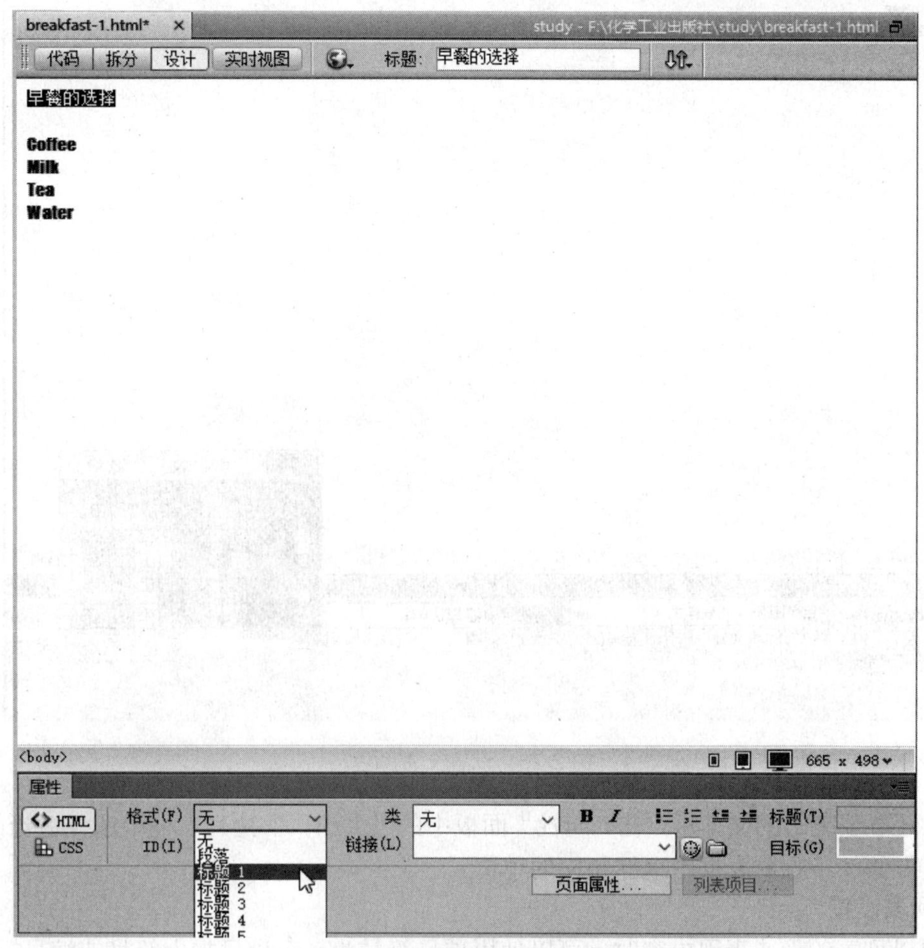

图 2-24　设置标题文本

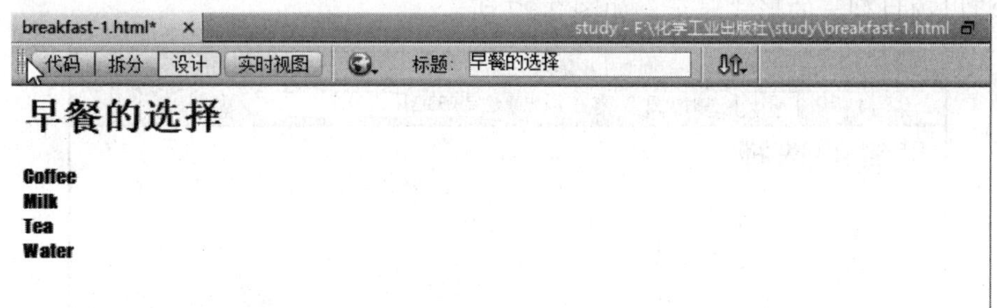

图 2-25　设置标题文本效果

（5）设置文本颜色。在“属性”面板中单击 CSS 按钮，然后单击“文本颜色”按钮，从弹出的色板中选择文本的颜色，如图 2-26 所示。

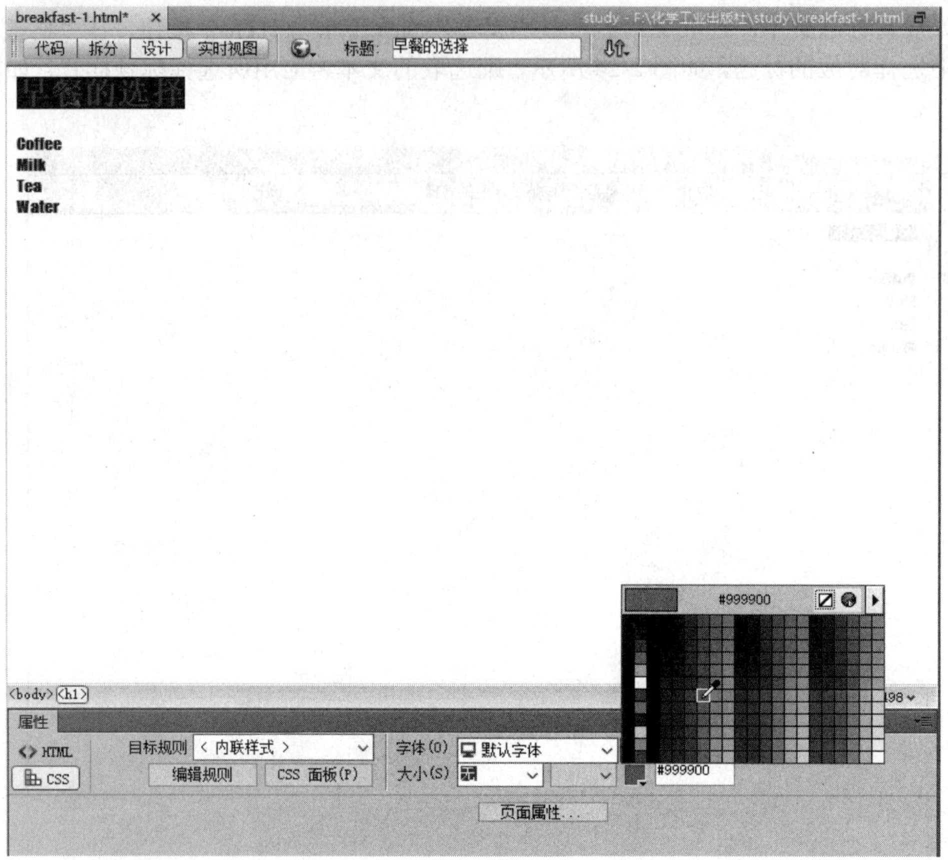

图 2-26　设置文本颜色

（6）选取要编辑的文本后，在“属性”面板中的“大小”下拉列表框中选择适当的选项，然后在其右侧的下拉列表框中选择相应的单位。

3. 列表设置

需要以列表的形式表现内容时，可以使用项目符号为一个项目加上符号或编号。

（1）设置列表。选取要设置的内容后，在“属性”面板中单击“项目列表”按钮，选取的内容将以项目列表的形式显示，如图 2-27 所示。

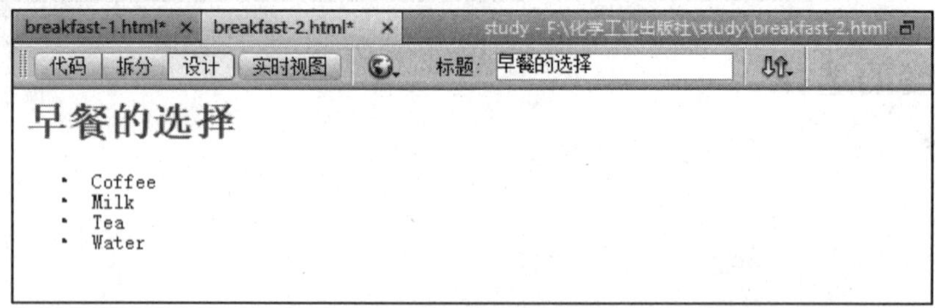

图 2-27　设置项目列表效果

若要显示为编号列表，则可单击“编号列表”按钮，选取的内容将以编号列表的形式显示，如图 2-28 所示。

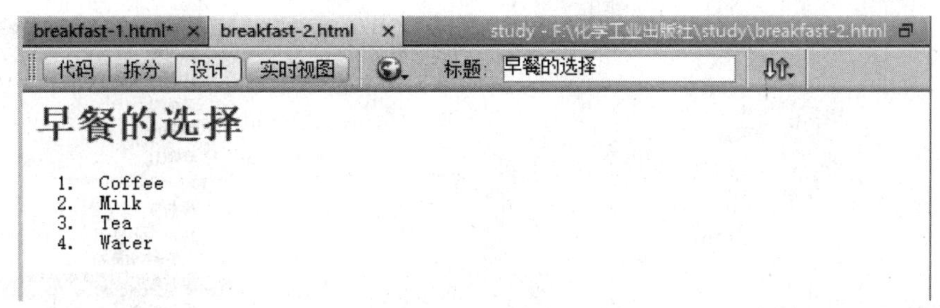

图 2-28　设置编号列表效果

（2）更改项目符号样式。系统默认的列表项目有项目列表和编号列表两种，也可以更改符号或编号的样式，实现步骤如下。

① 将光标置于列表项目中，在“属性”面板中单击“列表项目”按钮。

② 在弹出的“列表属性”对话框的“列表类型”下拉列表框中，选择“项目列表”列表项目... 选项，在“样式”下拉列表框中选择相应的符号，如图 2-29 所示，然后单击“确定”按钮，列表将更新样式。由于所有的列表项目都被视为同一段落，因此设置完成后，项目符号就会变成所选样式，而不需要逐项修改。

③ 更改“编号列表”样式的方法与更改“项目列表”样式的方法相似，只是在“列表类型”下拉列表框中选择“编号列表”选项，然后在“样式”下拉列表框中选择相应的样式，如图 2-30 所示。设置完成后，单击“确定”按钮即可更新列表样式，如图 2-31 所示。

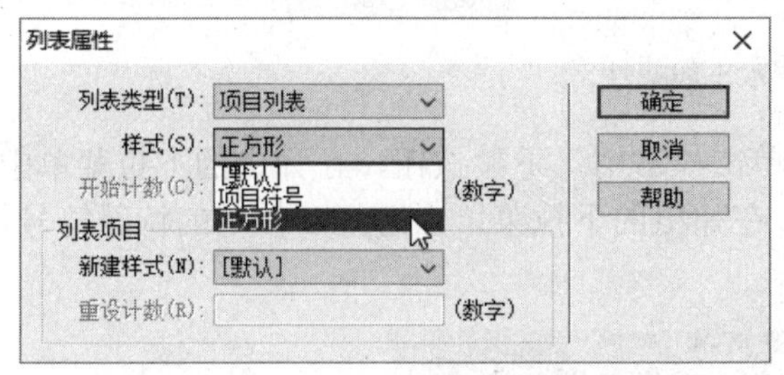

图 2-29　修改项目列表样式

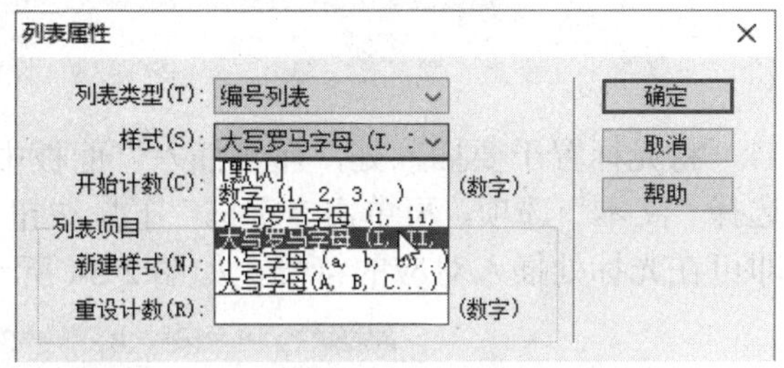

图 2-30　修改编号列表样式

4. 水平线的插入

网页通常包含一些 HTML 元素，如水平线、日期、注释等，可以在“插入”面板中执行相关操作将它们添加到文档中。下面介绍如何在页面中插入水平线。

在页面中确定插入的位置，然后在“插入”面板中的“常用”模式下单击“水平线”按钮，如图 2-32 所示。

如果需要修饰水平线，应在文档窗口中选取水平线，然后在“属性”面板中修改水平线的属性，如图 2-33 所示。其中，“宽”表示水平线的长度，“高”表示水平线的粗细，“对齐”表示水平线在页面中的位置，“阴影”可以为水平线设置阴影效果。

2.3.3　特殊符号的添加

网页中的文本可能包含一些特殊字符，如<（小于符号）、©（版权符号）等，这些特殊字符在网页中有特殊的表示方式。例如，空格表示为 ，版权符号表示为©。在文档中可以通过插入其他字符的方法来添加这些特殊字符。

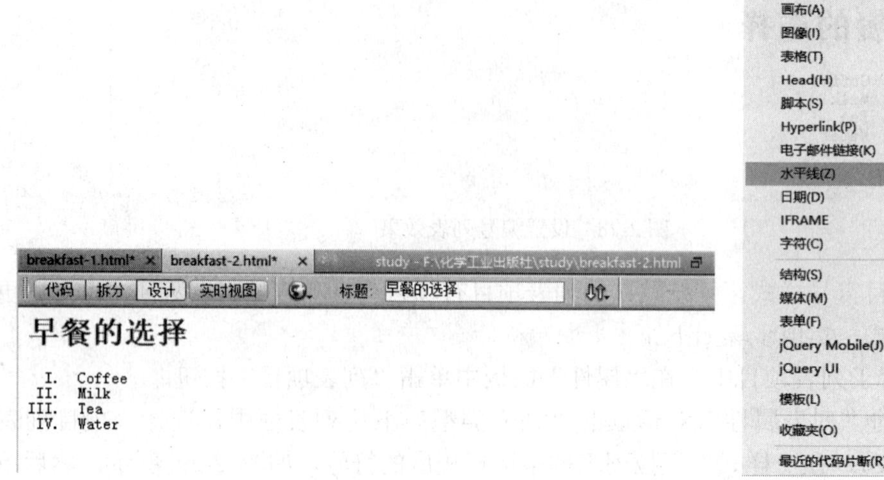

图 2-31 修改后的编号列表样式　　图 2-32 插入水平线

图 2-33 设置水平线属性

将光标置于要插入处，在“插入”面板中单击“常用”下拉按钮，在弹出的下拉菜单中选择“文本”选项，再单击“字符”下拉按钮，在弹出的下拉菜单中选择要使用的特殊符号，即可在光标处插入对应的符号，如图 2-34 所示。

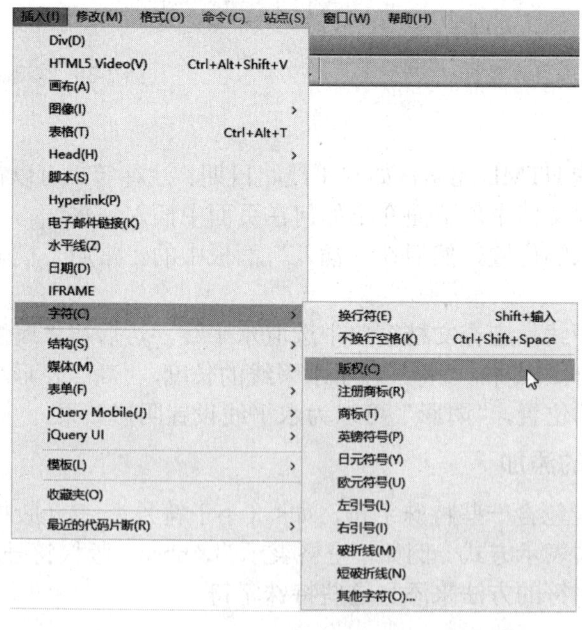

图 2-34 插入特殊符号

❖ 任务实践训练

【具体任务】

在站点 study 中创建页面并保存为 soft.html，向页面中添加文本、水平线等内容，如图 2-35 所示，其中，标题文字为 1 号标题字，黑体，居中对齐；列表文字字体为 Arial，大小为 12 px，列表样式为正方形；“关闭窗口”为宋体，12 px，居中对齐。

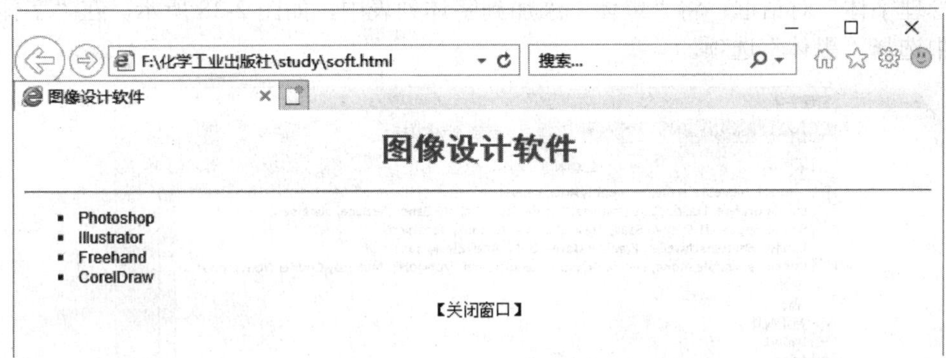

图 2-35　soft.html 页面

【实施步骤】

（1）创建页面 soft.html，向页面中添加文本内容，如图 2-36 所示。

图 2-36　添加页面文本内容

（2）选取“图像设计软件”文本，在“属性”面板“格式”下拉列表框中，选择“标题 1”选项，设置后的效果如图 2-37 所示。

图 2-37　标题文字效果

（3）选取标题文字，在“属性”面板中单击“居中对齐”按钮，将文本设置为居中对齐方式。

（4）选取标题文字，在“属性”面板中单击“颜色”按钮，在弹出的色板中选取红色，将标题文本设置为红色。

（5）选取标题文字，在“属性”面板的“字体”下拉列表框中，选择“管理字体”选项，打开“管理字体”对话框，将“黑体”添加到字体列表中，如图 2-38 所示。在“字体”下拉列表框中选择“黑体”选项。

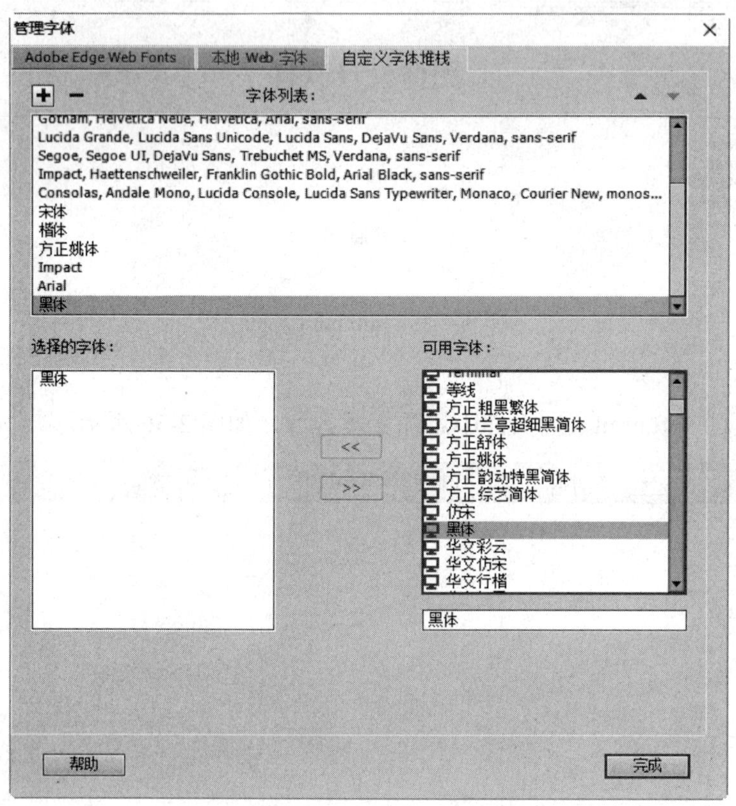

图 2-38　添加“黑体”字体

（6）将光标置于标题文本后，在“插入”面板的“常用”模式中，单击“水平线”按钮，向页面中插入水平线，效果如图 2-39 所示。

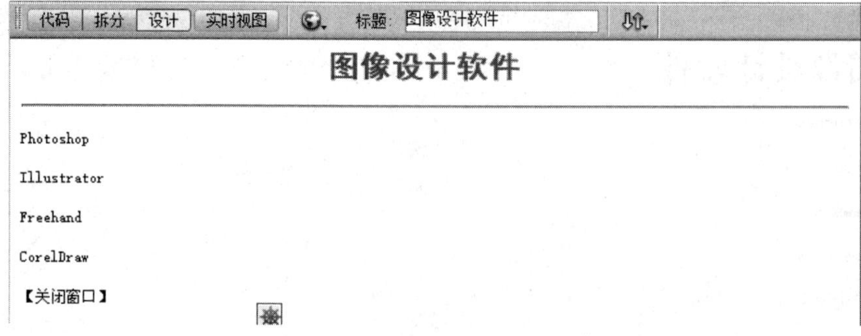

图 2-39　插入水平线效果

（7）在页面中选取除标题文本和“关闭窗口”以外的文本内容，在“属性”面板中单击“项目列表”按钮，将其设置为项目列表形式。将光标置于任一列表项上，单击“属性”面板中的“列表项目”按钮，打开“列表属性”对话框，将“列表类型”设置为“项目列表”，将“样式”设置为“正方形”。然后单击“确定”按钮实现列表样式更新，效果如图 2-40 所示。

图 2-40　更新后的列表样式效果

（8）选取列表文字，采用步骤（5）所用方法，将列表文字的字体设置为 Arial。

（9）选取除标题文字外的文本内容，在“属性”面板中的“大小”下拉列表框中选择 12 选项，将其右侧的单位设置为 px，如图 2-41 所示。

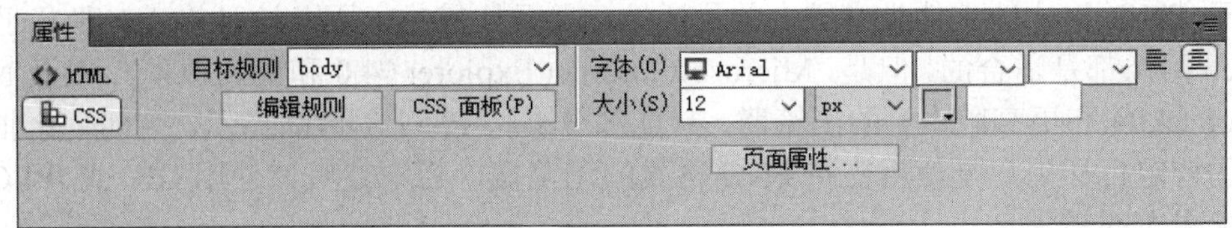

图 2-41　设置文字大小

（10）选择“【关闭窗口】”文本内容，采用步骤（3）的方法将其设置为居中对齐，效果如图 2-42 所示。

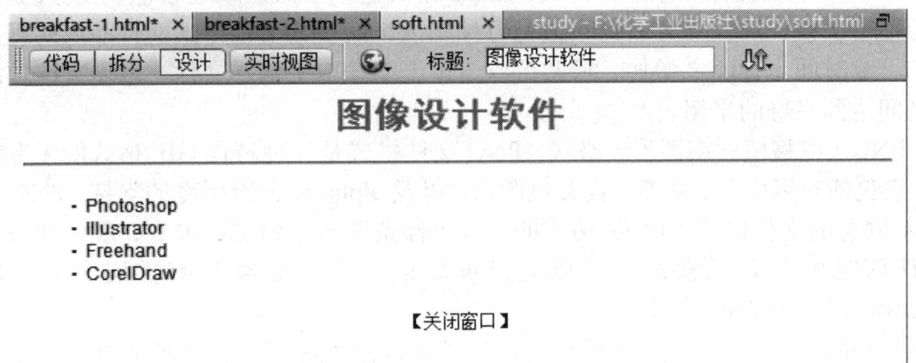

图 2-42　设置“【关闭窗口】”文本居中对齐

❖ 任务小结

文本是页面不可缺少的基本元素，是站点内容的集中体现，页面中文本的格式，一方面，确保了网站内容的合理性；另一方面，也起到了美化网页的作用。

对页面中文本的段落、字体、大小等样式的设置操作，是编辑页面中文本的基本内容，应熟练掌握。

任务 2.4 网页中图像的使用

图像是网页中不可缺少的组成元素之一，在网页中合理地使用图像，可以提升网站的表现力，恰当地选择图像，合理地使用和设置图像，可以使网页更容易被接受。

❖ 任务内容分析

要能正确、恰当地在网页中使用图像，需要掌握以下内容：

① 了解网页使用图像的特点；

② 在网页中插入图像；

③ 图像的编辑；

④ 鼠标经过图像效果的实现。

❖ 任务知识学习

2.4.1 网页图像基础

了解 Web 图像的类型和格式是在网页中合理使用图像的基础。虽然图像格式有很多种，但由于受到网络带宽和浏览器的限制，通常在网页中使用的只有 3 种格式，即 GIF、JPEG 和 PNG。大多数浏览器都支持 GIF 和 JPEG 文件格式的图像。

由于 PNG 格式的文件具有较大的灵活性，并且比较小，因此这种格式对于几乎任何类型的 Web 图像都是适合的，但是，Microsoft Internet Explorer（4.0 和更高版本），以及 Netscape Navigator（4.04 和更高版本）的浏览器，只能部分支持 PNG 图像的显示。因此，除非设计者所针对的特定目标用户是使用支持 PNG 格式的浏览器，否则就应该使用 GIF 或 JPEG 格式，以迎合更多人的需求。

（1）GIF（图形交换格式）格式。GIF 格式的文件最多使用 256 种颜色，最适合显示色调不连续或具有大面积单一颜色的图像。例如，导航条、按钮、图标、徽标或其他具有统一色彩和色调的图像。

（2）JPEG（联合图像专家组）格式。JPEG 格式是用于摄影或连续色调图像的较好格式，这是因为 JPEG 格式的文件可以包含数百万种颜色。随着 JPEG 格式文件品质的提高，文件的大小和下载时间也会随之增加。通常可以通过压缩 JPEG 格式文件，以便在图像品质和文件大小之间达到良好的平衡。

（3）PNG（可移植网络图形）格式。PNG 文件格式是一种替代 GIF 格式的无专利权限制的格式，它包括对索引色、灰度、真彩色图像，以及 alpha 通道透明度的支持。PNG 是 Adobe Fireworks 固有的文件格式。PNG 格式的文件可保留所有原始层、矢量、颜色和效果信息，并且在任何时候所有元素都是可以完全编辑的。文件必须具有扩展名.png，才能被 Dreamweaver 识别为 PNG 文件。

注意：在网页中使用图像之前，通常要考虑文件大小、图像的数量和质量、动画的合理使用这 3 个问题。

2.4.2 插入图像

将图像插入 Dreamweaver 文档时，HTML 源代码中会生成对该图像文件的引用。为了确保此引用的正确性，该图像文件必须位于当前站点中。如果图像文件不在当前站点中，则 Dreamweaver 会询问是否要将此文件复制到当前站点中。在页面中插入图像的步骤如下。

（1）在文档窗格中，将插入点放置在要显示图像的地方，然后在“插入”面板的“常用”模式下，单击“图像”下拉按钮，如图 2-43 所示。或者在菜单栏中执行“插入”→“图像”命令，如图 2-44 所示。

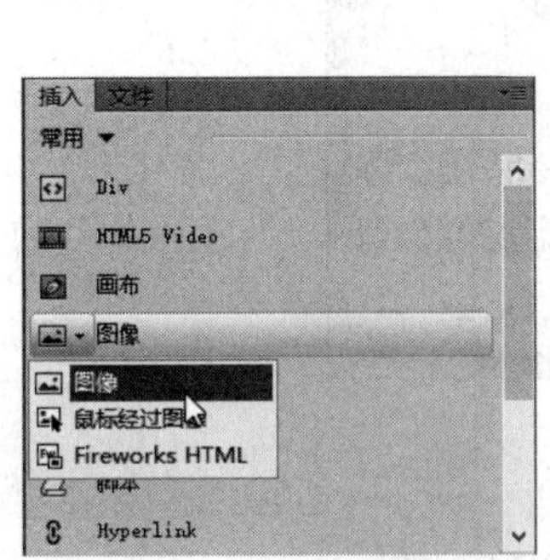

图 2-43　通过“插入”面板插入图像

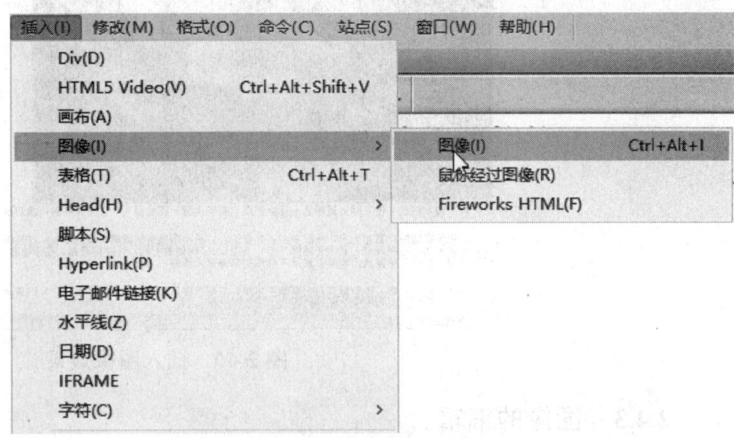

图 2-44　通过“插入”菜单插入图像

（2）在弹出的“选择图像源文件”对话框的“查找范围”下拉列表框中，选择文件所在的文件夹，在列表框中选择图像文件，如图 2-45 所示。

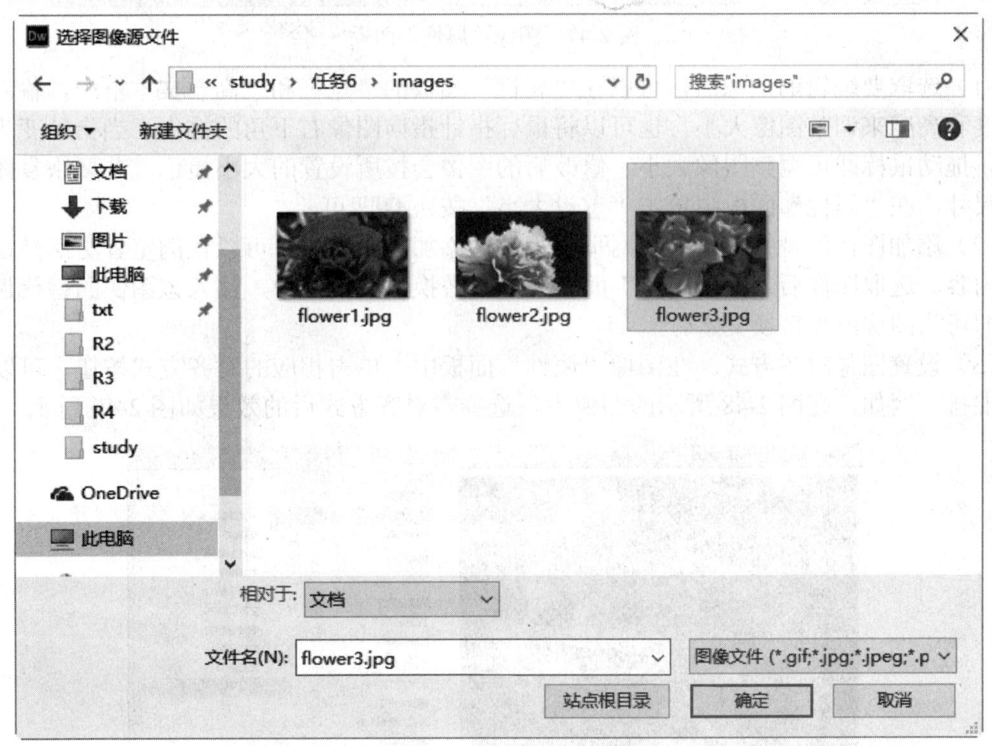

图 2-45　“选择图像源文件”对话框

（3）单击“确定”按钮后，图像会以原始尺寸在页面中显示，如图 2-46 所示。

图 2-46 插入图像效果

2.4.3 图像的编辑

插入图像后可以在“属性”面板中设置图像的属性，如图 2-47 所示。

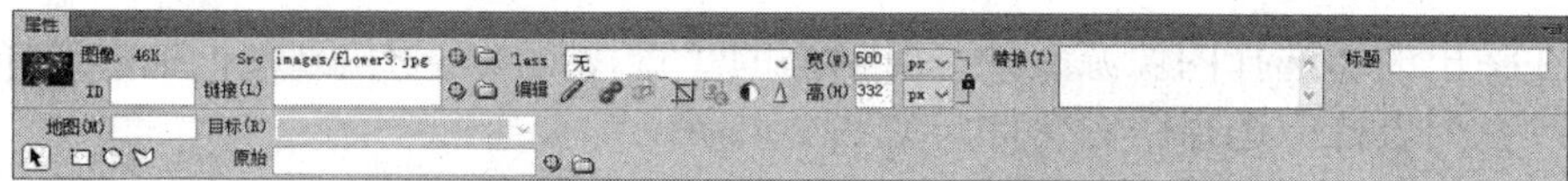

图 2-47 图像“属性”面板

（1）选取要编辑的图像后，可以在“属性”面板的“宽”和“高”文本框中，输入图片的宽度和高度来调整图像大小，也可以将鼠标指针指向图像右下角的控点，当指针变为↘形状时，拖动鼠标即可调整图像大小。修改后的图像会按所设置的大小显示，若要恢复图像原来的尺寸，在“属性”面板中单击“重设大小”按钮即可。

（2）添加图像的替换文本。在网页中为图像添加替换文本，可以让浏览者更清楚地了解图像内容。选取图像后，在“属性”面板中的“替换”文本框中，输入该图像的替代说明文字，即可为图像添加替换文本。

（3）设置图像对齐方式。在图像“属性”面板中，单击相应的对齐方式按钮，可以实现图文混排。例如，在图 2-48 所示的图像中，选择右对齐方式后的效果如图 2-49 所示。

图 2-48 插入图像效果

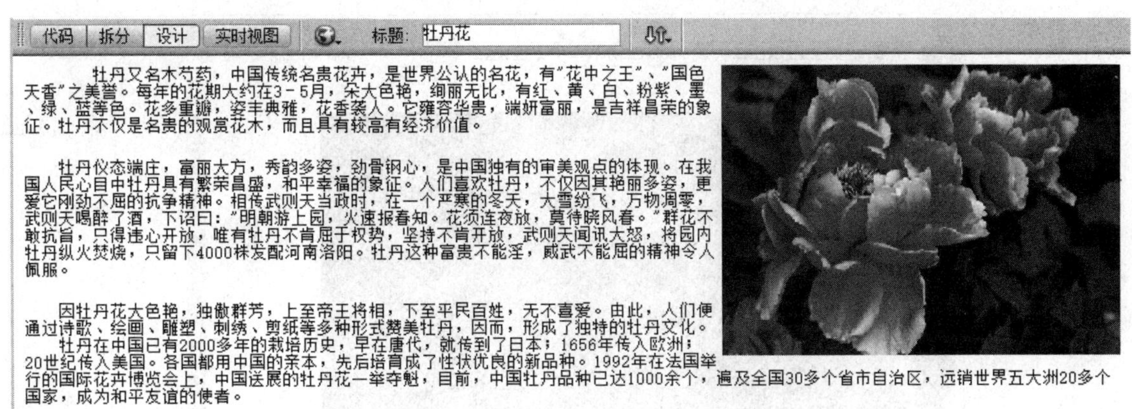

图 2-49　进行图文混排后的效果

2.4.4　鼠标经过图像

鼠标经过图像是指当鼠标指针经过图像时，图像改变为另一幅图像；当鼠标指针离开时，图像又恢复为原始图像。它由两幅图像组成，分别是鼠标指针未经过时的图像（原始图像）和鼠标指针经过时显示的图像（鼠标经过图像）。实现步骤如下。

（1）在“插入”面板中的“常用”列表框中，单击“图像”下拉按钮，在弹出的下列菜单中，选择“鼠标经过图像”选项，打开“插入鼠标经过图像”对话框，如图 2-50 所示。

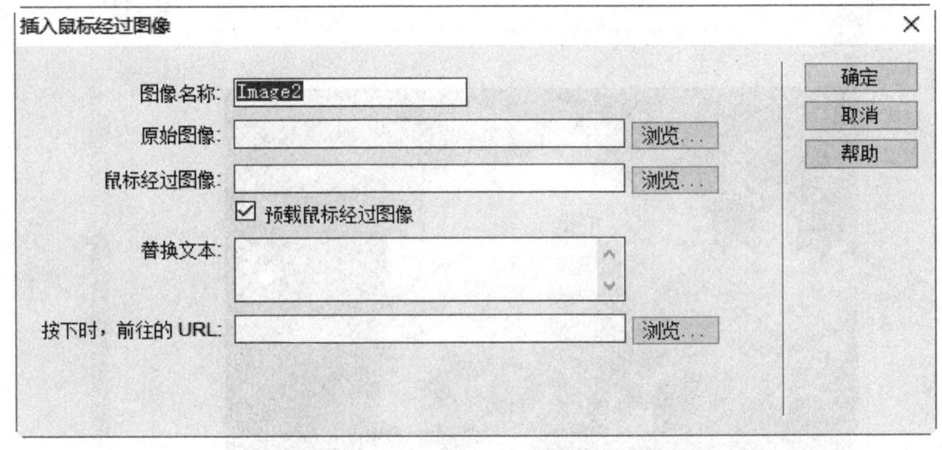

图 2-50　“插入鼠标经过图像”对话框

（2）单击“原始图像”文本框右侧的“浏览”按钮，打开“原始图像”对话框，选择使用的图像后单击“确定”按钮。

（3）单击“鼠标经过图像”文本框右侧的“浏览”按钮，打开“鼠标经过图像”对话框，选择使用的图像后单击“确定”按钮。

（4）在“替换文本”文本框中输入文字内容。

（5）单击“按下时，前往的 URL”文本框右侧的“浏览”按钮，打开“单击后，转到 URL”对话框，选择使用的文件后单击“确定”按钮。

添加后的浏览效果分别如图 2-51 和图 2-52 所示。

图 2-51 鼠标指针未经过图像时的浏览效果

图 2-52 鼠标指针经过图像时的浏览效果

❖ 任务实践训练

【具体任务】

在前面制作的 soft.html 页面中，插入鼠标经过图像效果，分别制作 Photoshop.html、Illustrator.html、Freehand.html 和 CorelDRAW.html 页面，实现图文页面效果，页面分别如图

2-53～图 2-58 所示。

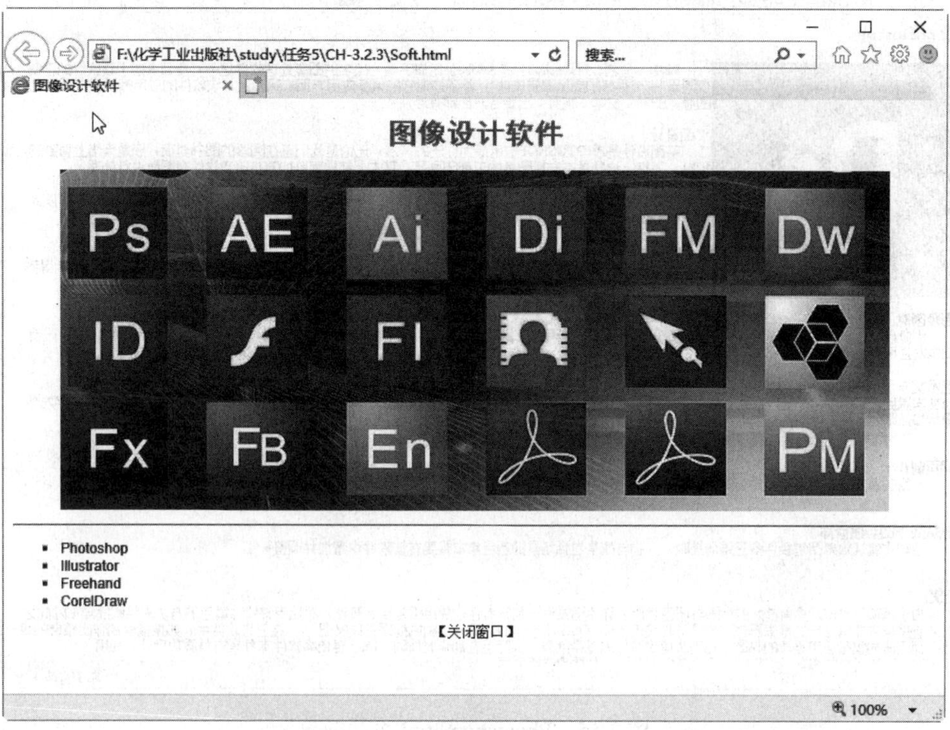

图 2-53　soft.html 页面鼠标未经过图像效果

图 2-54　soft.html 鼠标经过图像效果

图 2-55 Photoshop.html 页面效果

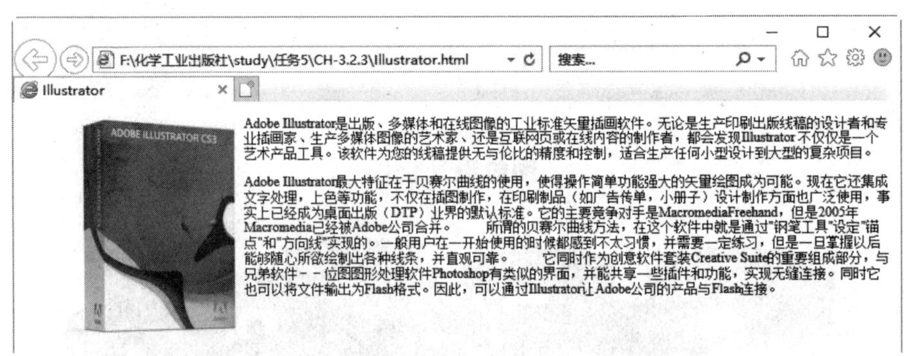

图 2-56 Illustrator.html 页面效果

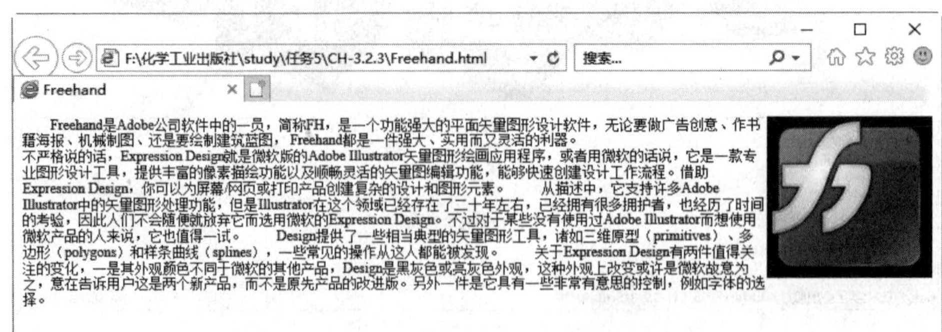

图 2-57 Freehand.html 页面效果

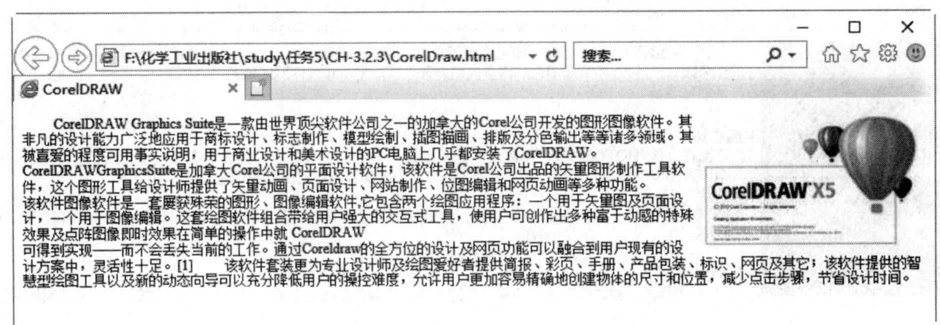

图 2-58　CorelDRAW.html 页面效果

【实施步骤】

（1）在 Dreamweaver CC 中打开 soft.html 页面，将光标置于要插入鼠标经过图像处，在“插入”面板的“常用”列表框中单击“图像”按钮，在弹出的下列菜单中选择“鼠标经过图像”选项，打开“插入鼠标经过图像”对话框，在其中设置“原始图像”和“鼠标经过图像”，如图 2-59 所示，然后单击“确定”按钮。

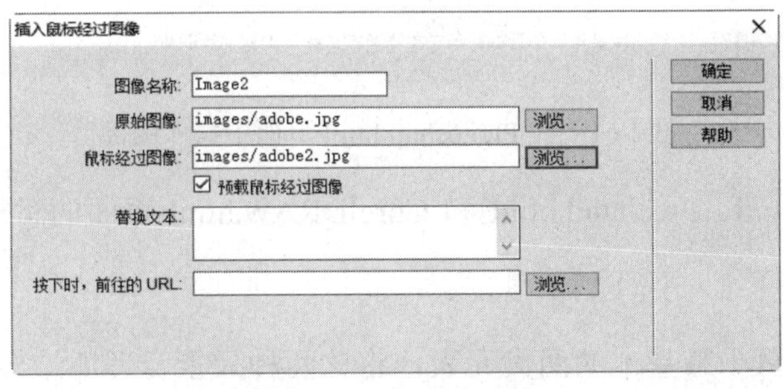

图 2-59　插入鼠标经过图像

（2）新建页面 Photoshop.html，在页面中添加文本内容，如图 2-60 所示；在“插入”面板的“常用”列表框中单击“图像”按钮，在弹出的下拉菜单中选择“图像”选项，打开“选择图像源文件”对话框，选择所需图像文件，然后单击“确定”按钮；选取图像，在“属性”面板中，单击“左对齐”按钮，实现图文混排，效果如图 2-61 所示。

代码　拆分　设计　实时视图　标题: photoshop

PS指(全名:Photoshop)是Adobe公司旗下最为出名的图像处理软件之一；多数人对于该软件的了解仅限于“一个很好的图像编辑软件”，并不知道它的诸多应用方面，实际上，该软件的应用领域很广泛，在图像、图形、文字、视频、出版各方面都有涉及。

平面设计
平面设计是PHOTOSHOP应用最为广泛的领域，无论是我们正在阅读的图书封面，还是大街上看到的招帖、海报，这些具有丰富图像的平面印刷品，基本都需要PHOTOSHOP软件对图像进行处理。
修复照片
PHOTOSHOP具有强大的图像修饰功能。利用这些功能，可以快速修复一张破损的老照片，也可以修复人脸上的斑点等缺陷。

广告摄影
广告摄影作为一种对视觉要求非常严格的工作，其最终成品往往要经过PHOTOSHOP的修改才能得到满意的效果。

影像创意
影像创意是PHOTOSHOP的特长，通过PHOTOSHOP的处理可以将原本风马牛不相及的对象组合在一起，也可以使用“狸猫换太子”的手段使图像发生面目全非的巨大变化。

艺术文字
当文字遇到PHOTOSHOP处理，就已经注定不再普通。利用PHOTOSHOP可以使文字发生各种各样的变化，并利用这些艺术化处理后的文字为图像增加效果。

网页制作
网络的普及是促使更多人需要掌握PHOTOSHOP的一个重要原因。因为在制作网页时该软件是必不可少的网页图像处理软件。

建筑效果图后期修饰
在制作建筑效果图包括许多三维场景时，人物与配景包括场景的颜色常常需要在该软件中增加并调整。

<body> <p>　829 x 459

图 2-60　在 Photoshop.html 页面中添加文本

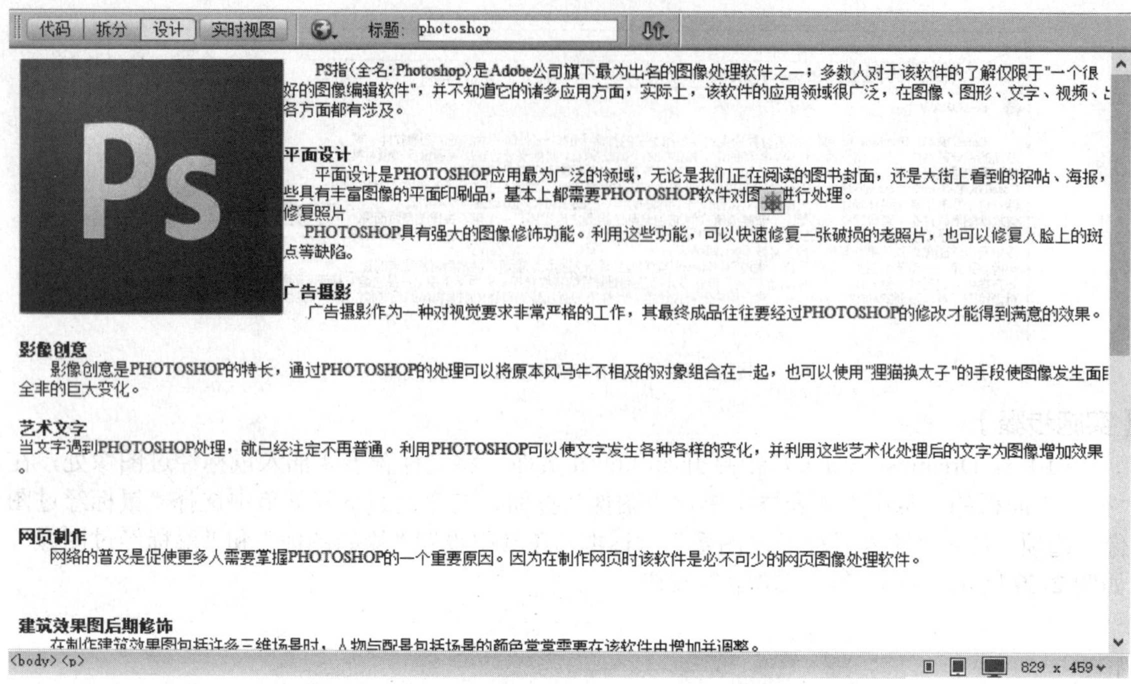

图 2-61 在 Photoshop.html 页面中插入图像

（3）Illustrator.html、Freehand.html 和 CorelDRAW.html 页面的添加参照步骤（2）的方法来实现。

❖ 任务小结

图像和文本是网页中最基本的两大元素，将这两种元素合理地结合起来，是表现页面内容最直接、最有效的方法，实现图文混排页面是制作网页的基础。

任务 2.5 网页中链接的实现

网页设计好之后，需要在页面之间建立联系，超链接的作用就是为了实现这种联系的，超链接是网页中最重要、最基本的元素之一，通过超链接可以实现对众多网络资源，尤其是网页文件的非线性访问。正确、有效地设置网页中的超链接是网站设计的关键。

❖ 任务内容分析

要想正确、有效地实现页面中的超链接，需要了解网页链接路径，同时还要合理、恰当地设置不同类型的链接。本任务的实现需要掌握以下内容：

① 网页链接路径；

② 不同类型链接的设置。

❖ 任务知识学习

2.5.1 关于链接

在创建了 Dreamweaver 站点和 HTML 页面之后，需要创建文档到文档的链接。Dreamweaver 提供了多种创建链接的方法，可创建到文档、图像、多媒体文件或电子邮件地址的链接，也可以建立到文档内任意位置的任何文本或图像的链接，包括标题、列表、表、绝对定位的元素（AP 元素）和框架中的文本或图像。

链接的创建与管理有几种不同的方法。有些 Web 设计者喜欢在工作时，创建一些指向尚未建立的页面或文件的链接；而另一些设计者则倾向于首先创建所有的文件和页面，然后再添加相应链接。

2.5.2　网页链接路径

了解从作为链接起点的文档到作为链接目标的文档，或资源之间的文件路径，对于创建链接至关重要。每个 Web 页面都有唯一的地址，称为统一资源定位器（URL），但是在创建本地链接，即从一个文档到同一站点中的另一个文档的链接时，通常不指定作为链接目标的文档的完整 URL，而是指定一个始于当前文档或站点根文件夹的相对路径。

有以下 3 种类型的链接路径。

①绝对路径。例如，http://www.adobe.com/support/dreamweaver/contents.html。

②文档相对路径。例如，dreamweaver/contents.html。

③站点根目录相对路径。例如，/support/dreamweaver/contents.html。

使用 Dreamweaver 可以方便地选择要为链接创建的文档路径的类型。

提示：最常使用的链接路径类型是站点根目录相对路径和文档相对路径。

1．文档相对路径

对于大多数 Web 站点的本地链接来说，文档相对路径通常是最合适的路径。在当前文档与所链接的文档或资源位于同一文件夹中，而且可能保持这种状态的情况下，相对路径特别有用。文档相对路径还可用于链接到其他文件夹中的文档或资源，方法是利用文件夹层次结构指定从当前文档到所链接文档的路径。

文档相对路径的基本思想，是省略掉相对于当前文档和所链接的文档，或资源都相同的绝对路径部分，而只提供不同的路径部分。例如，假设一个站点的结构如图 2-62 所示。

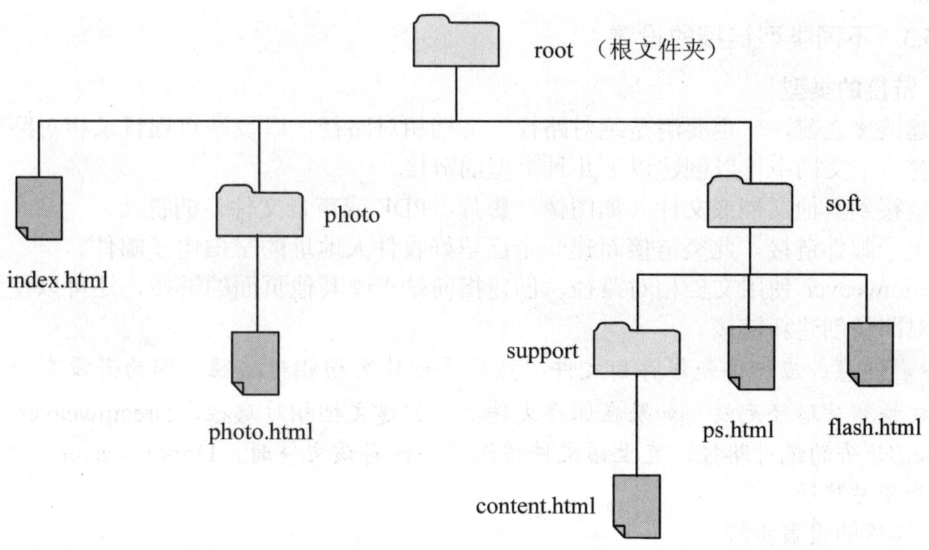

图 2-62　站点结构图

若要从 flash.html 链接到 ps.html（两个文件位于同一文件夹中），则可以使用相对路径 ps.html。

若要从 flash.html 链接到 content.html（在 support 子文件夹中），则可以使用相对路径 support/content.html。每出现一个斜杠（/），表示在文件夹层次结构中向下移动一个级别。

若要从 flash.html 链接到 index.html（位于 flash.html 父文件夹一级），则可以使用相对路径../index.html。其中，../表示在文件夹层次结构中向上移动一个级别。

若要从 flash.html 链接到 photo.html（位于不同的父文件夹中），则可以使用相对路径../photo/photo.html。其中，../表示向上移至父文件夹，而 photo/表示向下移至 photo 子文件夹中。

若成组地移动文件，如移动整个文件夹，该文件夹内所有文件保持彼此间的相对路径不变，此时不需要更新这些文件间的文档相对链接。但是，在移动包含文档相对链接的单个文件，或移动由文档相对链接确定目标的单个文件时，必须更新这些链接（如果在“文件”面板中移动或重命名文件，Dreamweaver 将自动更新所有相关链接）。

2．站点根目录相对路径

站点根目录相对路径描述从站点的根文件夹到文档的路径。在处理使用多个服务器的大型 Web 站点，或者使用承载多个站点的服务器时，可能需要使用这些路径，但是，如果不熟悉此类型的路径，最好使用文档相对路径。

站点根目录相对路径以/开始，表示站点根文件夹。例如，/support/content.html 是文件（content.html）的站点根目录相对路径，该文件位于站点根文件夹的 soft 子文件夹中。

如果需要经常在 Web 站点的不同文件夹之间移动 HTML 文件，那么站点根目录相对路径通常是指定链接的最佳方法。移动包含站点根目录相对链接的文档时，不需要更改这些链接，因为链接是相对于站点根目录的，而不是文档本身。例如，如果某 HTML 文件对相关文件使用站点根目录相对链接，那么移动 HTML 文件后其相关文件链接仍然有效，但是，如果移动或重命名由站点根目录相对链接所指向的文档，那么即使文档之间的相对路径没有改变，也必须更新这些链接。例如，如果移动某个文件夹，那么必须更新指向该文件夹中文件的所有站点根目录相对链接。

2.5.3 不同类型链接的设置

1．链接的类型

创建链接之前，一定要清楚绝对路径、文档相对路径，以及站点根目录相对路径的工作方式。在一个文档中可以创建以下几种类型的链接。

①链接到其他文档或文件（如图像、影片、PDF 或声音文件）的链接。

②电子邮件链接。此类链接新建一个已填好收件人地址的空白电子邮件。

Dreamweaver 使用文档相对路径，创建指向站点中其他页面的链接，还可以使用站点根目录相对路径创建新链接。

注意：应始终先保存新文件，然后再创建文档相对路径，因为若没有一个确切起点，则文档相对路径无效。如果在保存文件之前创建文档相对路径，Dreamweaver 将临时使用以 file://开头的绝对路径，直至该文件被保存；保存该文件时，Dreamweaver 将把 file://路径转换为相对路径。

2．链接的设置步骤

链接的设置步骤如下。

（1）选择要设置链接的对象，在“属性”面板中，单击“链接”下拉列表框右侧的“浏览文件”按钮，打开“选择文件”对话框，如图 2-63 所示，选择目标文件（可以是网页、图片等对象），然后单击“确定”按钮；或者选择要创建链接的对象，单击“属性”面板中“链接”下拉列表框右侧的“指向文件”按钮，然后在“文件”面板中拖动目标文件即可，如图 2-64 所示。

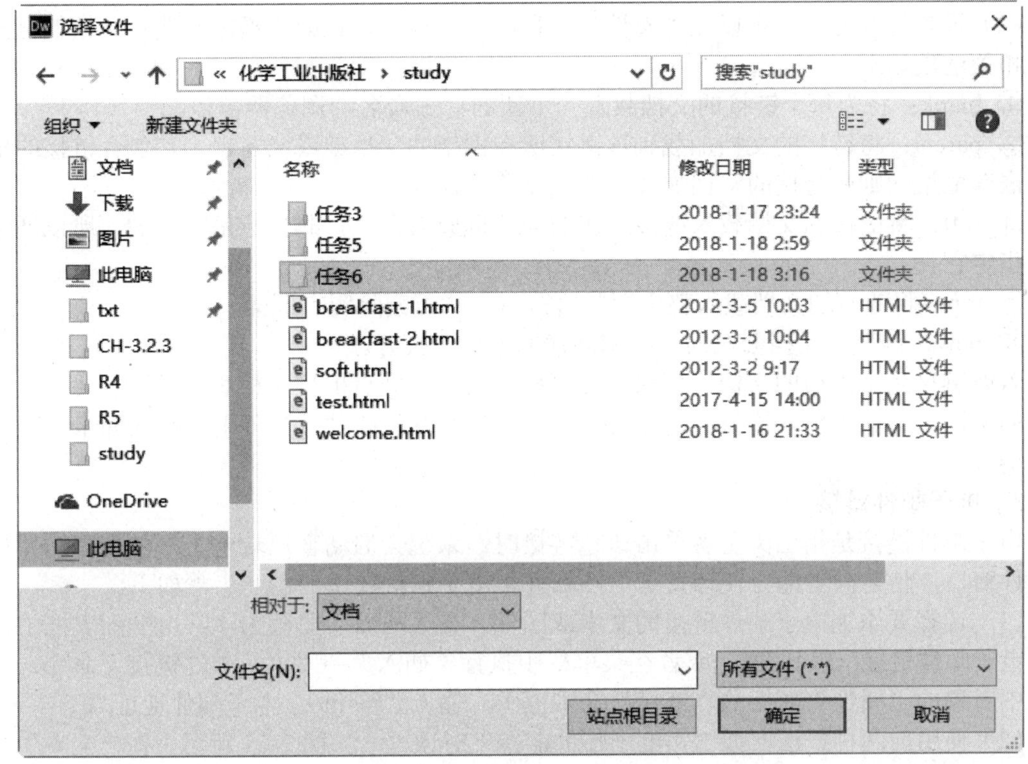

图 2-63　“选择文件”对话框

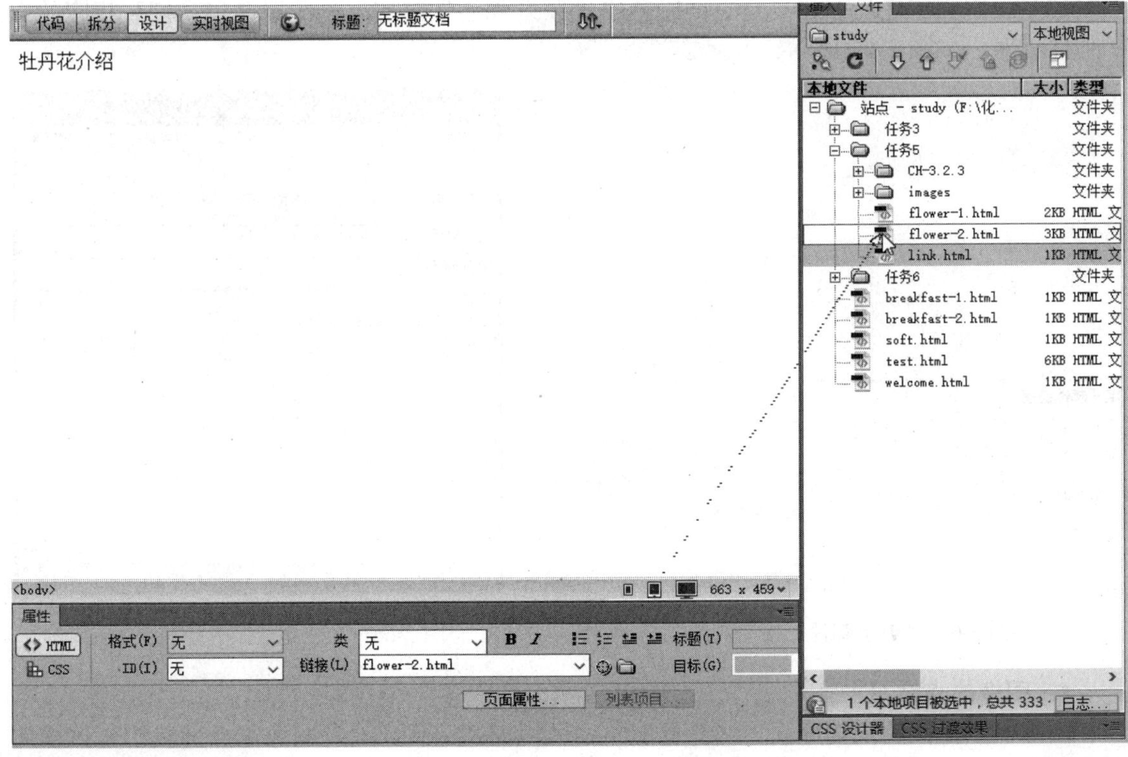

图 2-64　用“指向文件”按钮创建链接

（2）设置打开方式。可以在“属性”面板的“目标”下拉列表框中，选择文档的打开位置，相关选项如下。

①_blank：将为每个链接的文档载入一个新的、未命名的浏览器窗口。

②_parent：将链接的文档加载到该链接所在框架的父框架或父窗口。若包含链接的框架不是嵌套框架，则所链接的文档加载到整个浏览器窗口。

③_self：将链接的文档载入链接所在的同一框架或窗口。此目标是默认的，所以通常不需要指定它。

④_top：将链接的文档载入整个浏览器窗口，从而删除所有框架。

⑤_new：链接的文档会在同一个刚创建的窗口中打开。

若要链接到站点内的文档，可输入文档相对路径或站点根目录相对路径。若要链接到站点外的文档，可输入包含协议（如 http://）的绝对路径。此种方法可用于输入尚未创建的文件的链接。

3. 电子邮件链接

电子邮件链接是指当浏览者单击该超链接时，系统会启动客户端电子邮件程序，并打开新邮件窗口，使访问者能方便地发送电子邮件。电子邮件链接的创建步骤如下。

（1）选择要添加电子邮件链接的文本或图像，在“插入”面板的“常用”列表框中，单击“电子邮件链接”按钮；或者在菜单栏中执行“插入”→“电子邮件链接”命令；或者在选中对象的“属性”面板的“链接”文本框中，输入“mailto：电子邮件地址”。

（2）使用前两种方法会弹出“电子邮件链接”对话框，如图 2-65 所示。在“文本”文本框中输入电子邮件链接的源端点文本，在“电子邮件”文本框中输入电子邮件地址，然后单击“确定”按钮。

（3）设置完成之后，在浏览页面时单击“联系我们”链接，浏览器会自动打开相应的电子邮件程序，如图 2-66 所示。

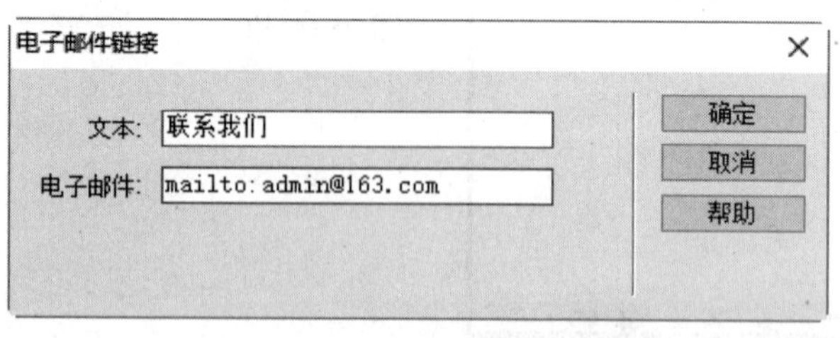

图 2-65 “电子邮件链接”对话框

图 2-66 单击电子邮件链接后的结果

4. 图像热点链接

图像热点链接用来划分同一幅图像上不同区域的超链接。设置图像热点链接的具体操作步骤如下。

（1）在“文档”窗口中选择图像。

（2）在“属性”面板中单击右下角的下三角按钮查看所有属性。

（3）在“地图”文本框中为该图像地图输入唯一的名称。如果在同一文档中使用多个图像地图，则要确保每个地图都有唯一的名称。

（4）要定义图像地图区域，可以执行下列操作之一。创建热点的效果如图 2-67 所示。

① 单击“圆形热点工具”按钮，在图像上拖动鼠标创建一个圆形热点。

② 单击“矩形工具”按钮，在图像上拖动鼠标创建一个矩形热点。

③ 单击“多边形工具”按钮，在图像上多次单击定义一个不规则形状的热点，然后单击“指针热点工具”按钮封闭此形状。

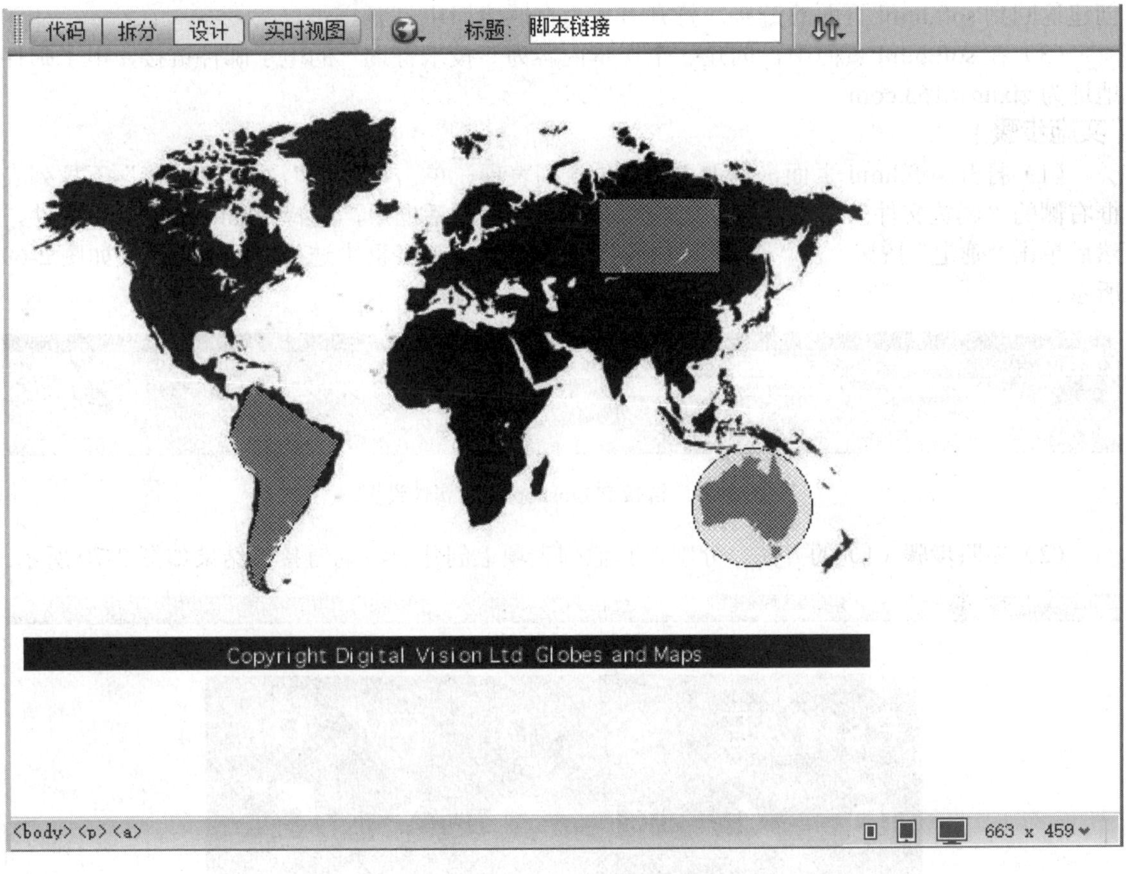

图 2-67　创建热点的效果

（5）选择热点，单击“属性”面板中“链接”文本框右侧的“浏览文件”按钮，在弹出的对话框中选择用户单击该热点时要打开的文件，或者直接在文本框中输入其路径。

（6）在“目标”下拉列表框中选择一个窗口（在该窗口中打开该文件），如图 2-68 所示。

图 2-68　设置热点

（7）调整热点大小。调整热点大小的具体步骤如下。

① 单击“指针热点工具”按钮，然后单击选择该热点。

② 拖动热点选择器手柄更改热点的大小或形状。

注意：可以创建多个热点，但它们都是同一图像地图的一部分。

❖ 任务实践训练

【具体任务】

（1）在 soft.html 页面中的项目列表文本上，分别创建到 Photoshop.html、Illustrator.html、Freehand.html 和 CorelDraw.html 页面的链接，打开方式为在新窗口中打开。

（2）分别在 Photoshop.html、Illustrator.html、Freehand.html 和 CorelDraw.html 页面中，创建返回到 soft.html 页面的链接，打开方式为在原窗口中打开。

（3）在 soft.html 页面中，创建一个文本内容为“技术咨询”的电子邮件链接，电子邮件地址为 zixun@163.com。

【实施步骤】

（1）打开 soft.html 页面，选取 Photoshop 列表项，单击“属性”面板“链接”下拉列表框右侧的“浏览文件”按钮，在弹出的“选择文件”对话框中，选择 Photoshop.html 文件，然后单击“确定”按钮。在“属性”面板的“目标”下拉列表框中选择_blank 选项，如图 2-69 所示。

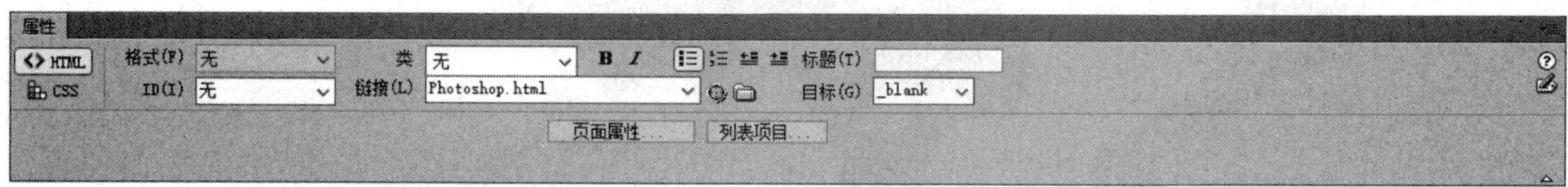

图 2-69　链接 Photoshop.html 属性设置

（2）参照步骤（1）的方法，分别在其他列表项上创建对应的链接，结果如图 2-70 所示。

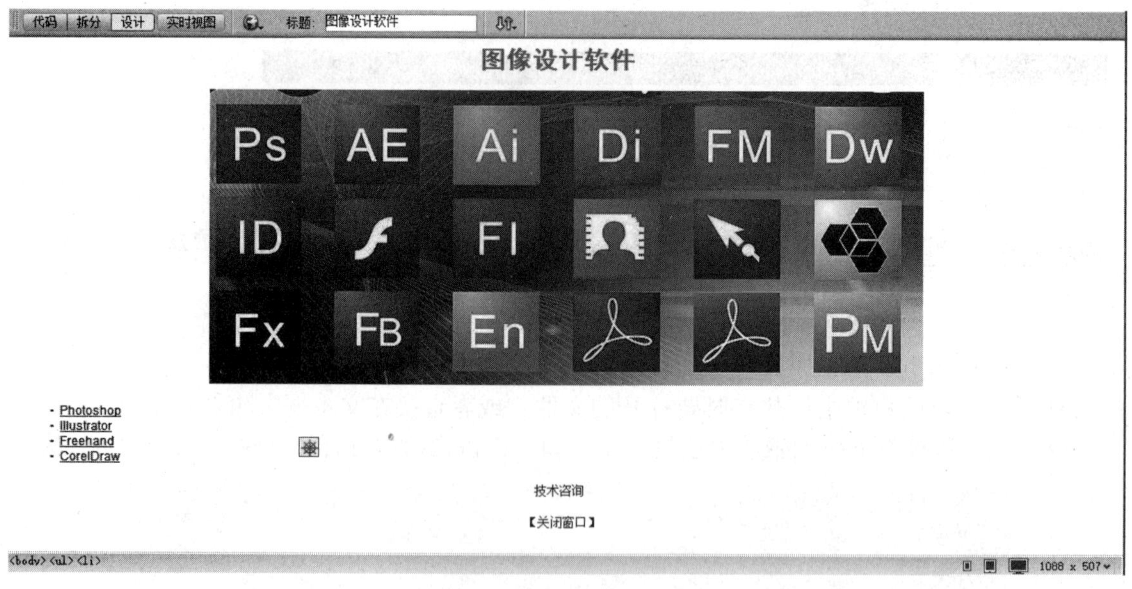

图 2-70　列表文本的链接效果

（3）打开 Photoshop.html 页面，在页面底部添加“返回目录”文本，将其设置为右侧对齐；选取“返回目录”文本内容，在“属性”面板中设置链接目标为 soft.html，在“目标”下拉列表框中选择_self 选项，如图 2-71 所示。

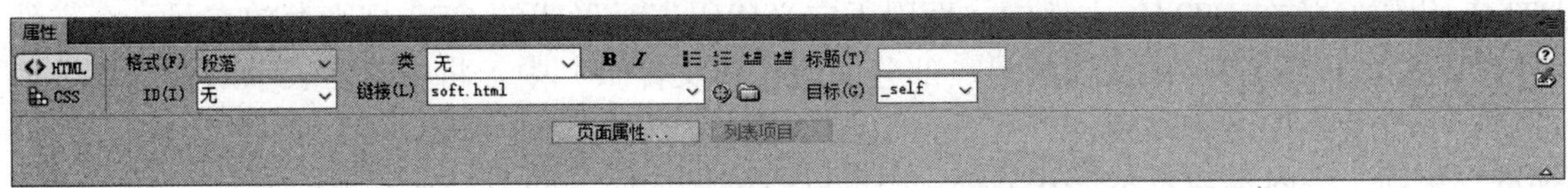

图 2-71　设置返回 Soft.html 页面的链接

（4）打开 soft.html 页面，在“插入”面板的“常用”列表框中，单击“电子邮件链接”按钮，在弹出的“电子邮件链接”对话框的“文本”文本框中输入“技术咨询”，在“电子邮件”文本框中，输入 mailto：zixun@163.com，如图 2-72 所示，然后单击“确定”按钮。

图 2-72　设置电子邮件链接

❖　任务小结

正确、有效的链接是网页能否被浏览的关键，链接的创建方法和种类多样，在网页制作过程中，要根据不同类型的链接设置正确、恰当的路径。

任务 2.6　使用 CSS 修饰页面

CSS 样式表是网页设计中不可缺少的重要内容，通过 CSS 样式表，可以高效地设计页面元素的显示样式，同时又能很好地解决内容与样式不分离的问题，并且通过 CSS 样式表，可以同时控制多重页面的样式和布局。

CSS 样式表是网页制作中的一项重要技术，应用广泛。掌握 CSS 样式表，可以极大地提高网页制作效率与质量。下面就通过具体任务来认识 CSS 样式表。

❖　任务内容分析

要想正确地理解 CSS 样式，需要掌握以下内容：

① CSS 基础；

② CSS 规则；

③ CSS 样式的类型；

④ CSS 的声明和编辑方法；

⑤ 引用 CSS 样式表。

❖　任务知识学习

2.6.1　CSS 基础

1．CSS 基本概念

CSS（cascading style sheets，层叠样式表）样式定义如何显示 HTML 元素，通常是一组样式设置规则，用于控制 Web 页面内容的外观。

通过使用 CSS 样式设置页面的格式，可将页面的内容与表示形式分离。页面内容，即 HTML 代码存放在 HTML 文件中，而用于定义代码表示形式的 CSS 规则存放在另一个文件（外部样式表）或 HTML 文档的另一部分（通常为文件头）中。将内容与表示形式分离，使得从一个位置集中维护站点的外观变得更加容易，因为更改时无需对每个页面上的每个属性都进行更新。将内容与表示形式分离，还可以得到更加简练的 HTML 代码，这样将缩短浏览器加载页面的时间。

除设置 HTML 元素样式外，还可以使用 CSS 控制 Web 页面中块级元素的格式和定位。对块级元素进行操作的方法，实际上就是使用 CSS 进行页面布局设置的方法。

2. CSS 规则

CSS 规则由两个主要部分构成，即选择器和一条或多条声明。

选择器是需要改变样式的元素，每条声明由一个属性和一个值组成，属性和值之间由冒号分开。下面一行代码的作用是将 h1 元素内的文字颜色定义为红色，同时将字体大小设置为 14 像素。

```
h1{color:red; font-size:14px;}
```

在这个例子中，h1 是选择器，color 和 font-size 是属性，red 和 14px 是属性的值。

提示：*若要定义不止一个声明，则需要用分号将每个声明分开，最后一条规则不需要加分号。然而，大多数有经验的设计师会在每条声明的末尾都加上分号，这样做的好处是：当从现有规则中增减声明时，可以尽可能地减少出错的可能性。*

3. CSS 样式的类型

在 Dreamweaver 中可以定义以下样式类型。

（1）类样式。该样式属性可应用于页面上的任何元素。

（2）HTML 标签样式。该样式重新定义特定标签（如<h1>）的格式。创建或更改<h1>标签的 CSS 样式时，所有用<h1>标签设置格式的文本都会立即更新。

（3）高级样式。该样式重新定义特定元素组合的格式或其他 CSS 允许的选择器表单的格式。高级样式还可以重新定义包含特定 id 属性的标签的格式。例如，由#myStyle 定义的样式，可以应用于所有包含属性/值对 id="myStyle"的标签。

4. 引用 CSS 样式表

CSS 规则可以位于以下位置。

（1）外部 CSS 样式表。外部 CSS 样式表是指存储在一个单独的外部 CSS 文件（扩展名为.css），而非 HTML 文件中的若干组 CSS 规则。此文件利用文档头部分的链接或@import 规则，链接到网站中的一个或多个页面，代码如下所示。

```
<link rel="stylesheet" href="myStyle.css" type="text\css" >
```

（2）内部或嵌入式 CSS 样式表。内部或嵌入式 CSS 样式表是指若干包含在 HTML 文档头部分的 style 标签中的 CSS 规则，代码如下所示。

```
<style type="text\css">
h1{ color:red; font-size:14px;}
```

（3）内联样式。内联样式在整个 HTML 文档中的特定标签实例内定义，代码如下所示。

```
<p style="color:red";>
```

2.6.2　创建和编辑 CSS 样式

1．CSS 设计器

在 Dreamweaver CC 中使用“CSS 设计器”面板，可以设置当前所选页面元素的 CSS 规则和属性，也可以设置文档可用的所有规则和属性。CSS 设计器（“窗口”>“CSS 设计器”）如图 2-73 所示，是一个集成面板，支持“可视化”创建 CSS 文件、规则、集合属性以及媒体查询。

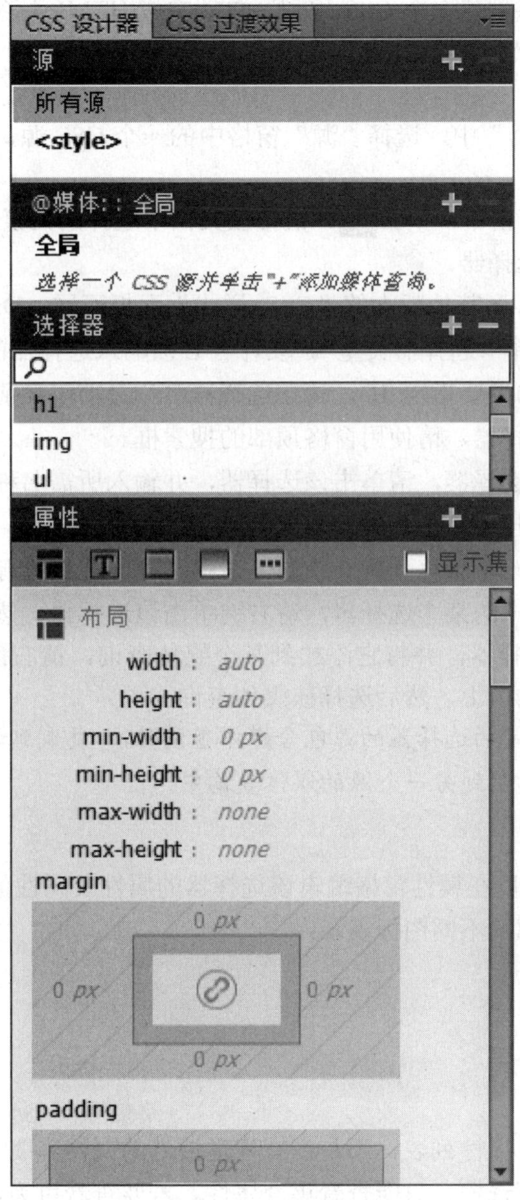

图 2-73　CSS 设计器

“CSS 设计器”面板包括以下窗格。

（1）源。列出与文档有关的所有样式表。使用此窗格，用户可以创建 CCS，并将其附加到文档，也可以定义文档中的样式。

（2）@媒体。在“源”窗格中列出所选源中的全部媒体查询。如果不选择特定 CSS，则此窗格将显示与文档关联的所有媒体查询。

（3）选择器。在“源”窗格中列出所选源中的全部选择器。如果同时还选择了一个媒体查询，则此窗格会为该媒体查询缩小选择器列表范围。如果没有选择 CSS 或媒体查询，则此窗格将显示文档中的所有选择器。当在“@Media”窗格中选择“全局”时，不包括在所选源的媒体查询中的所有选择器都会显示出来。

（4）属性。用户可以创建一个 CSS 规则，自动完成 HTML 标签的格式设置，或者 class 和 ID 属性所标识的文本范围的格式设置。

2．定义选择器

（1）在“CSS 设计器”中，选择“源”窗格中的一个 CSS 源，或者“@Media”窗格中的媒体查询。

（2）在“选择器”窗格中，单击+。根据在文档中选择的元素，“CSS 设计器”会智能地确定并提示使用相关选择器。

与之前的 Dreamweaver 其他版本的“CSS 样式”面板不同，Dreamweaver CC 不能直接在“CSS 设计器”中选择“选择器类型”。设计者必须输入选择器的名称，以及“选择器类型”的指示符。例如，如果要指定 ID，请在选择器名称之前添加前缀“#”。

① 若要搜索特定选择器，请使用窗格顶部的搜索框。

② 若要重命名某个选择器，请单击该选择器，并输入所需名称。

③ 若要重新组织选择器，请将选择器拖到所需位置。

④ 若要将选择器从一个源移到另一个源，请将选择器拖到“源”窗格中的所需源。

⑤ 若要复制所选源中的某个选择器，请右键单击该选择器，然后单击“复制”。

⑥ 若要复制某个选择器，并将它添加到某个媒体查询，请右键单击该选择器，将鼠标悬停在“复制到媒体查询”上，然后选择该媒体查询。

注意：只有选定的选择器的源包含媒体查询时，“复制到媒体查询中”选项才可用。无法从一个源将选择器复制到另一个源的媒体查询中。

2.6.3 编辑属性

选择器定义之后，可以在属性窗格编辑该选择器的属性及属性值，属性分组为以下类别，并且由“属性”窗格顶部的不同图标表示：

① 布局；

② 文本；

③ 边框；

④ 背景；

⑤ 其他（“仅文本”属性列表，不是带有视觉控件的属性）。

选择“显示集合”复选框，只能查看集合属性。若要查看可为选择器指定的所有属性，则需要取消选择“显示集合”复选框，“属性”框如图 2-74 所示。

图 2-74 CSS 设计器“属性”框

“CSS 设计器”面板可用来禁用或删除每个属性。图 2-75 显示了宽度属性的禁用( ) 和删除 ( ) 图标。当将鼠标悬停在属性上时，这些图标就会显示。

图 2-75　禁用/删除属性

1．文本属性

CSS 设计器中除了可以设置文字的大小和颜色外，还可以设置文字的类型、粗细、行高、对齐方式、修饰方式和文字首行缩进；还可以设置文本阴影效果的变形、字符之间的间距等效果，如图 2-76 所示。

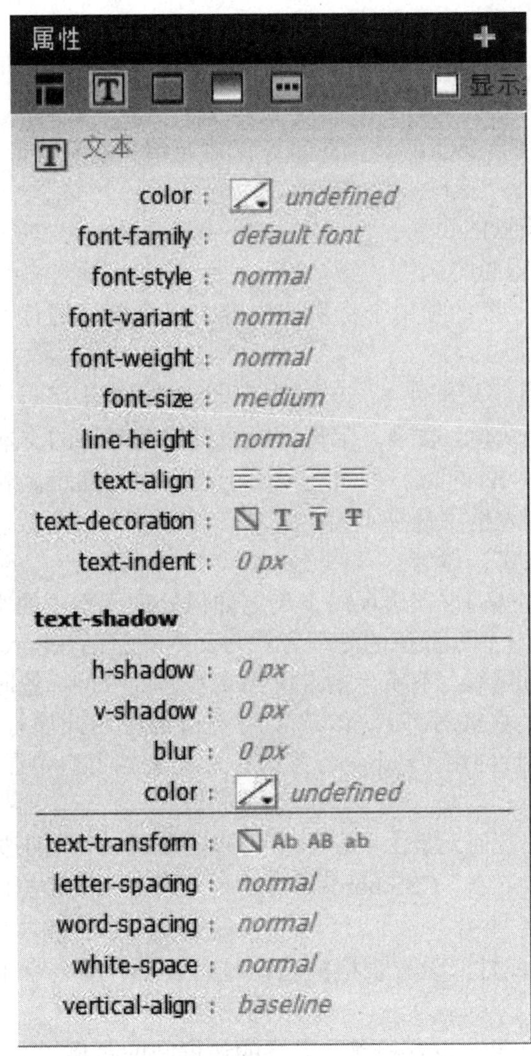

图 2-76　文本属性

（1）color。该选项用于设置文本颜色。

（2）font-family。该选项用于为样式设置字体系列或多组字体系列。

（3）font-style。该选项用于指定正常、斜体或偏斜体字体样式。默认样式是正常。

（4）font-variant。该选项用于设置文本的小型大写字母变体。Dreamweaver 不在文档窗口中显示此属性。有些浏览器支持变体属性，有些则不支持。

（5）font-weight。该选项用于对字体应用特定或相对的粗体量。例如，正常等于 400，粗体等于 700。

（6）font-size。该选项用于定义文本大小。可以通过选择数字和度量单位选择特定的大小，也可以选择相对大小。使用像素作为单位，可以有效防止浏览器扭曲文本。

（7）line-height。该选项用于设置文本所在行的高度。习惯上将该设置称为行高。选择正常选项，将自动计算字体大小的行高，或输入一个确切的值，并选择一种度量单位。

（8）text-decoration。该选项用于向文本中添加下划线、上划线或删除线，或使文本闪烁。常规文本的默认设置是无。链接的默认设置是下划线。将链接设置设为“无”时，可以通过定义一个特殊的类去除链接中的下划线。

（9）text-indent（文字缩进）。该选项用于指定第一行文本缩进的程度。可以使用负值创建凸出，但显示方式取决于浏览器。

（10）h-shadow：必需，水平阴影的位置，允许负值。

（11）v-shadow：必需，垂直阴影的位置，允许负值。

（12）blur：可选，模糊的距离。

（13）color：可选，阴影的颜色。

（14）Text-transform。该选项用于将所选内容中每个单词的首字母大写，或者将文本设置为全部大写或小写。

（15）Letter-spacing（字母间距）。该选项用于增加或减小字母或字符的间距。若要减小字符间距，则应指定一个负值，如-4。字母间距设置覆盖对齐的文本设置。

（16）Word-spacing（单词间距）。该选项用于设置字词间距。若要设置特定的值，可以在选项右侧第一个下拉列表框中选择“值”选项，然后输入一个数值。再在第二个下拉列表框中选择度量单位，如像素、点等。

（17）White-space（空格）。该选项用于确定如何处理元素中的空格。可以从 3 个选项中进行选择：正常表示收缩空白；保留的处理方式与文本被包括在<pre>标签中，即保留所有空白，包括空格、制表符和回车；不换行指定仅当文本遇到
标签时才换行。

（18）Vertical-align（垂直对齐）。该选项用于指定应用此属性元素的垂直对齐方式。Dreamweaver 仅在将该属性应用于<img>标签时，才在文档窗口中显示它。

2．边框属性

CSS 边框属性可以在任何元素上实现丰富的边框效果。元素的边框 (border) 是围绕元素内容和内边距的一条或多条线。CSS border 属性允许规定元素边框的样式、宽度和颜色等，如图 2-77 所示。

（1）border-collapse 属性，设置表格的边框是否被合并为一个单一的边框，还是像在标准的 HTML 中那样分开显示。

（2）border-spacing 属性，设置相邻单元格的边框间的距离（仅用于“边框分离”模式）。

（3）border-color（边框颜色）：简写属性，设置元素的所有边框中可见部分的颜色，或为 4 个边分别设置颜色。

（4）border-top-color、border-right-color、border-bottom-color、border-left-color：表示设置一条边的边框的颜色，分别为设置上边框颜色、设置右边框颜色、设置下边框颜色、设置左边框颜色。

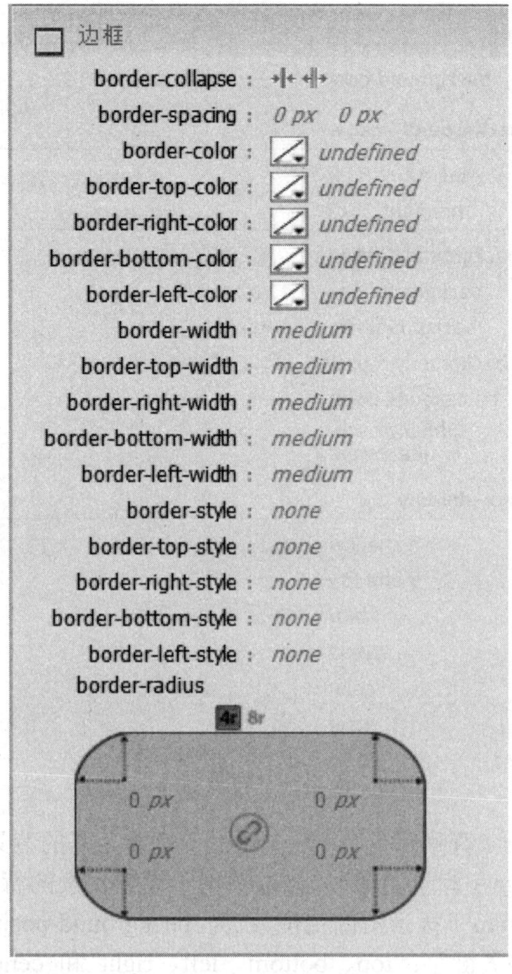

图 2-77　边框属性

（5）border-width（边框宽度）：简写属性，用于为元素的所有边框设置宽度，或者单独地为各边边框设置宽度。

（6）border-top-width、border-right-width、border-bottom-width、border-left-width：表示设置一条边的边框的宽度，分别为设置上边框宽度、设置右边框宽度、设置下边框宽度、设置左边框宽度。

（7）border-style：用于设置元素所有边框的样式，或者单独地为各边设置边框样式。

（8）border-top-style、border-right-style、border-bottom-style、border-left-style：表示设置一条边的边框的样式，分别为设置上边框样式、设置右边框样式、设置下边框样式、设置左边框样式。

（9）border-radius 属性是一个简写属性，用于设置四个 border-*-radius 属性。该属性为元素添加圆角边框。

3．背景属性

在“背景”选项下可以定义 CSS 样式的背景，可以对网页中的任何元素应用背景属性。例如，创建一个样式，将背景颜色或背景图像添加到任何页面元素中，如在文本、表格、页面等的后面，还可以设置背景图像的位置，背景属性如图 2-78 所示。

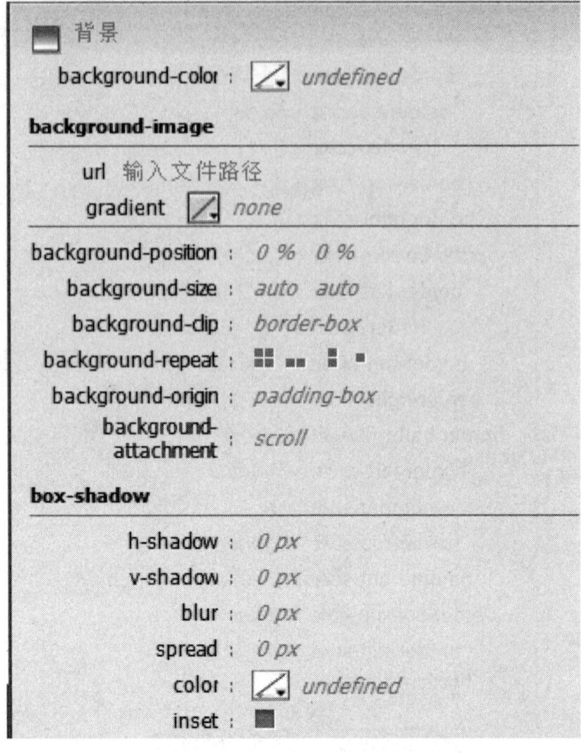

图 2-78 背景属性

（1）background-color（背景颜色）：该选项用于设置元素的背景颜色。

（2）background-image（背景图像）：该选项用于设置元素的背景图像。

（3）background-position（背景图像定位）：为 background-position 属性提供值有很多方法。首先，可以使用一些关键字：top、bottom、left、right 和 center。通常，这些关键字会成对出现，不过也不总是这样。还可以使用长度值，如 100px 或 5cm，最后也可以使用百分数值。不同类型的值对于背景图像的放置稍有差异。

（4）background-size：属性规定背景图片的尺寸，能够以像素或百分比规定尺寸。如果以百分比规定尺寸，那么尺寸相当于父元素的宽度和高度。

（5）background-clip：设置背景的绘制区域。

（6）background-repeat：该选项用于确定是否以及如何重复背景图像。

（7）background-origin：属性规定背景图片的定位区域。背景图片可以放置于 content-box、padding-box 或 border-box 区域。

（8）background-attachment：该选项用于确定背景图像是固定在其原始位置，还是随内容一起滚动。有些浏览器支持该选项，有些则不支持。

（9）box-shadow：向框添加一个或多个阴影。该属性是由逗号分隔的阴影列表，每个阴影由 2～4 个长度值、可选的颜色值，以及可选的 inset 关键词来规定。省略长度的值是 0。其中，h-shadow 为必需值，水平阴影的位置，允许负值；v-shadow 为必需值，垂直阴影的位置，允许负值；blur 为可选，模糊距离；spread 为可选，阴影的尺寸；color 为可选，阴影的颜色。inset 为可选，将外部阴影 (outset) 改为内部阴影。

4．布局属性

布局属性可以设置元素的边距 margin、填充 padding 和位置 position 等，如图 2-79 所示。

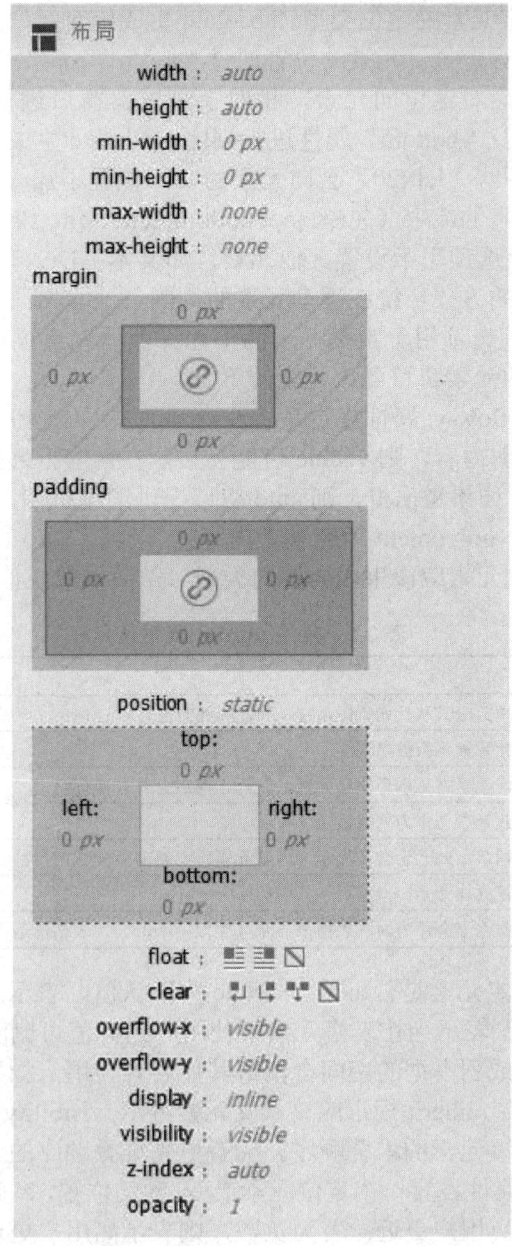

图 2-79　布局属性

（1）width（宽）和 height（高）：该选项用于设置元素的宽度和高度。其中：max-height 设置元素的最大高度，max-width 设置元素的最大宽度，min-height 设置元素的最小高度，min-width 设置元素的最小宽度。

（2）margin（边距）：该选项组用于指定一个元素的边框与另一个元素之间的间距（若没有边框，则为填充）。仅当该属性应用于块级元素（段落、标题、列表等）时，Dreamweaver 才会在文档窗口中显示它。取消选中“全部相同”复选框，可设置元素各个边的边距。

（3）padding（填充）：该选项组用于指定元素内容与元素边框之间的间距（若没有边框，则为边距）。取消选中“全部相同”复选框，可设置元素各个边的填充；选中“全部相同”复选框，将为应用此属性的元素的上、右、下和左设置相同的填充属性。

（4）position 属性规定元素的定位类型。absolute 生成绝对定位的元素，相对于 static 定位以外的第一个父元素进行定位。元素的位置通过“left”、“top”、“right”以及“bottom”属性进行规定。fixed 生成绝对定位的元素，相对于浏览器窗口进行定位。元素的位置通过“left”、“top”、“right”以及“bottom”属性进行规定。relative 生成相对定位的元素，相对于其正常位置进行定位。因此，“left:20”会向元素的 left 位置添加 20 像素。static 为默认值。没有定位，元素出现在正常的流中（忽略 top, bottom, left, right 或者 z-index 声明）。

（5）float（浮动）：该选项用于设置其他元素，如文本、Div、表格等在围绕元素的哪个边浮动。其他元素按通常的方式环绕在浮动元素的周围。

（6）clear（清除）：该选项用于定义哪一侧不允许其他元素浮动。如果清除边上出现的 AP 元素，则带清除设置的元素将移到该元素的下方。

（7）overflow-x、overflow-y 属性规定是否对内容的左/右或上/下边缘进行裁剪。如果溢出元素内容区域，为了裁剪内容，则 visible 可能会显示在内容框之外；hidden 不提供滚动机制；scroll 提供滚动机制；如果溢出框，则 auto 应该提供滚动机制；如果内容不适合内容框，则 no-display 删除整个框，no-content 隐藏整个内容。

（8）display 属性规定元素应该生成的框的类型，常用的属性值见表 2-1。

表 2-1　常用 display 属性值

值	描　述
inherit	规定应该从父元素继承 display 属性的值
none	此元素不会被显示
block	此元素将显示为块级元素，此元素前后会带有换行符
list-item	此元素会作为列表显示
inline	默认。此元素会被显示为内联元素，元素前后没有换行符
inline-block	行内块元素
inline-table	此元素会作为内联表格来显示（类似 <table>），表格前后没有换行符

（9）visibility 属性规定元素是否可见。visible 为默认值，表示元素是可见的；hidden 为元素是不可见的；collapse 表示当在表格元素中使用时，此值可删除一行或一列，但是它不会影响表格的布局，被行或列占据的空间会留给其他内容使用，如果此值被用在其他的元素上，则会呈现为“hidden”；inherit 规定应该从父元素继承 visibility 属性的值。

（10）z-index 属性设置元素的堆叠顺序。拥有更高堆叠顺序的元素，总是会处于堆叠顺序较低的元素的前面。该属性设置一个定位元素沿 z 轴的位置，z 轴定义为垂直延伸到显示区的轴。如果为正数，则离用户更近；若为负数，则表示离用户更远。

（11）opacity 属性设置元素的不透明级别。opacity 属性设置元素的不透明级别，规定不透明度从 0.0（完全透明）到 1.0（完全不透明）。 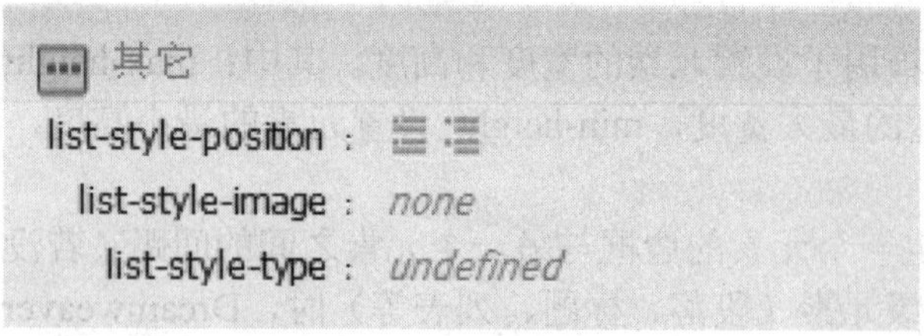

5．其他属性

其他属性可以设置列表元素的样式，如图 2-80 所示。

其它
list-style-position :
list-style-image : none
list-style-type : undefined

图 2-80　其他属性

（1）list-style-type：该选项用于设置项目符号或编号的外观。

（2）list-style-image：该选项用于为项目符号指定自定义图像。

（3）list-style-Position：该选项用于设置列表项文本是否换行，并缩进（外部）或者文本是否换行到左边距（内部）。

2.6.4　应用和删除样式

（1）应用 CSS 样式。CSS 样式创建成功后，大多数都可以立即应用到对应的元素上，但对于“类”样式，则需要设置其应用的对象元素。应用“类”样式可以在“CSS 样式”面板中右击要应用的样式名称，然后在弹出的快捷菜单中选择“应用”选项；或者在 HTML 属性检查器中的“类”下拉列表框中选择要应用的类样式。

（2）删除样式。删除不再使用的样式可以在“CSS 设计器”面板中的“选择器”窗格中选择要删除的选择器，点击▬，删除该选择器样式，若要删除源中的所有样式，可以在“源”窗格中点击▬，删除选中的源。

2.6.5　使用 CSS 优化页面实例

下面通过一个页面优化实例，完整地说明 CSS 的创建和应用过程。在任务 2.3 中，使用 HTML 编写了两个页面“poetry.html”、“picture.html”，在此将使用 CSS 对这两个页面进行美化。

1．使用内部样式美化“picture.html”页面

在 Dreamweaver CC 中，打开“picture.html”页面文件，在 CSS 设计中的“源”窗格中，点击✚添加一个 CSS 源，选择“在页面中定义”，如图 2-81 所示。

在“源”窗格中，选择添加成功的“<style>”源；在“选择器”窗格中，添加一个新的选择器“body　h1”，如图 2-82 所示。

图 2-81　添加 CSS 源

图 2-82　添加选择器

选择添加选择器，在“属性”窗格中编辑该选择器样式属性，在“属性”窗格中选择文本属性T，编辑字体、颜色、大小等属性，如图 2-83 所示。编辑完成后页面中的<h1>标签会应用该样式属性，效果如图 2-84 所示。

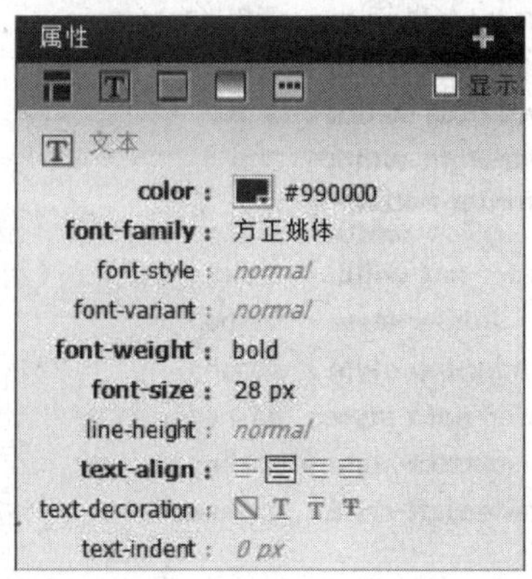

图 2-83　h1 文本属性

图 2-84 h1 应用样式效果

在“选择器”窗格中，创建一个新选择器“.img01”，如图 2-85 所示。编辑该选择器边框样式如图 2-86 所示。在编辑区中选择图片，在“属性”面板的“class”选项中，选择该类选择器样式，应用效果如图 2-87 所示。

选择器 + −
body h1
.img01

图 2-85 新建“.img01”类选择器

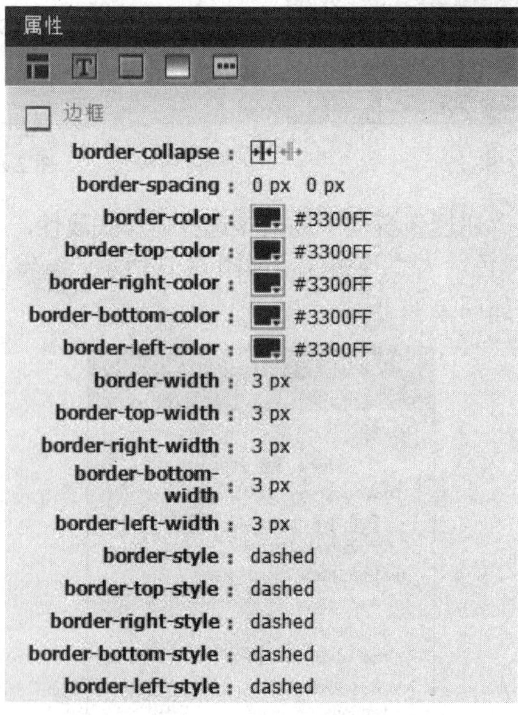

图 2-86 编辑“.img01”类选择器属性

图 2-87　应用“.img01”样式效果

2．使用外部样式美化“picture.html”页面

在 Dreamweaver CC 编辑区中，打开“picture.html”文件，在 CSS 设计器面板的“源”窗格中，选择“创建新的 CSS 文件”，在打开的“创建新 CSS 文件”对话框中，编辑 CSS 文件的名称和添加方式，如图 2-88 所示，创建成功后会得到一个 CSS 文件，在“文件”窗格中可以查看到该文件，打开该文件对其进行编辑，如图 2-89 所示。

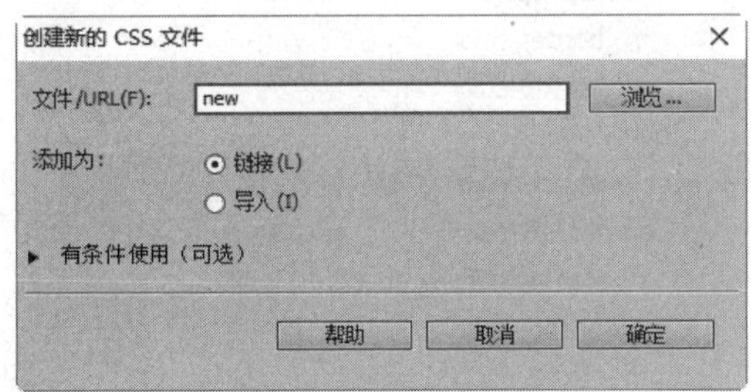

图 2-88　新建 CSS 文件

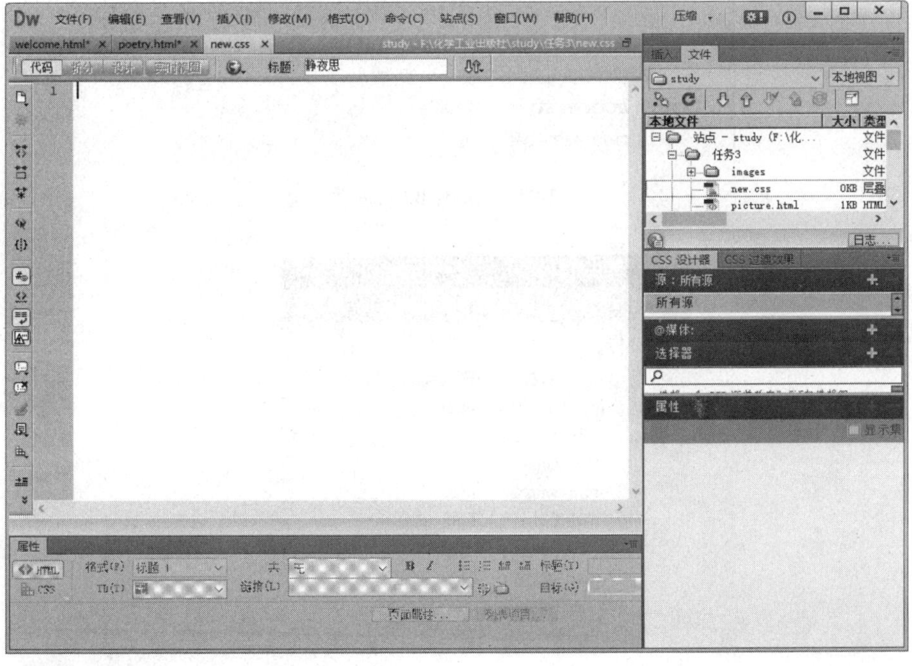

图 2-89　“new.css”文件编辑界面

在“源”窗格中，选择 new.css 源，在“选择器”窗格中创建标签选择器“body h1”，在“属性”窗格中编辑该选择器样式属性，如图 2-90 所示。同样的方法创建“body h2”、“body p”选择器，选择器属性如图 2-91、图 2-92 所示，页面应用样式效果图 2-93 所示。

图 2-90 “body h1”属性

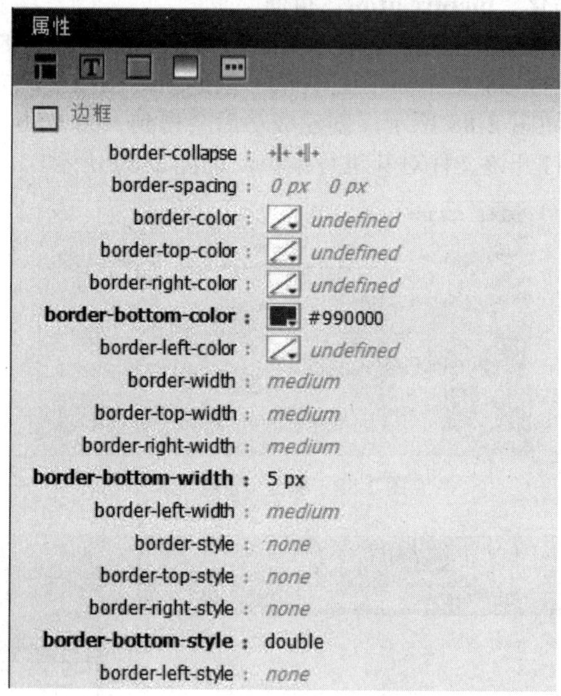

图 2-91 “body h2”属性

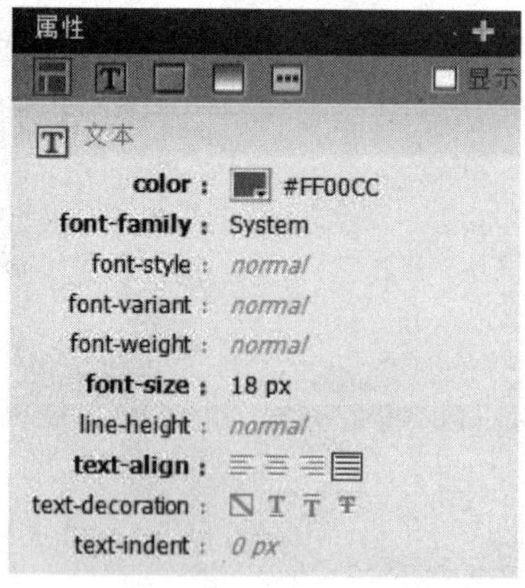

图 2-92 “body p”属性

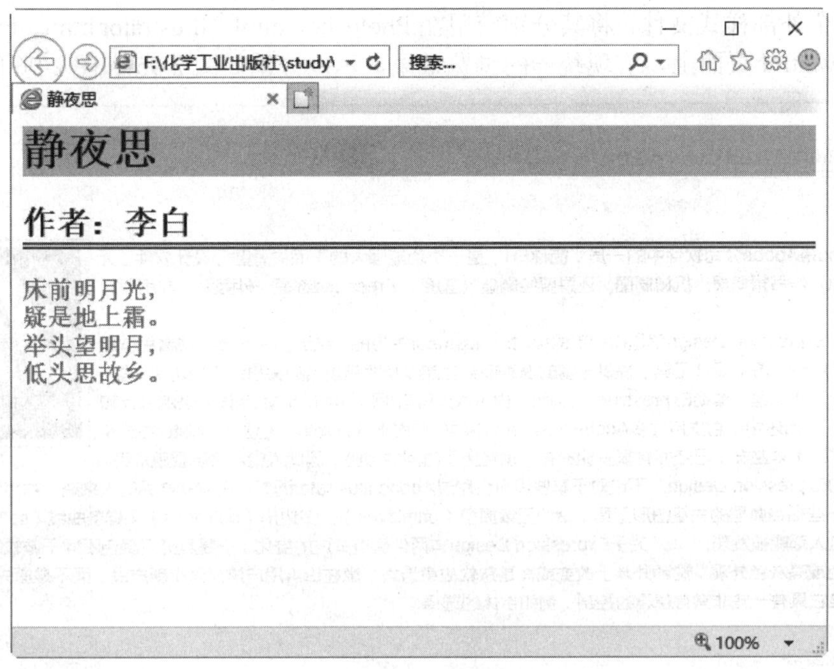

图 2-93 “picture.html”页面应用样式效果

❖ 任务实践训练

【具体任务】

在任务 2.6 中，我们制作了一个图文网页，并对页面进行了显示效果的设计。在本任务中，要求使用 CSS 对该页面进行样式设计，美化页面的浏览效果，soft.html 页面的浏览效果如图 2-94 所示。

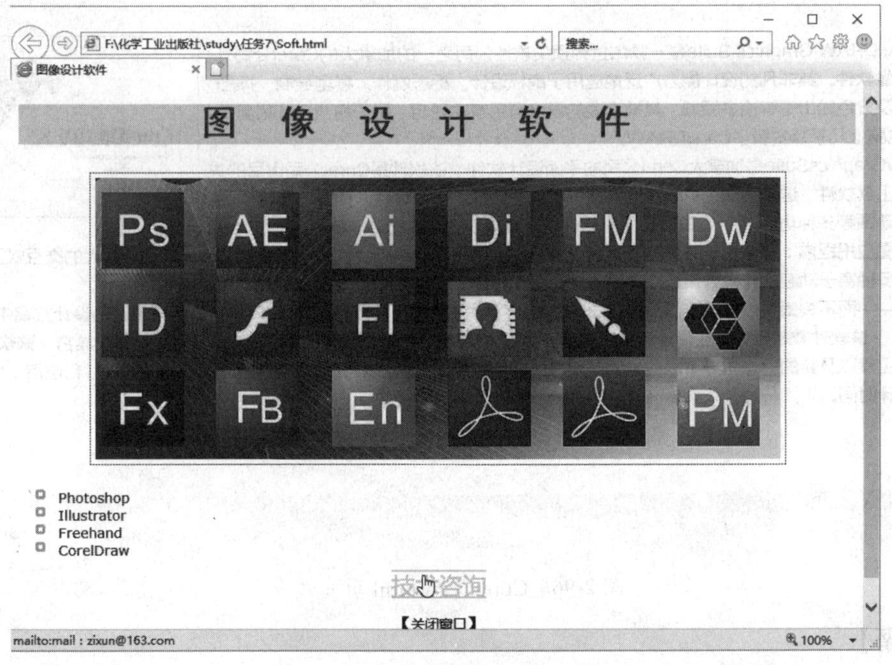

图 2-94　任务页面浏览效果

创建一个外部样式文件，将其分别应用在 Photoshop.html、Illustrator.html、Freehand.html 和 CorelDraw.html 页面上，实现统一的浏览效果，示例分别如图 2-95 和图 2-96 所示。

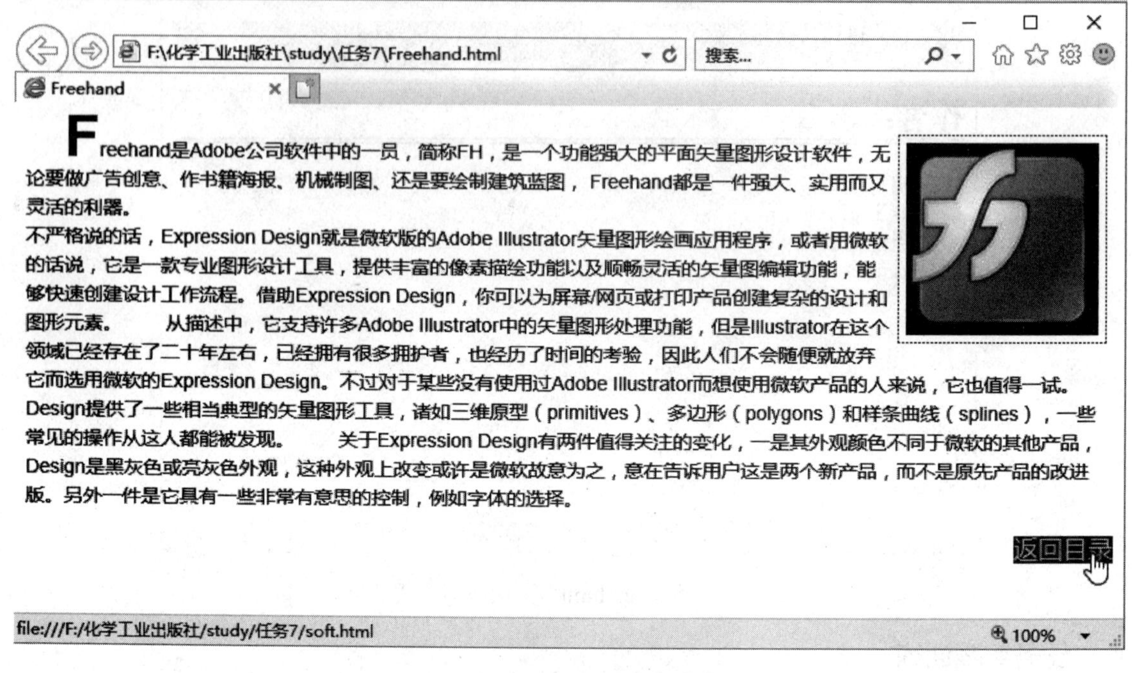

图 2-95 Freehand.html 页面效果

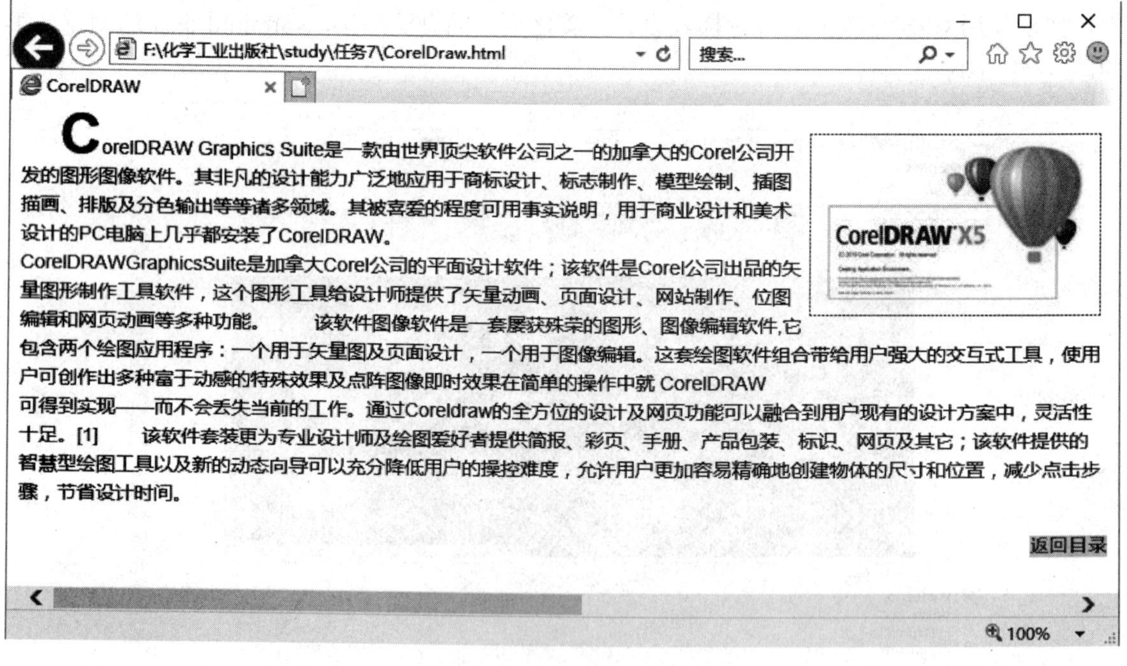

图 2-96 CorelDraw.html 页面效果

【实施步骤】

（1）在 Dreamweaver CC 中打开 soft.html 页面，在 CSS 设计中新建“h1”选择器。

（2）选择“h1”选择器，编辑其文本属性内容 Font-family 为“黑体”，Font-size 为 36px，color 为#600，letter-spacing 为 1.2 em，text-align 为 center，如图 2-97 所示，背景属性内容 background-color 为#FCF，如图 2-98 所示。

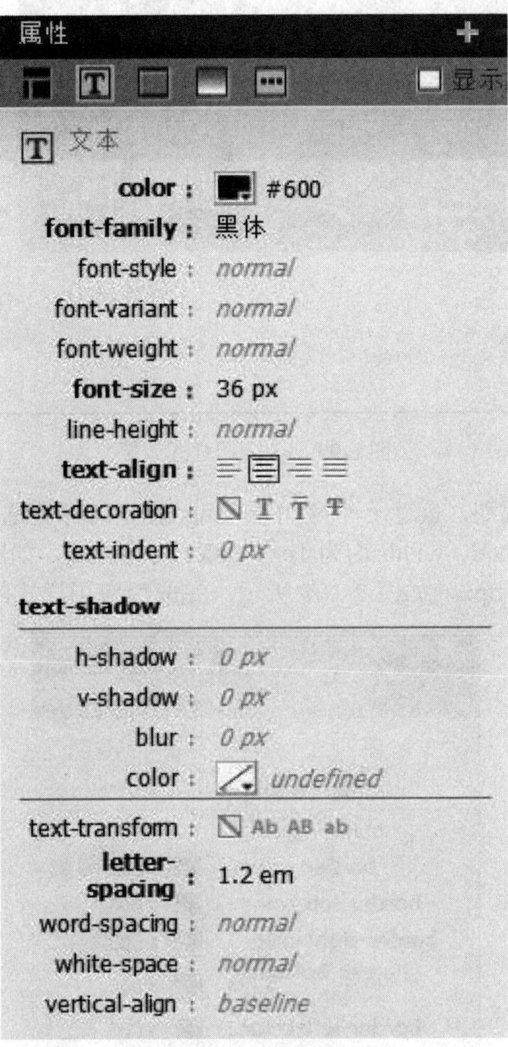

图 2-97　h1 文本属性

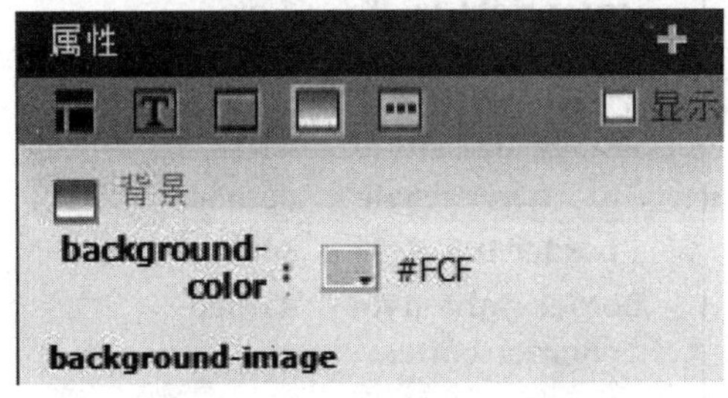

图 2-98　定义 h1“区块”样式规则

（3）设置完成后，可以发现页面中的 h1 应用了该样式，如图 2-99 所示。

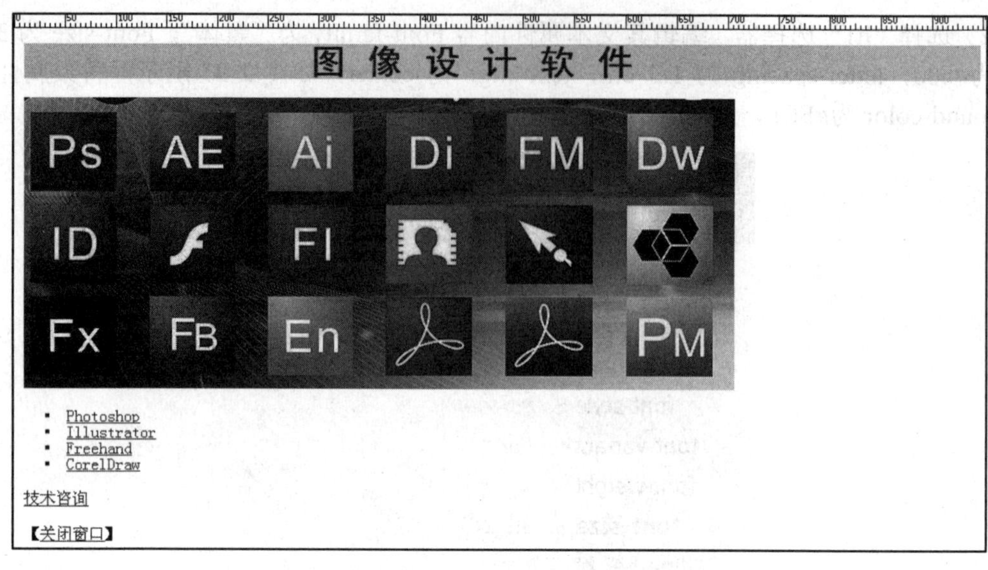

图 2-99 h1 应用样式效果

（4）继续新建 CSS 规则，创建一个应用于<img>标签的标签选择器样式，设置“边框”属性，定义 style 均为 dashed、width 均为 1px、color 均为#600，如图 2-100 所示，“布局”属性 margin 和 padding 均为 5px，如图 2-101 所示，完成后应用样式的效果如图 2-102 所示。

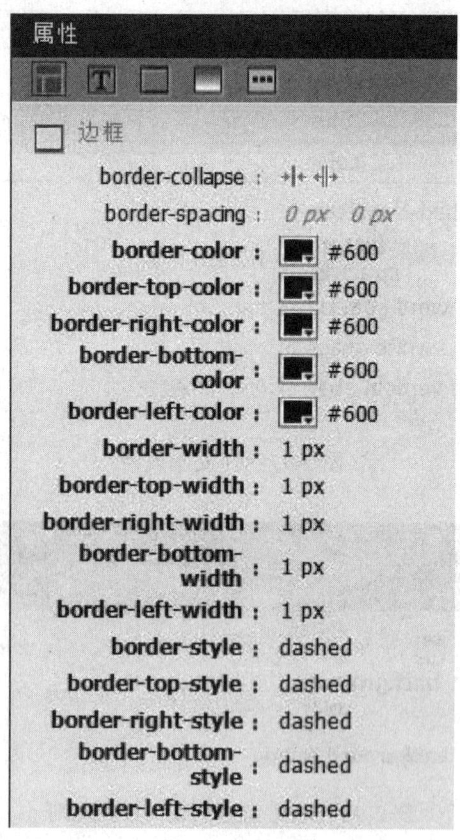

图 2-100 img“边框”属性

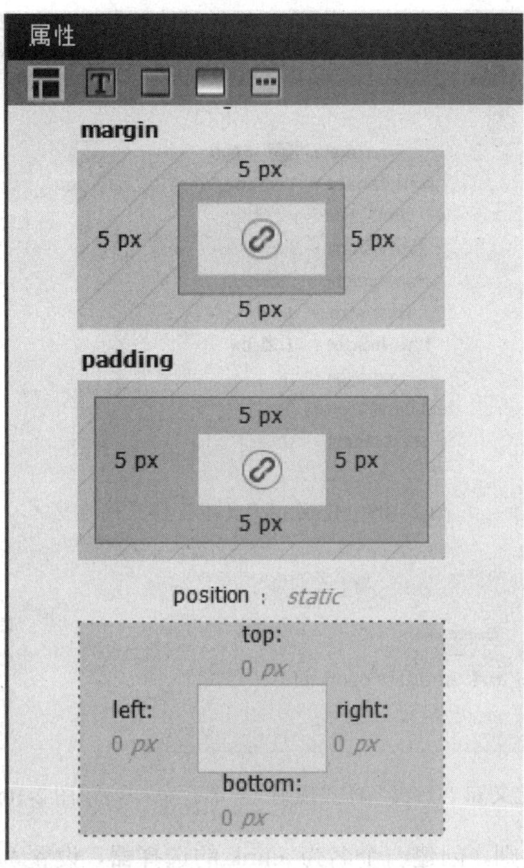

图 2-101　img“布局”属性

图 2-102　引用 img 样式效果

（5）继续新建样式规则，创建一个<ul>标签的标签选择器样式，选择“文本”属性，设置 font-family 为 Verdana、Geneva、sans-serif；font-size 为 14px；color 为#000，如图 2-103 所示。选择“其他”选项，然后按照如图 2-104 所示定义样式属性，设置完成后，应用该样式效果如图 1-105 所示。

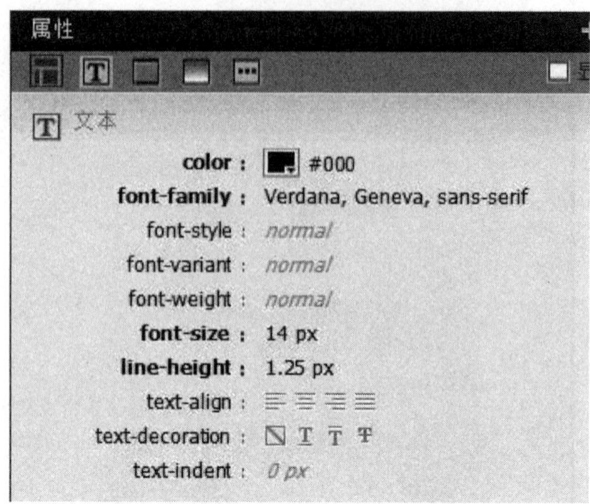

图 2-103　定义 ul“文本”样式规则

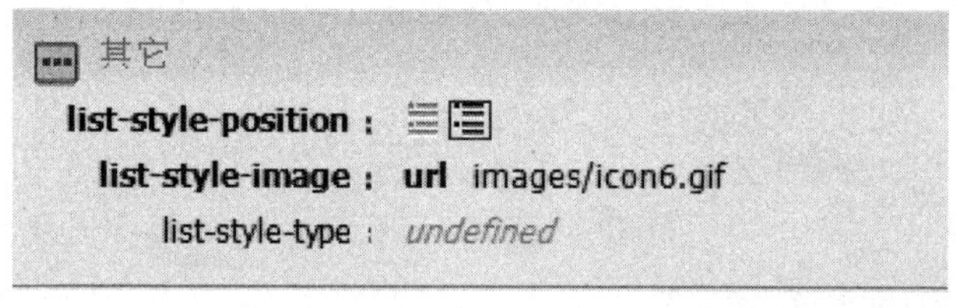

图 2-104　定义 ul“列表”样式规则

Photoshop
Illustrator
Freehand
CorelDraw

图 2-105　应用 ul 样式效果

（6）继续新建样式规则，创建一个名为 a:link 的选择器，设置“文本”属性中 font-family 为 Verdana、Geneva、sans-serif；Font-size 为 14px；color 为#000；text-decoration 为 none，如图 2-106 所示。

（7）使用相同方法创建 a:visited 样式，设置 font-family 为 Verdana、Geneva、sans-serif；font-size 为 14px；color 为#600；text-decoration 为 none，如图 2-107 所示。

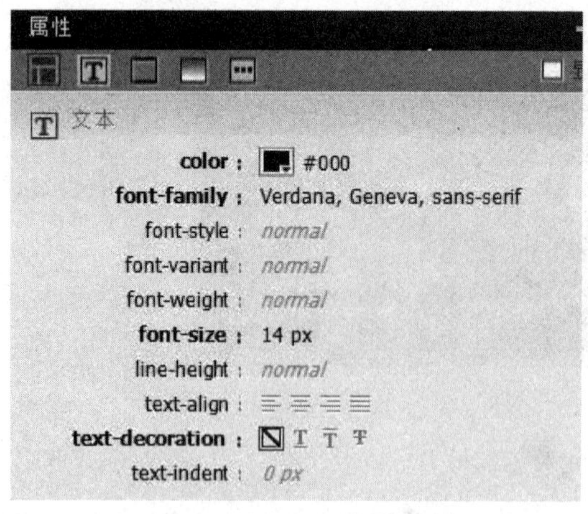

图 2-106　定义 a:link 样式规则

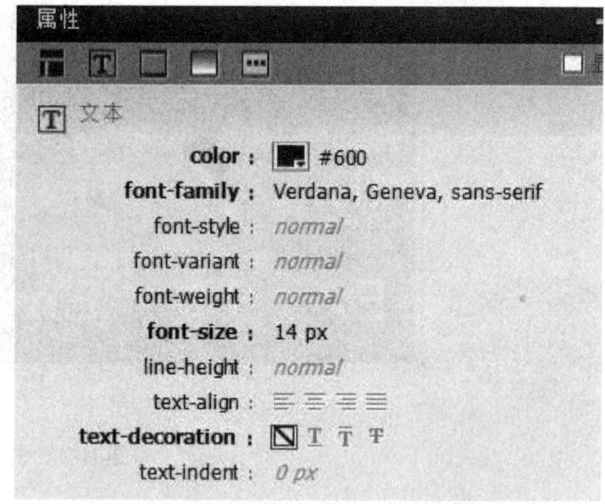

图 2-107　定义 a:visited 样式规则

（8）再创建 a:hover 样式，设置 font-family 为 Verdana、Geneva、sans-serif；font-size 为 24px；color 为#0F0；text-decoration 为 underline 和 overline，如图 2-108 所示，应用样式效果

如图 2-109 所示。

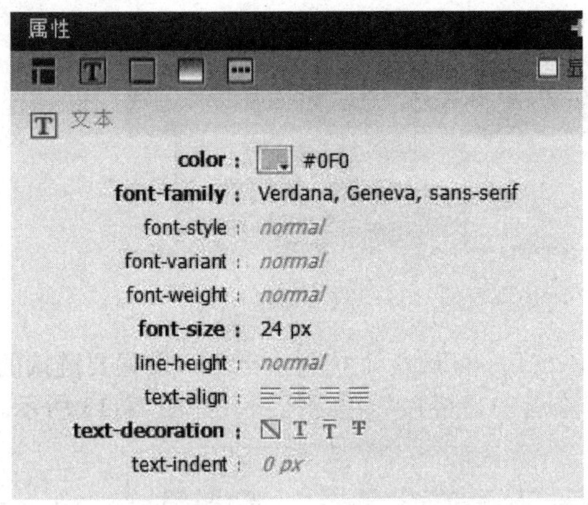

图 2-108　定义 a:hover 样式规则

- Photoshop
- Illustrator
- Freehand
- CorelDraw

图 2-109　应用 a:hover 样式效果

（9）创建新样式。创建一个名为.textalign 的类选择器样式，在“文本”选项下设置 text-align 为 center。在编辑窗口中右击包含图像的<p>标签，在弹出的快捷菜单中选择“类”→textalign 选项，如图 2-110 所示。

（10）选择页面底部的“技术咨询”、“关闭窗口”链接文字，在“属性”面板中设置 HTML 分类中“类”的值为 textalign，如图 2-111 所示。

图 2-110　标签应用.textalign 类样式

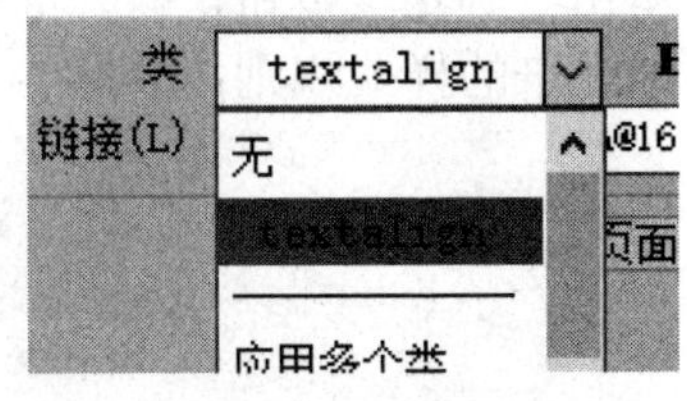

图 2-111　在“属性”面板中应用类样式

（11）打开 Photoshop.html 页面，在“CSS 设计器”面板中的“源”窗格中，选择“创建新的 CSS 文件”，存储为“page.css”文件。

在此外部样式表文件中，参照步骤（1）～（10）创建所需的样式规则如下。

① 标签选择器样式 body。此样式实现页面文字为“黑体”、大小为 14px、文字颜色为黑色、1.5 倍行高。

② 标签选择器样式 img。此样式的图像是颜色为#600 的 1px 虚线边框效果。

③ 标签选择器样式 p。此样式段落的首行缩进 2 字符。

④ 链接样式 a:link、a:visited、a:hover。这些样式设置链接文字，在有鼠标指针经过时，有颜色为#600 的背景颜色，字体为 Aria、Helvetica、sans-serif；文字颜色为#FC0，文字大小为 18px、没有下划线；没有鼠标指针经过时，链接文字背景颜色为#FCC，字体为“黑体”、大小为 14px、文字颜色为黑色、没有下划线。

⑤ 类选择器样式.big。该样式的文章首字符为 3em。

打开 Illustrator.html 页面，单击“CSS 设计器”面板中的，在菜单中选择“附加现有的 CSS 文件”，如图 2-112 所示。

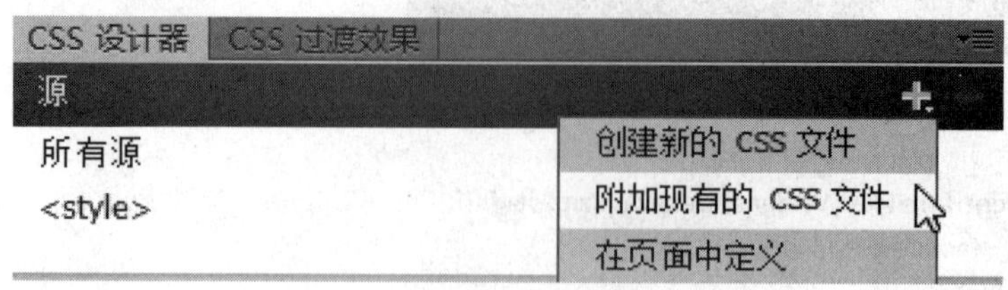

图 2-112 附加现有的 CSS 文件

弹出“使用现有的 CSS”对话框，在“文件/URL”下拉列表框中，设置要链接的外部样式文件为 page.css，在“添加为”按钮组中选中“链接”单选按钮，如图 2-113 所示。

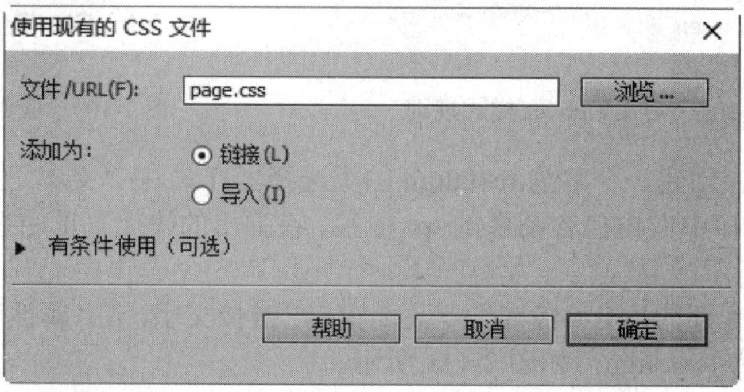

图 2-113 “使用现有的 CSS 文件”对话框

单击“确定”按钮，该外部样式便被引用到此页面中。在“CSS 设计器”面板中，可看到引用进来的样式规则，如图 2-114 所示。

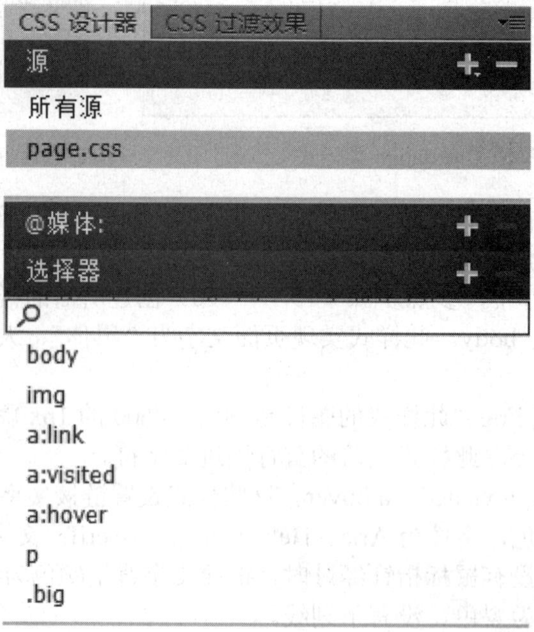

图 2-114 链接的外部样式规则

引用到页面的样式规则中的 body、img、p、a:link、a:visited、a:hover，可自动应用到页面的对应对象上，.big 类选择器需经过设置，使其对文章的首个字符起作用，效果如图 2-115 所示。

图 2-115 应用外部样式规则

采用同样的方法，分别在 Freehand.html、CorelDraw.html 两个页面中链接 page.css 外部样式文件，应用其中定义的各样式规则，实现由一个外部样式文件影响这 4 个页面的目的。若要修改页面显示效果，可通过修改外部样式表文件 page.css 来实现，page.css 被修改后，应用该样式表的所有页面都会自动更新其样式规则。

❖ 任务小结

通过本任务可以学习创建、应用样式规则，创建、链接外部样式表文件等知识，CSS 样式文件作用强大，是网页设计中必不可少的知识，使用外部样式表文件，可以大大提高制作效率和质量，应该熟练掌握这项技术。

习 题

一、选择题

1．文档标题可以在（　　）对话框中修改。

A．首选参数　　B．页面属性　　C．编辑站点　　D．标签编辑器

2．以下关于文档标题的说法错误的是（　　）。

A．文档标题将与文件名一起出现在文档标题栏中

B．文档标题可以在“页面属性”对话框中进行设置

C．文档标题将显示在页面标题栏中

D．文档标题包含在页面的<head>与</head>标签中

3．（　　）用于给文本、段落和图像等设置属性。

A．属性检查器　　B．布局检查器　　C．“文件”面板　　D．“布局”选项卡

4．“页面属性”对话框中的（　　）用于设置，将显示在 Web 浏览器的标题栏上的页面名称。

A．文本　　B．标题/编码　　C．脚本　　D．HTML

5．（　　）属性的设置仅影响所添加图像的显示，而原始图像的大小不会改变。

A．“宽”和“高”　　B．垂直边距和水平边距

C．源文件　　D．链接

6．如果要使一个网站的风格统一并便于更新，在使用 CSS 时最好使用（　　）样式。

A．内部　　B．外部　　C．相对　　D．嵌入

7．下列（　　）是定义样式表的正确格式。

A．{body:color=black(body}　　B．body:color=black

C．body {color: black}　　D．{body;color:black}

8．若网站比较小（最多有 3 个页面），则可使用（　　）样式表。

A．内嵌　　B．嵌入　　C．导入　　D．以上都不是

9．样式表定义“#title {color:red}”表示（　　）。

A．网页中的标题是红色的

B．网页中某一 id 为 title 的元素中的内容是红色的

C．网页中元素名为 title 的内容是红色的

D．以上都对

10．下面（　　）CSS 属性是用来更改背景颜色的？

A．background-color:　B．bgcolor:　C．color:　D．text:

二、操作题

请用 Dreamweaver CC 实现如图 2-116 所示的图文并茂的页面。

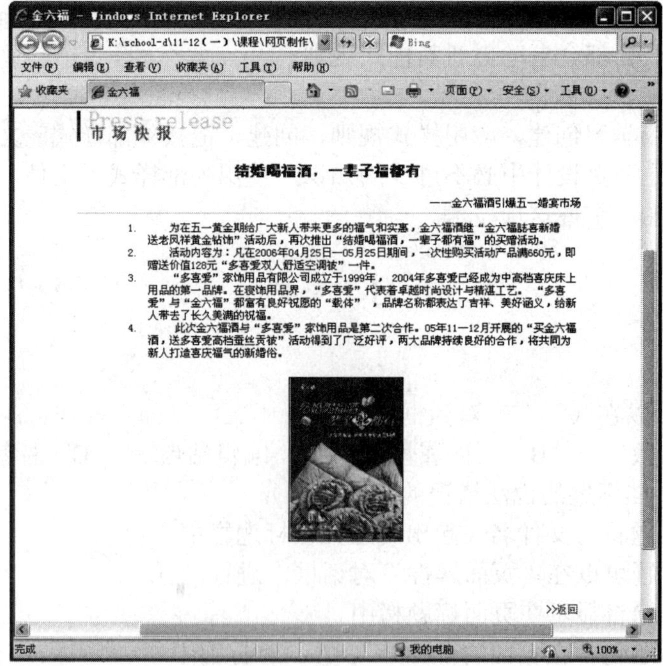

图 2-116　图文并茂的页面

项目 3　网页布局设计

网页布局是指以一定的形式将页面中的内容表现出来，使页面适合浏览，并符合视觉审美标准。

在制作网页的过程中，需要先确定页面的布局，布局时应综合考虑页面中的各种对象，如标题、导航、链接等。

表格和框架都可以对页面进行布局。随着技术的发展，现在使用 Div+CSS 布局技术成为主流，使用 Div+CSS 布局，可以将页面结构与表现分离，从而可以减少 HTML 文档内的代码量，方便阅读，更可以提高页面的下载速度，符合 Web 标准。

【知识目标】

① 掌握网页中表格的设置方法；

② 了解页面中常用的布局结构；

③ 使用框架设计页面；

④ 掌握 Div+CSS 布局基本知识。

【能力目标】

① 能利用表格对页面进行布局设计；

② 能使用框架构建页面；

③ 能使用 Div+CSS 布局页面。

【具体任务】

任务 1：使用数据表格；

任务 2：使用表格布局页面；

任务 3：使用 iFrame 框架布局页面；

任务 4：使用 Div+CSS 布局页面。

任务 3.1　使用数据表格

表格用于 HTML 页面上显示表格式数据，本任务将介绍网页中表的基本使用方法。

❖ 任务内容分析

利用表格显示网页数据，需要掌握以下内容：

① 添加表格；

② 导入、导出表格；

③ 选择表格；

④ 设置表格属性；

⑤ 设置单元格属性；

⑥ 调整表格结构；

⑦ 表格排序。

❖ 任务知识学习

1．添加表格

表格由一行或多行组成，每行由一个或多个单元格组成。虽然 HTML 代码中通常不明确指定列，但 Dreamweaver 允许用户操作行、列和单元格。

表格由 3 个主要元素构成，即行、列和单元格。行从左到右横过表格；列则是上下走向；单元格是行和列的交叉部分，它是用户输入信息的地方，单元格会自动扩展到与输入信息相适应的大小。如果用户启动了表格边框，则浏览器中会显示表格边框和其中包含的所有单元格。创建表格的步骤如下。

（1）将光标置于要插入表格的地方，在“插入”面板中的“常用”列表框中，单击“表格”按钮，弹出如图 3-1 所示的“表格”对话框，在其中可以设置表格的样式。

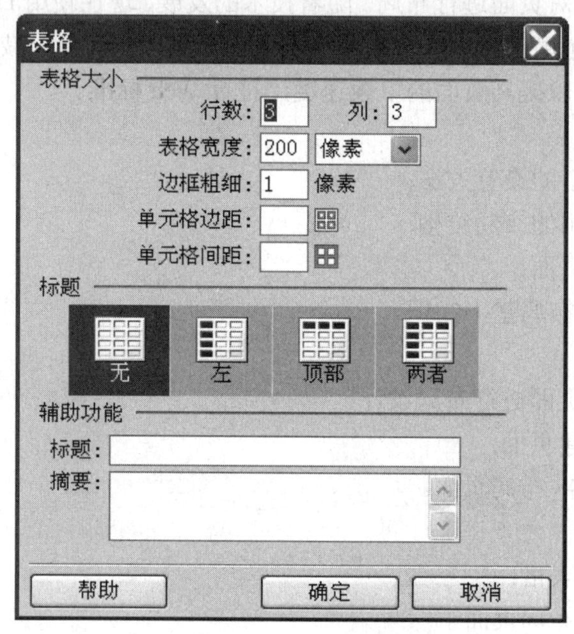

图 3-1 “表格”对话框

下面对该对话框中的各个选项进行简单介绍。

① “行数”文本框。该文本框用于输入要插入表格的行数。

② “列”文本框。该文本框用于输入要插入表格的列数。

③ “表格宽度”文本框。该文本框用于定义表格宽度，同时可以在其右侧的下拉列表框中选择宽度单位，可以为“像素”（绝对宽度），也可以为“百分比”（相对宽度）。

④ “边框粗细”文本框。该文本框用于定义边框的宽度。

⑤ “单元格边距”。该文本框用于输入单元格中对象同单元格内容边界之间的距离。

⑥ “单元格间距”。该文本框用于输入单元格之间的距离。

提示： 如果没有明确指定“边框粗细”或“单元格间距”和“单元格边距”的值，大多数浏览器都将按“边框粗细”和“单元格边距”设置为 1、“单元格间距”设置为 2 来显示表格。若要确保浏览器显示表格时不显示边距或间距，则应将“单元格边距”和“单元格间距”设置为 0。

⑦ “标题”选项区。该选项区用于定义表头样式。

⑧ “辅助功能”选项区中的“标题”文本框。该文本框用于定义表格标题。

⑨ “辅助功能”选项区中的“摘要”列表框。该列表框用于对表格进行注释。

（2）向页面中插入一个 5 行 2 列的表格，“表格宽度”为“200 像素”，“边框粗细”为“0 像素”，插入后的效果如图 3-2 所示。

（3）在表格中输入相应内容后的效果如图 3-3 所示。

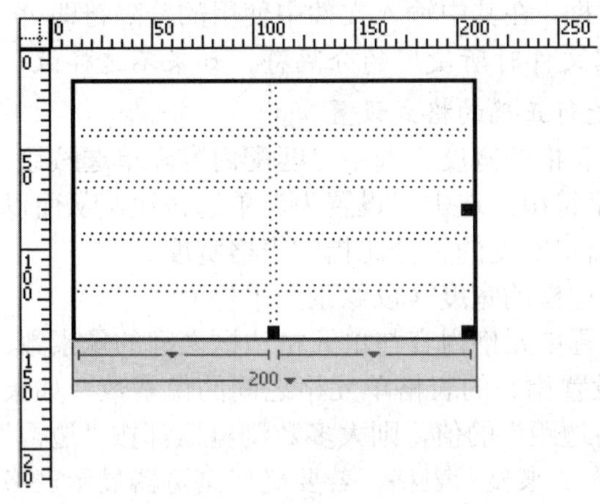

图 3-2　插入表格效果

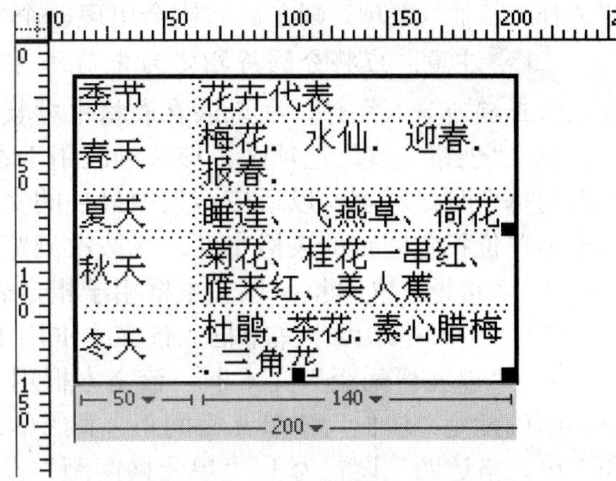

图 3-3　表格添加内容后的效果

2．导入、导出表格式数据

可以将在另一个应用程序（如 Microsoft Excel）中创建，并以分隔文本格式（其中的项以制表符、逗号、冒号或分号隔开）保存的表格式数据，导入 Dreamweaver 中，并设置为表格格式。

用户也可以将表格数据从 Dreamweaver 导出到文本文件中，相邻单元格的内容由分隔符隔开。用户可以使用逗号、冒号、分号或空格作为分隔符。用户只能选择导出整个表格，而不能选择导出部分表格。

3．导入表格数据操作方法

导入表格式数据可执行下列操作之一。

（1）执行“文件”→“导入”→“表格式数据”命令。

（2）在“插入”面板的“数据”列表框中，单击“导入表格式数据”按钮。

（3）执行“插入”→“表格对象”→“导入表格式数据”命令。

在弹出的“导入表格式数据”对话框中，设定表格式数据选项，然后单击“确定”按钮，如图 3-4 所示。

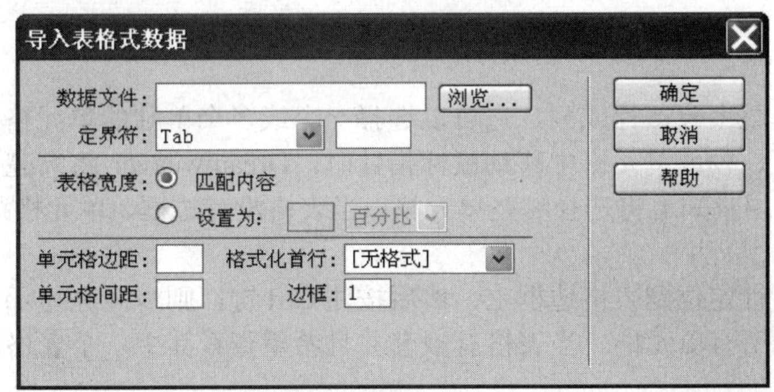

图 3-4　“导入表格式数据”对话框

下面对该对话框中的各个选项进行简单介绍。

①“数据文件”文本框。该文本框用于输入导入文件的名称。单击其右侧的“浏览”按钮，可以在弹出的对话框中选择本地磁盘中的一个文件。

②“定界符”下拉列表框。可以在此下拉列表框中选择导入的文件中所使用的分隔符。若选择“其他”选项，则在其右侧会出现一个文本框，在其中输入文件中使用的分隔符即可。

注意：应将分隔符指定为先前保存数据文件时所使用的分隔符。如果不这样做，就无法正确地导入文件，也无法在表格中对数据进行正确的格式设置。

③“表格宽度”选项区。该选项区用于设置表格的宽度。选中“匹配内容”单选按钮，从而使每个列足够宽，以适应该列中最长的文本字符串。选中“设置为”单选按钮，从而以像素为单位指定固定的表格宽度，或按占浏览器窗口宽度的百分比指定表格宽度。

④“边框”文本框。该文本框用于指定表格边框的宽度（以像素为单位）。

⑤“单元格边距”文本框。该文本框用于设置单元格内容与单元格边框之间的像素数。

⑥“单元格间距”文本框。该文本框用于设置相邻的表格单元格之间的像素数。如果没有明确指定“边框”、“单元格间距”和“单元格边距”的值，则大多数浏览器都按“边框”和“单元格边距”设置为1、“单元格间距”设置为2来显示表格。若要确保浏览器显示表格时不显示边距或间距，可将“单元格边距”和“单元格间距”都设置为0。若要在“边框”设置为0时查看单元格和表格边框，可执行“查看”→“可视化助理”→“表格边框”命令。

⑦“格式化首行”下拉列表框。该下拉列表框用于确定应用于表格首行的格式设置（如果存在），可以从4个格式设置选项中进行选择，即“无”、“粗体”、“斜体”和“加粗斜体”。

4．导出表格数据操作方法

导出表格数据可以执行以下操作。

（1）将插入点放置在表格的任意单元格中。

（2）执行“文件”→“导出”→“表格”命令，在弹出的“导出表格”对话框中设定数据参数，然后单击“导出”按钮，如图3-5所示。

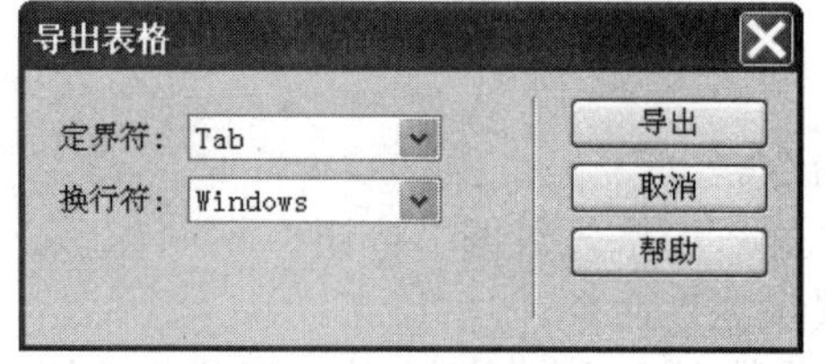

图3-5 “导出表格”对话框

下面介绍对话框中的各个选项。

①“定界符”下拉列表框。该下拉列表框用于指定应该使用哪种分隔符在导出的文件中隔开各项。

②“换行符”下拉列表框。该下拉列表框用于指定将在哪种操作系统中打开导出的文件（不同的操作系统具有不同的指示文本行结尾的方式）。

（3）在弹出“表格导出为”对话框中，设置文件名称和保存路径，单击“保存”按钮即可。

5．选择表格

可以一次选择整个表、行或列，也可以选择一个或多个单独的单元格。

当在表格、行、列或单元格中移动鼠标指针时，Dreamweaver将高亮显示选择区域中的所有单元格，以使用户知道将选择哪些单元格。当表格没有边框、单元格跨多列/行或者表格嵌套时，这个功能很有用。

如果将鼠标指针定位到表格边框上，然后按住Ctrl键，则将高亮显示该表格的整个表格结构，即表格中的所有单元格。当表格有嵌套并且希望查看其中一个表格的结构时，这个功能很有用。

（1）选择整个表格。要选择整个表格，可以执行下列操作之一。

① 单击表格的左上角、表格的顶缘或底缘的任何位置或者行或列的边框。

注意：当可以选择表格时，鼠标指针会变成表格网格图标，如图 3-6 所示（除非单击行或列边框）。

② 单击某个表格单元格，然后在文档窗口底部的标签选择器中单击<table>标签。

③ 单击某个表格单元格，然后执行“修改”→“表格”→“选择表格”命令。

④ 单击某个表格单元格，然后单击表格标题旁的下三角按钮，在弹出的下拉菜单中选择“选择表格”选项，可以发现所选表格的右边框和下边框均出现了调整手柄。 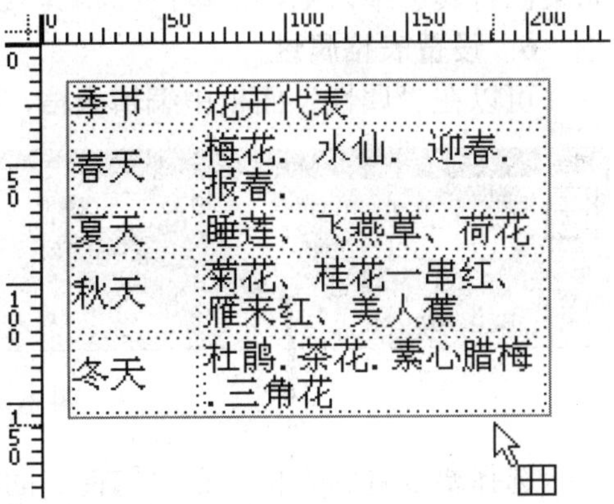

图 3-6　选择表格

（2）选择整行或整列。定位鼠标指针使其指向行的左边框或列的上边框，当鼠标指针变为选择箭头时，单击并选择单个行或列，或拖动鼠标以选择多个行或列，如图 3-7 和图 3-8 所示。

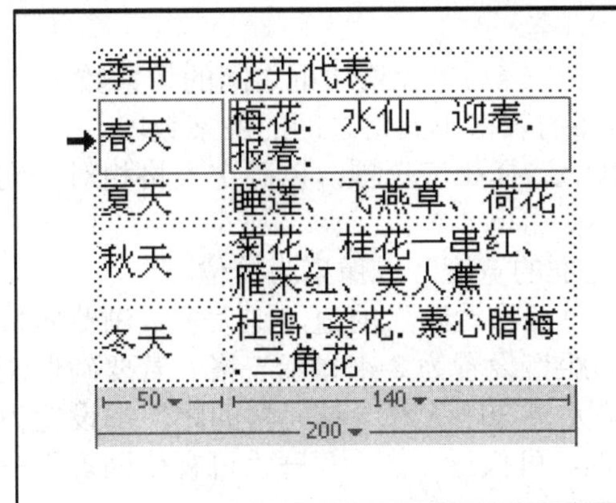

图 3-7　选择整行

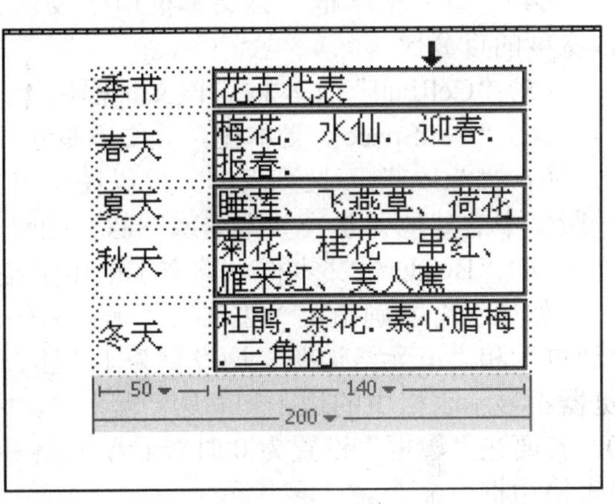

图 3-8　选择整列

（3）选择单个单元格。要选择单个单元格，可以执行下列操作之一。

① 单击单元格，然后在文档窗口底部的标签选择器中单击<td>标签。

② 按住 Ctrl 键不放并单击该单元格。

③ 单击单元格，然后执行“编辑”→“全选”命令。选择了一个单元格后，再次执行“编辑”→“全选”命令，可以选择整个表格。

（4）选择一行或矩形的单元格块。要选择一行或矩形的单元格块可以执行下列操作之一。

① 从一个单元格拖动鼠标到另一个单元格。

② 单击一个单元格，然后按住 Ctrl 键并单击，可以选中该单元格，接着按住 Shift 键，并单击另一个单元格，则这两个单元格区域都将被选中，如图 3-9 所示。 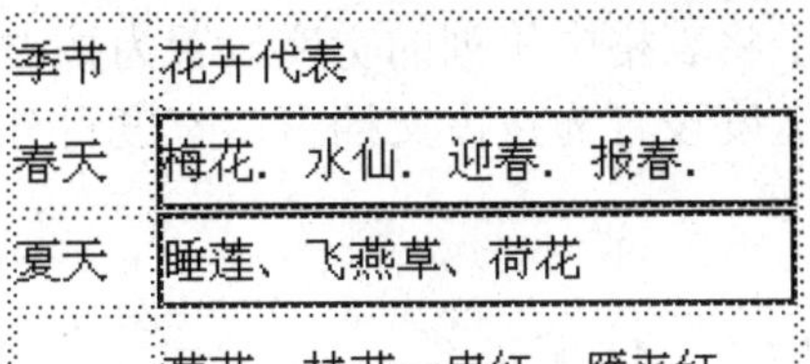

图 3-9　选择矩形单元格块

（5）选择不相邻的单元格。按住 Ctrl 键不放，并单击要选择的单元格、行或列。

如果按住 Ctrl 键不放，并单击尚未被选中的单元格、行或列，则会添加到选择区域中；如果已将其选中，则再次单击会将其从选择区域中删除。

6．设置表格属性

可以在“属性”面板中编辑表格，如图 3-10 所示。

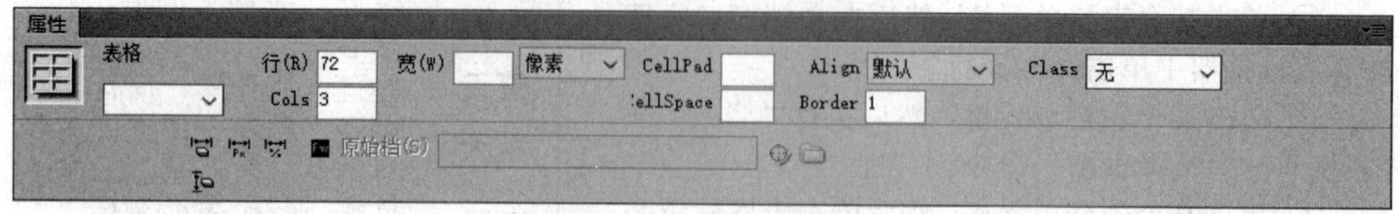

图 3-10　表格“属性”面板

选择要设置的表格，在“属性”面板中根据需要更改以下属性。

（1）“表格”下拉列表框。该下拉列表框用于设置表格的 ID。

（2）“行”文本框。该文本框用于设置表格中的行数。

（3）“列”文本框。该文本框用于设置表格中的列数。

（4）“宽”文本框。该文本框用于设置表格的宽度，以像素为单位或表示为占浏览器窗口宽度的百分比。

（5）“CellPad”文本框。该文本框用于设置单元格内容与单元格边框之间的像素数。

（6）“CellSpace”文本框。该文本框用于设置相邻的表格单元格之间的像素数。

（7）“Align”下拉列表框。可以在该下拉列表框中选择相应选项，以确定表格相对于同一段落中的其他元素（如文本或图像）的显示位置。

（8）“Border”文本框。该文本框用于指定表格边框的宽度（以像素为单位）。

如果没有明确指定“边框”、“单元格间距”和“单元格边距”的值，则大多数浏览器按“边框”和“单元格边距”均设置为 1，且“单元格间距”设置为 2 来显示表格。若要确保浏览器不显示表格中的边距和间距，可将“边框”、“单元格边距”和“单元格间距”都设置为 0。若要在“边框”设置为 0 时查看单元格和表格边框，可执行“查看”→“可视化助理”→“表格边框”命令。

（9）“Class”下拉列表框。该下拉列表框用于对该表格设置 CSS 类。

（10）“清除列宽”按钮和“清除行高”按钮。这两个按钮分别用于从表格中删除所有明确指定的列宽和行高。

（11）“将表格宽度转换成像素”按钮。该按钮用于将表格中每列的宽度设置为以像素为单位的当前宽度（还将整个表格的宽度设置为以像素为单位的当前宽度）。

（12）“将表格宽度转换成百分比”按钮。该按钮用于将表格中每列的宽度设置为按占文档窗口宽度百分比表示的当前宽度（还可将整个表格的宽度设置为按占文档窗口宽度百分比表示的当前宽度）。

7．设置单元格、行或列的属性

在“属性”面板中，可以编辑表格中的单元格和行，如图 3-11 所示。

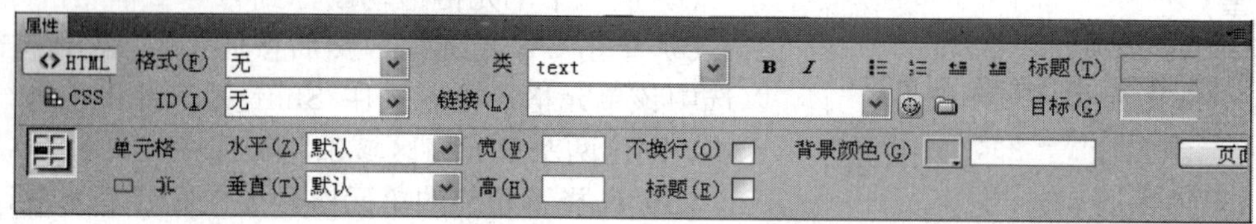

图 3-11　设置单元格属性

选择要编辑的行或列，然后在“属性”面板中设置以下选项。

（1）“水平”下拉列表框。该下拉列表框用于指定单元格、行或列内容的水平对齐方式。可以将内容对齐到单元格的左侧、右侧或使之居中对齐，也可以指示浏览器使用默认的对齐方式（一般常规单元格为左对齐，标题单元格为居中对齐）。

（2）“垂直”下拉列表框。该下拉列表框用于指定单元格、行或列内容的垂直对齐方式。可以将内容对齐到单元格的顶端、中间、底部或基线，或者指示浏览器使用默认的对齐方式（通常是中间）。

（3）“宽”和“高”文本框。这两个文本框分别用于指定所选单元格的宽度和高度，以像素为单位或按整个表格宽度或高度的百分比指定。若要指定百分比，需在值后面使用百分比符号（%）。若要使浏览器根据单元格的内容，以及其他列和行的宽度和高度，确定适当的宽度或高度，此值使用默认设置。默认情况下，浏览器选择行高和列宽的依据，是能够在列中容纳最宽的图像或最长的行。这就是为什么将内容添加到某列时，该列有时变得比表格中其他列宽得多的原因。

注意：用户可以按占表格总高度的百分比指定一个高度，但是浏览器中的行可能不以指定的百分比高度显示。

（4）“背景颜色”颜色框。该颜色框用于设置单元格、列或行的背景颜色。

（5）“合并所选单元格，使用跨度”按钮：选择两个以上的单元格，单击该按钮，就可以合并这些单元格。

（6）“拆分单元格为行或列”按钮。单击该按钮后，在弹出的如图3-12所示的对话框中，选中“行”单选按钮或“列”单选按钮，设置拆分的“行数”或“列数”后，单击“确定”按钮，即可按设定拆分所选单元格。

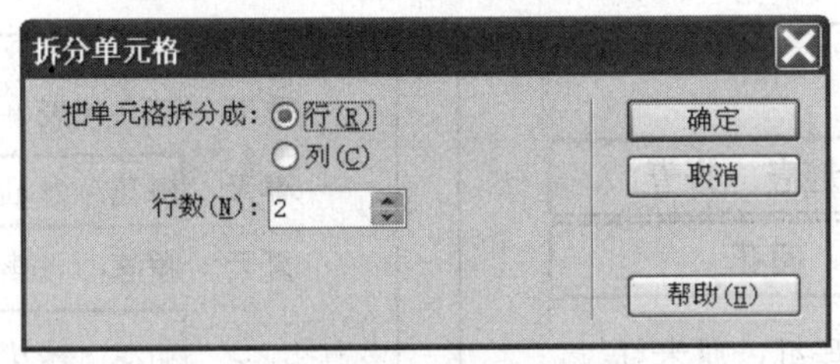

图3-12　“拆分单元格”对话框

（7）“不换行”复选框。选中该复选框可以防止换行，从而使单元格中的所有文本都在同一行上。

（8）“标题”复选框。选中该复选框可以将所选的单元格格式设置为表格标题单元格。默认情况下表格标题单元格的内容为粗体并且居中。

8．调整表格结构

（1）添加单个行或列。添加单个行或列，可以在单击单元格后执行下列操作之一。

① 执行“修改”→“表格”→“插入行”命令，或执行“修改”→“表格”→“插入列”命令，即可在插入点的上面出现一行或在插入点的左侧出现一列。

② 单击列标题，然后在弹出的菜单中选择“左侧插入列”或“右侧插入列”选项。

（2）添加多行或多列。要添加多行或多列，可以单击一个单元格，然后执行“修改”→“表格”→“插入行或列”选项，弹出“插入行或列”对话框，在其中进行相关设置，如图3-13所示，设置完成后单击“确定”按钮。

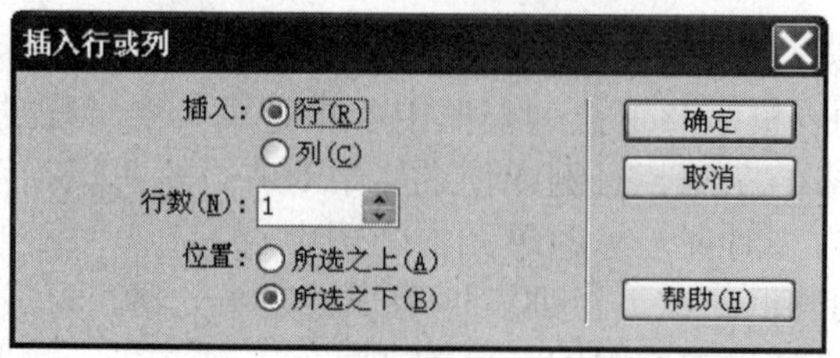

图 3-13 “插入行或列”对话框

下面对该对话框中的各个选项进行简单介绍。

① “插入”单选按钮组。该按钮组用于指定是插入行还是插入列。

② “行数”或“列数”微调框。该微调框用于设置要插入的行数或列数。

③ “位置”单选按钮组。该按钮组用于指定新行或新列，应该显示在所选单元格所在行或列的前面还是后面。

（3）删除行或列。要删除行或列，可执行下列操作之一。

① 单击要删除的行或列中的一个单元格，然后执行“修改”→“表格”→“删除行”命令，或执行“修改”→“表格”→“删除列”命令。

② 选择完整的一行或一列，然后执行“编辑”→“清除”命令或按 Delete 键。

（4）复制、粘贴和删除单元格。用户可以一次复制、粘贴或删除单个单元格或多个单元格，并保留单元格的格式设置，也可以选择在复制和粘贴时仅操作单元格中的内容。

① 剪切或复制单元格。选择连续行中形状为矩形的一个或多个单元格，如图 3-14 所示，所选部分是矩形的单元格，因此可以剪切或复制这些单元格。在图 3-15 中，所选部分不是矩形，因此不能剪切或复制这些单元格。

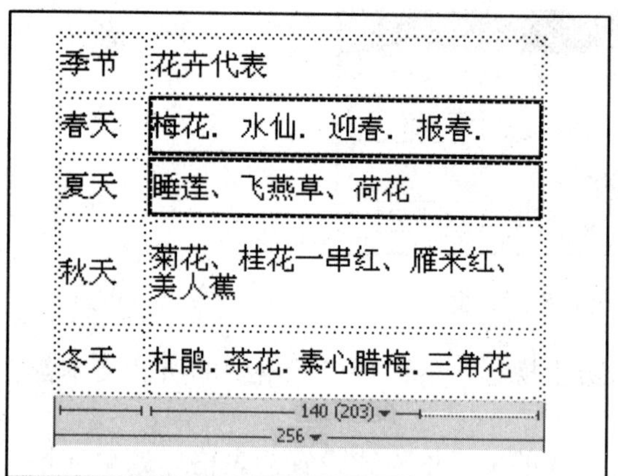

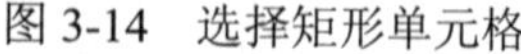
图 3-14 选择矩形单元格

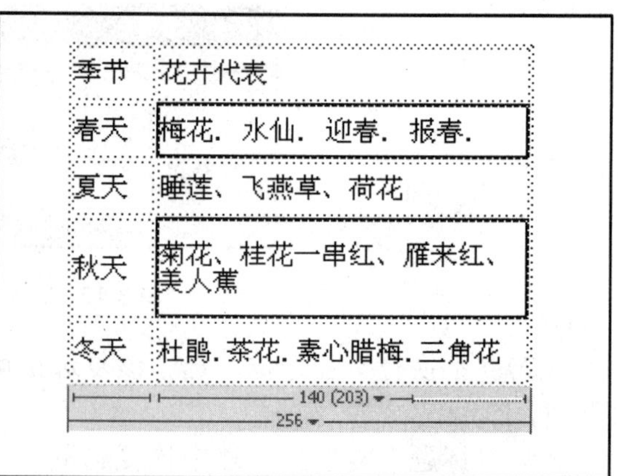

图 3-15 选择非矩形单元格

然后执行“编辑”→“剪切”命令，或执行“编辑”→“拷贝”命令，剪切或复制单元格。

注意：如果选择了整个行或列，然后执行“编辑”→“剪切”命令，那么将从表格中删除整个行或列，而不仅仅是单元格的内容。

② 粘贴表格单元格。选择要粘贴的单元格，若要用已经复制的单元格替换现有的单元格，则选择一组与剪贴板上的单元格具有相同布局的现有单元格。例如，如果复制或剪切了一块 3×2 的单元格，则可选择另一块 3×2 的单元格并通过粘贴进行替换。选定粘贴单元格

的位置后，执行“编辑”→“粘贴”命令即可。

③ 删除单元格内容，但使单元格保持原样。选择一个或多个单元格，然后执行“编辑”→“清除”命令或按 Delete 键即可将其删除。

④ 嵌套表格。嵌套表格是指在一个表格的单元格中插入表格。可以像对任何其他表格一样来对嵌套表格进行格式设置，但是其宽度受其所在单元格宽度的限制。单击现有表格中的一个单元格，然后执行“插入”→“表格”命令，在弹出的“表格”对话框中进行相应设置，然后单击“确定”按钮。

9．对表格进行排序

表格是页面信息的常用表现形式，有必要对其中的数据进行排序。在 Dreamweaver 中可以方便地对表格中的数据进行排序，但不能对包含合并单元格的表格进行排序。

选择需要排序的表格或单击表格内的任意单元格，执行“命令”→“排序表格”命令，弹出“排序表格”对话框，如图 3-16 所示，在其中设置相关选项，然后单击“确定”按钮。

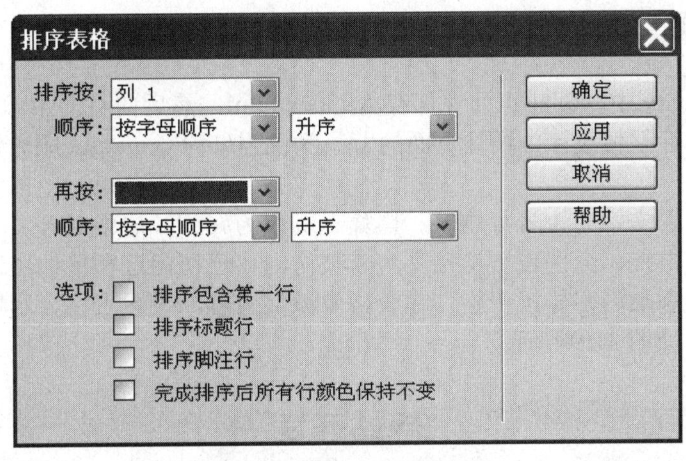

图 3-16 “排序表格”对话框

下面对该对话框中的各个选项进行介绍。

（1）“排序按”下拉列表框。该下拉列表框用于设定使用哪个列的值来对表格中的内容行进行排序。

（2）“顺序”下拉列表框组。该下拉列表框组用于确定是按字母还是数字顺序，以及是以升序还是以降序方式对列进行排序。当列的内容是数字时，选择“按数字顺序”选项。如果按字母顺序对一组由一位或两位数组成的数字进行排序，则会将这些数字作为单词进行排序（排序结果如 1、10、2、20、3、30），而不是将它们作为数字进行排序（排序结果如 1、2、3、10、20、30）。

（3）“再按”下拉列表框。该下拉列表框用于设置在另一列上应用的第二种排序方法的排序顺序。在“再按”下拉列表框中，选择将应用第二种排序方法的列，并在其下的“顺序”下拉列表框中，选择第二种排序方法的排序顺序。

（4）“排序包含第一行”复选框。该复选框用于指定将表格的第一行包括在排序中。若第一行是标题，则不选择此复选框。

（5）“排序标题行”复选框。该复选框用于指定是否对表格标题部分中所有行进行排序，排序后标题将仍被保留并显示在表格的顶部。

（6）“排序脚注行”复选框。该复选框用于指定是否对表格脚注部分进行排序，排序后脚步部分将仍被保留在脚注中并显示在表格的底部。

（7）“完成排序后所有行颜色保持不变”复选框。该复选框用于指定排序之后表格行属性（如颜色）应该与同一内容保持关联。

对如图 3-17 所示的表格进行排序，按列 3 以数字顺序进行升序排序，再按列 4 以数字顺序进行降序排序后的效果如图 3-18 所示。

产品名称	市场/地区	11月03日均价	环比
玫瑰花	上海嘉定区	116.0元/kg	↑10.42%
玫瑰花	浙江嘉兴市	74.00元/kg	↓19.57%
玫瑰花	黑龙江齐齐哈尔市	75.00元/kg	↓25.93%
玫瑰花	河南商丘市	88.00元/kg	↓7.85%
玫瑰花	北京通州区	92.00元/kg	↓7.07%

图 3-17　表格排序前显示效果

产品名称	市场/地区	11月03日均价	环比
玫瑰花	浙江嘉兴市	74.00元/kg	↓19.57%
玫瑰花	上海嘉定区	116.0元/kg	↑10.42%
玫瑰花	河南商丘市	88.00元/kg	↓7.85%
玫瑰花	黑龙江齐齐哈尔市	75.00元/kg	↓25.93%
玫瑰花	北京通州区	92.00元/kg	↓7.07%

图 3-18　表格排序后显示效果

❖ 任务实践训练

【具体任务】

（1）在站点 study 中，创建页面并保存为 index.html，然后向页面中添加文本内容。

（2）对页面进行整体设计，设计页面的背景颜色为#FFF，margin 顺时针方向为 0，8em、2em、8em。

（3）其中，标题文字为 1 号标题字、黑体、颜色为#600、居中对齐。

（4）添加导航链接，分别设置链接文字未被访问、已访问过和鼠标经过时的显示样式。

（5）在页面中添加内容导读表格，在表格中添加内容，设置表格显示样式。

页面最终效果如图 3-19 所示。

网站开发

首页 网站开发流程 网站开发工具 网站开发素材 网站开发教程 网站开发技术文章

本网站主要介绍网站开发相关内容，从网站开发流程、开发工具、设计教程等多方面介绍网站开发的基础知识，帮助浏览者快速掌握网站开发技术，能进行网站开发设计。

网站内容导读

栏目	内容简介
网站开发流程	介绍网站开发的流程、流程各阶段工作内容
网站开发工具	图像设计：**Photoshop、Illustrator、Freehand、CorelDraw**
	页面样式布局：**div+css**
	网页的基础：**html**
	前台语言：**Javascript,jsp,php**
	后台语言：**Ejb,php,asp**
网站开发素材	图像素材
	网页模板
	Flash素材
	音效素材
网站开发教程	文本教程
	视频教程
网站开发技术文章	网页设计相关技术文章

图 3-19　index.html 页面

【实施步骤】

（1）创建页面 index.html，向页面中添加文本内容，如图 3-20 所示。

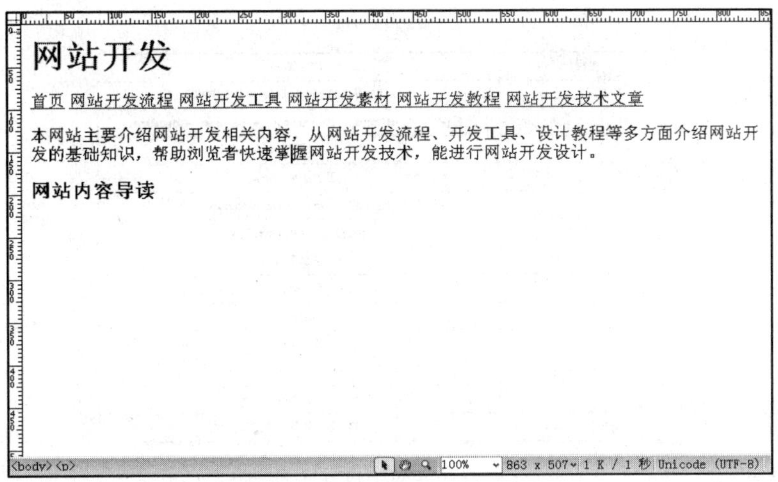

图 3-20　添加页面文本内容

（2）利用前面介绍的知识对页面进行整体设计，对页面中的文本、链接进行样式设计，实现如图 3-21 所示的效果。

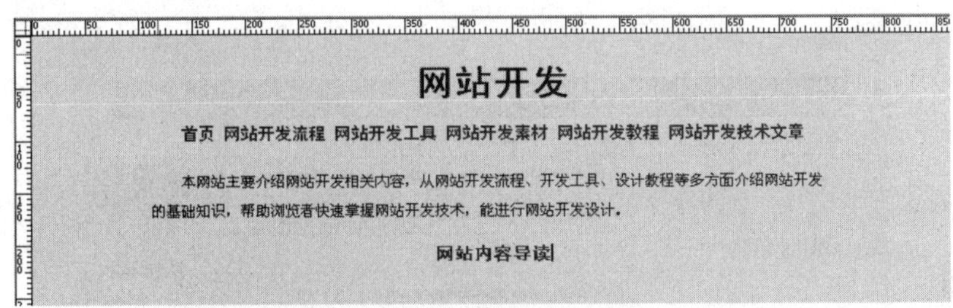

图 3-21　设置页面文字效果

（3）在文字下方插入一个 14 行 2 列的表格，表格宽度为 100%，在表格中添加文本内容，如图 3-22 所示，合并表格相应单元格，实现如图 3-23 所示的页面效果。

栏目	内容简介
网站开发流程	介绍网站开发的流程、流程各阶段工作内容
网站开发工具	图像设计：Photoshop、Illustrator、Freehand、CorelDraw
	页面样式布局：div+css
	网页的基础：html
	前台语言：Javascript,jsp,php
	后台语言：Ejb,php,asp
网站开发素材	图像素材
	网页模板
	Flash素材
	音效素材
网站开发教程	文本教程
	视频教程
网站开发技术文章	网页设计相关技术文章

图 3-22　插入表格

栏目	内容简介
网站开发流程	介绍网站开发的流程、流程各阶段工作内容
网站开发工具	图像设计：Photoshop、Illustrator、Freehand、CorelDraw
	页面样式布局：div+css
	网页的基础：html
	前台语言：Javascript,jsp,php
	后台语言：Ejb,php,asp
网站开发素材	图像素材
	网页模板
	Flash素材
	音效素材
网站开发教程	文本教程
	视频教程
网站开发技术文章	网页设计相关技术文章

图 3-23　表格合并单元格后效果

（4）设置表格样式。设置表格的边框粗细为 1px，线的颜色为#003，实线；单元格的边框粗细为 1px，颜色为#003，虚线，如图 3-24 所示。

网站内容导读

栏目	内容简介
网站开发流程	介绍网站开发的流程、流程各阶段工作内容
网站开发工具	图像设计：Photoshop、Illustrator、Freehand、CorelDraw
	页面样式布局：div+css
	网页的基础：html
	前台语言：Javascript,jsp,php
	后台语言：Ejb,php,asp
网站开发素材	图像素材
	网页模板
	Flash素材
	音效素材
网站开发教程	文本教程
	视频教程
网站开发技术文章	网页设计相关技术文章

图 3-24　设置表格边框效果

（5）设置整个表格的“背景颜色”为#E3E3E3，表格首行的“背景颜色”为#990，“字体”为“黑体”，“大小”为 18px，颜色为黑色；表格中其他单元格中的文本为 Arial Black，文本左对齐，效果如图 3-25 所示。

网站内容导读

栏目	内容简介
网站开发流程	介绍网站开发的流程、流程各阶段工作内容
网站开发工具	图像设计：Photoshop、Illustrator、Freehand、CorelDraw
	页面样式布局：div+css
	网页的基础：html
	前台语言：Javascript,jsp,php
	后台语言：Ejb,php,asp
网站开发素材	图像素材
	网页模板
	Flash素材
	音效素材
网站开发教程	文本教程
	视频教程
网站开发技术文章	网页设计相关技术文章

图 3-25　设置表格背景和文字效果

（6）保存页面并浏览页面效果。

❖ 任务小结

表格是网页设计中的重要元素，使用表格可以使页面中的数据变得规范、整齐，从而提高页面的可读性。

任务 3.2　使用表格布局页面

表格可以将页面划分为若干矩形区域，因此表格也常被用于页面布局。

利用表格设计页面布局的操作简单，效果好，即使在 CSS 布局流行的当下，表格布局仍很实用。

❖ 任务内容分析

要能正确、恰当地利用表格布局页面，需要掌握以下内容：

① 网页布局基础；

② 页面布局基本结构。

❖ 任务知识学习

网页布局是指以一定形式将页面中的内容组织起来，使页面美观、简洁、便于浏览。

1．网页布局基础

网页布局要结合页面中的各个对象，综合设计这些对象在页面中的位置，在设计过程中要兼顾网页主题、整体风格的统一性、页面大小、页面结构等多个因素，构造一个完整、流畅的网页界面。

网页布局常用的方法有表格布局、框架布局、CSS 布局。表格布局的优势在于它能对不同对象加以处理，而又不用担心不同对象之间的影响，而且表格在定位图片和文本方面比用 CSS 更加方便。表格布局唯一的缺点是：当用户用了过多表格后，页面下载速度会受到影响。对于表格布局，用户可以找一个站点的首页，然后将其保存为 HTML 文件，利用网页编辑工具打开它，就会看到这个页面是如何利用表格的。

2．网页布局的基本结构

在设计网页时常用以下 5 种基本结构布局。

（1）国字型。国字型网页布局又称为同字型网页布局，其最上方为网站的 Logo、Banner 及导航条，接下来是网站的内容版块，如图 3-26 所示。

图 3-26　国字型网页布局

在内容版块左右两侧通常会分列两小条内容，可以是广告、友情链接等，也可以是网站的子导航条，最下面则是网站的版尾或版权版块。

（2）T 字型。T 字型布局也是一种常见的网页结构布局，与国字型布局只是在形式上有所区别，实际差异不大。

T 字型布局的网页和国字型布局的网页，区别在于 T 字型布局的网页内容版块只有一侧有侧栏。这种布局的网页比国字型布局的网页稍微个性化一些，常用于一些娱乐性网站，如图 3-27 所示。

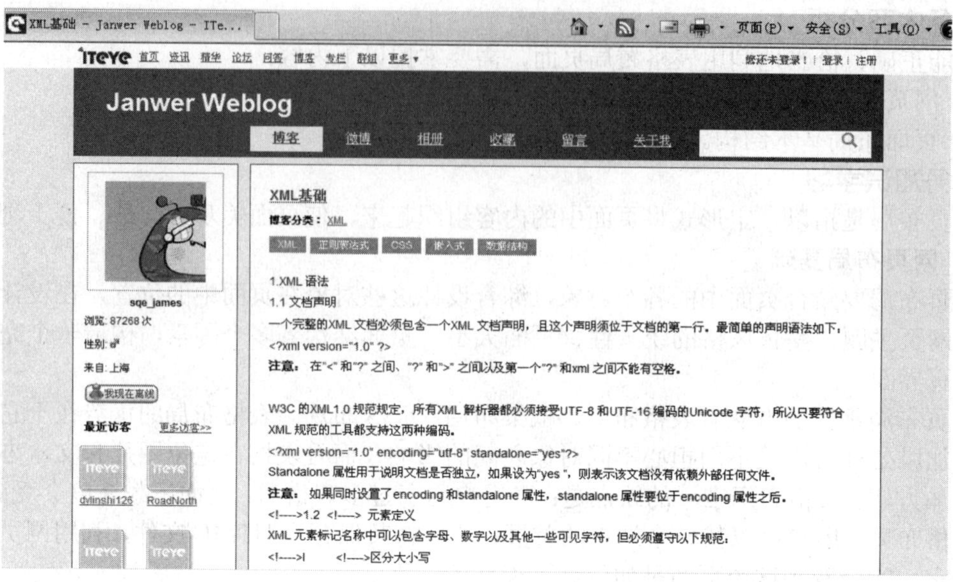

图 3-27 T 字型网页布局

（3）上下框架型。上下框架型网页布局比国字型网页布局和 T 字型网页布局都更加简单一些。

在上下框架型布局网页中，主题部分并非如国字型或 T 字型一样由主栏和侧栏组成，而是一个整体或复杂的组合结构。上下框架型网页布局应用在一些栏目较少的网站，如图 3-28 所示。

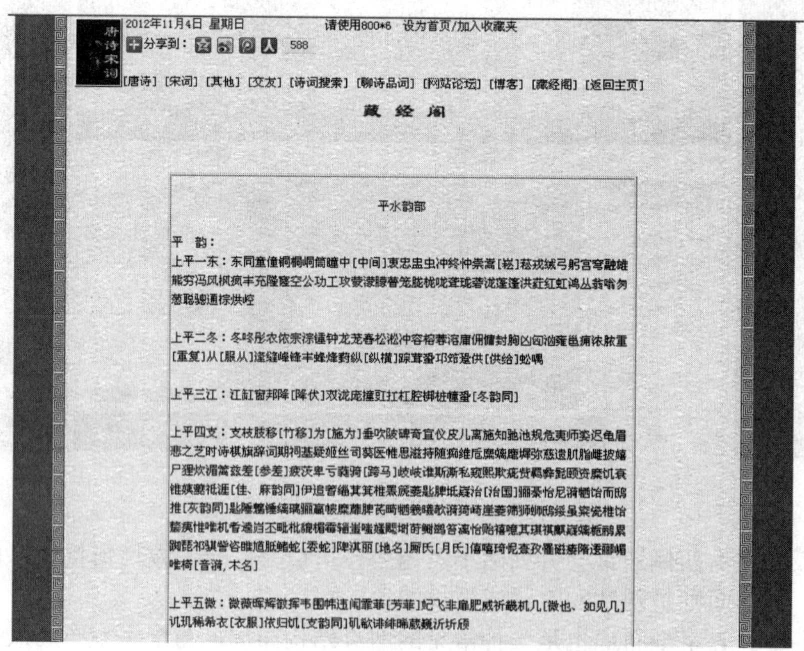

图 3-28 上下框架型网页布局

（4）左右框架型。这是一种被垂直划分为两个或更多个框架的网页布局结构，类似于将上下框架型布局旋转 90°之后的效果。

左右框架型网页布局通常会被应用到一些个性化的网页或大型论坛网页中，具有结构清晰、一目了然的优点，如图 3-29 所示。

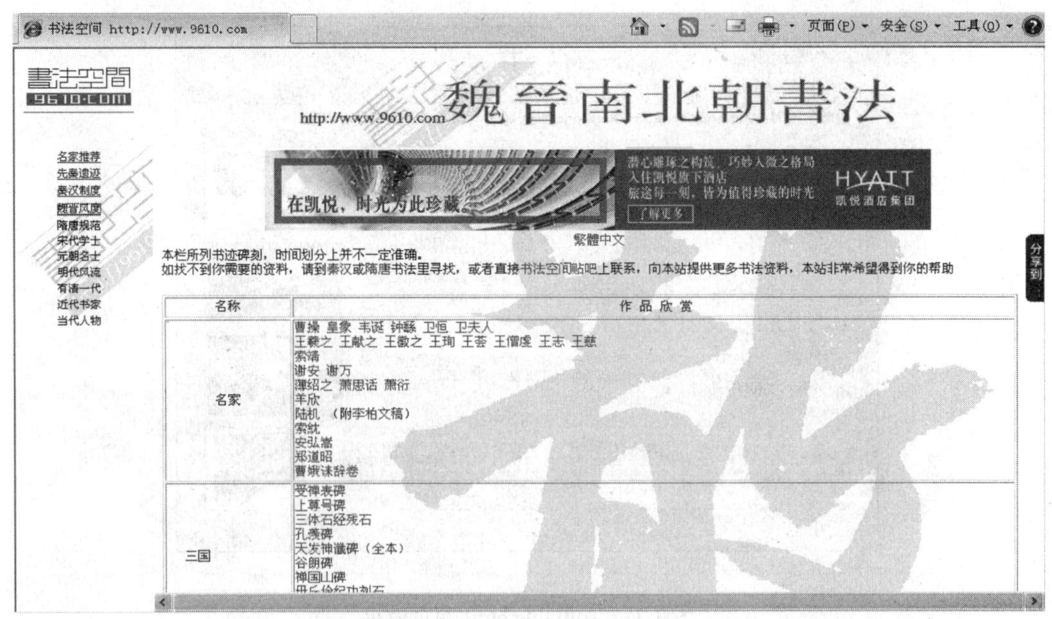

图 3-29　左右框架型网页布局

（5）封面型。封面型网页通常作为一些个性化网站的首页，它以精美的动画加上几个链接或进入按钮，甚至只在图片或动画上做超链接。娱乐性网站或个人网站偏好使用这种布局方式，如图 3-30 所示。

图 3-30　封面型网页布局

❖ 任务实践训练

【具体任务】

参照如图 3-31 所示的 softtable.html 页面效果，使用“表格+CSS”方法进行布局，实现网页效果。

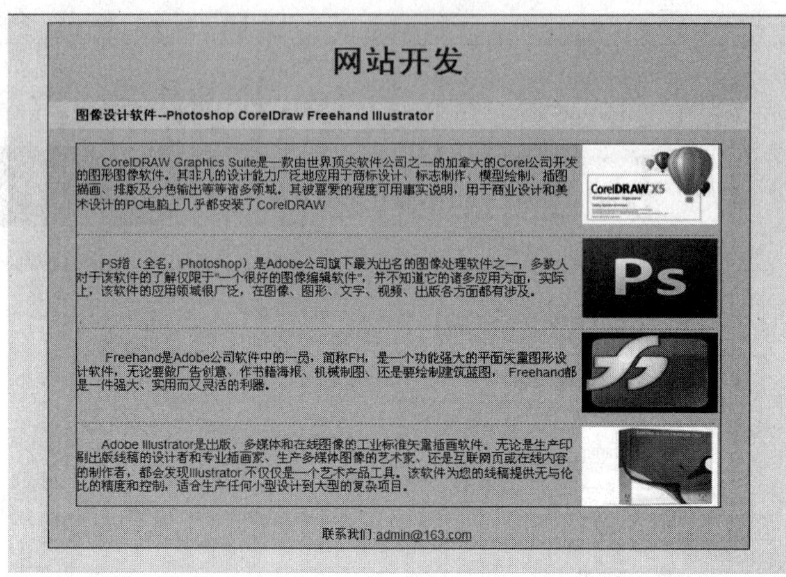

图 3-31　softtable.html 网页效果

【实现步骤】

（1）在 Dreamweaver 中创建 softtable.html 页面。设置网页标题为“网站设计-图像设计软件”，设置网页背景颜色为#EEEEEE。

（2）在页面中插入一个 4 行 1 列的表格，表格“宽”为“780 像素”，表格“边框”、“间距”、“填充”均为 0，表格“居中对齐”，设置表格的背景颜色为#D6D6AD，如图 3-32 所示。

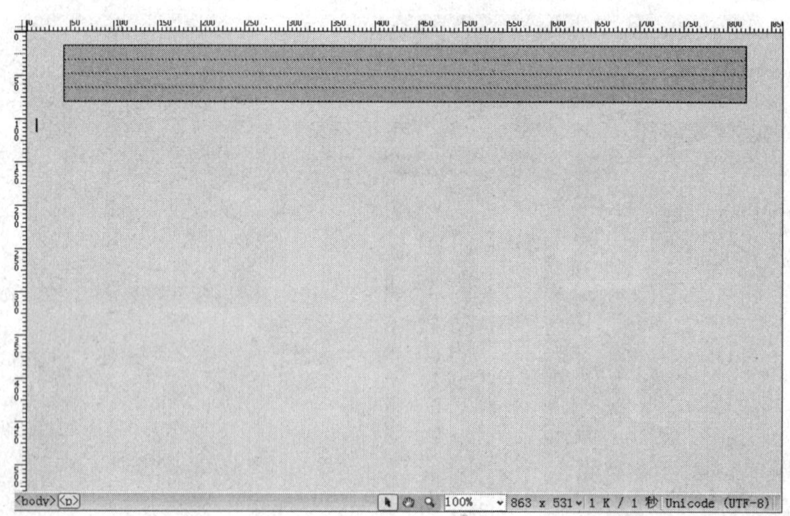

图 3-32　在 softtable.html 中插入表格

（3）在第 1 行内添加“网站开发”标题，设置标题文字的“字体”为“黑体”，颜色为

#600，“大小”为 36px，对齐方式为“居中对齐”；在第 2 行内添加文本内容，设置单元格“高”为 30、背景颜色为#E3E3E3，单元格文字“字体”为 Arial、Helvetica、sans-serif，“大小”为 14px、颜色为黑色，对齐方式为“左对齐”；在最后一行内输入联系方式，并设置单元格“高”为 30，“水平”、“垂直”均居中对齐，如图 3-33 所示。

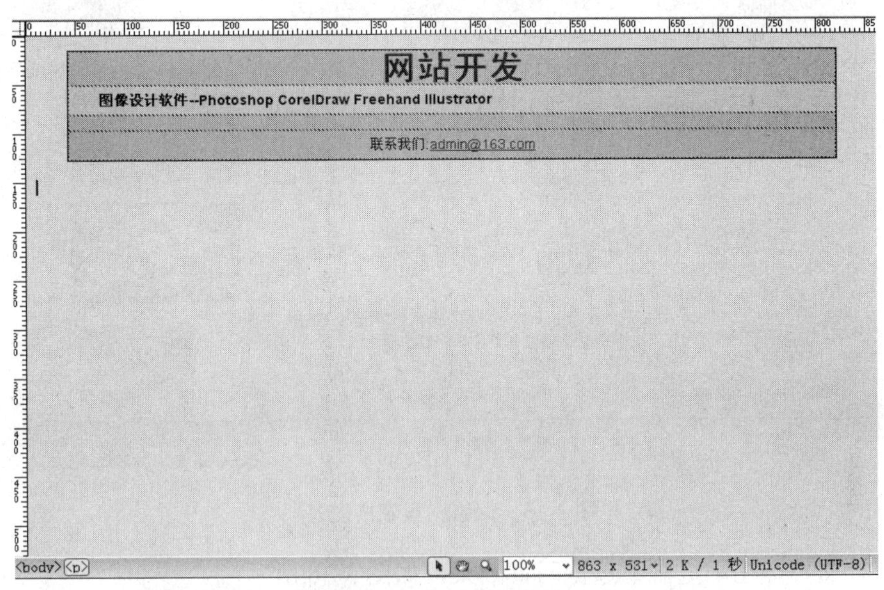

图 3-33　添加部分内容效果

（4）在第 3 行嵌套一个 7 行 2 列的表格，分别在第 1、3、5、7 行的单元格内添加文本和图像内容，将第 2、4、6 行合并，效果如图 3-34 所示。

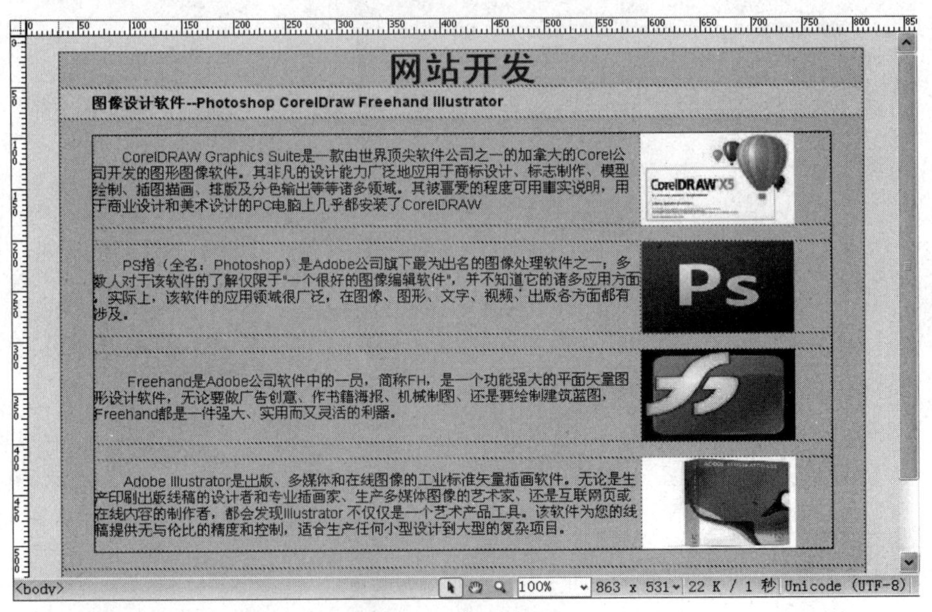

图 3-34　嵌套表格效果

（5）设置图像所在的单元格“水平”、“垂直”均居中对齐，编辑文本单元格内容的文本效果，在第 2、4、6 单元格内输入虚线，效果如图 3-35 所示。

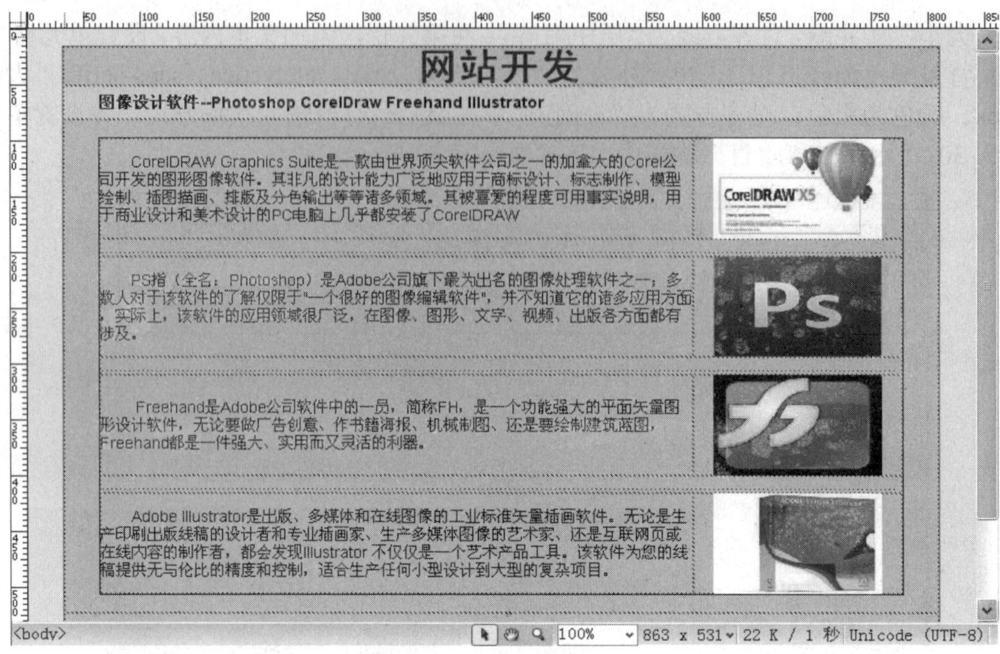

图 3-35 编辑嵌套表格内容

（6）保存文档，在浏览器中预览网页效果，如图 3-36 所示。

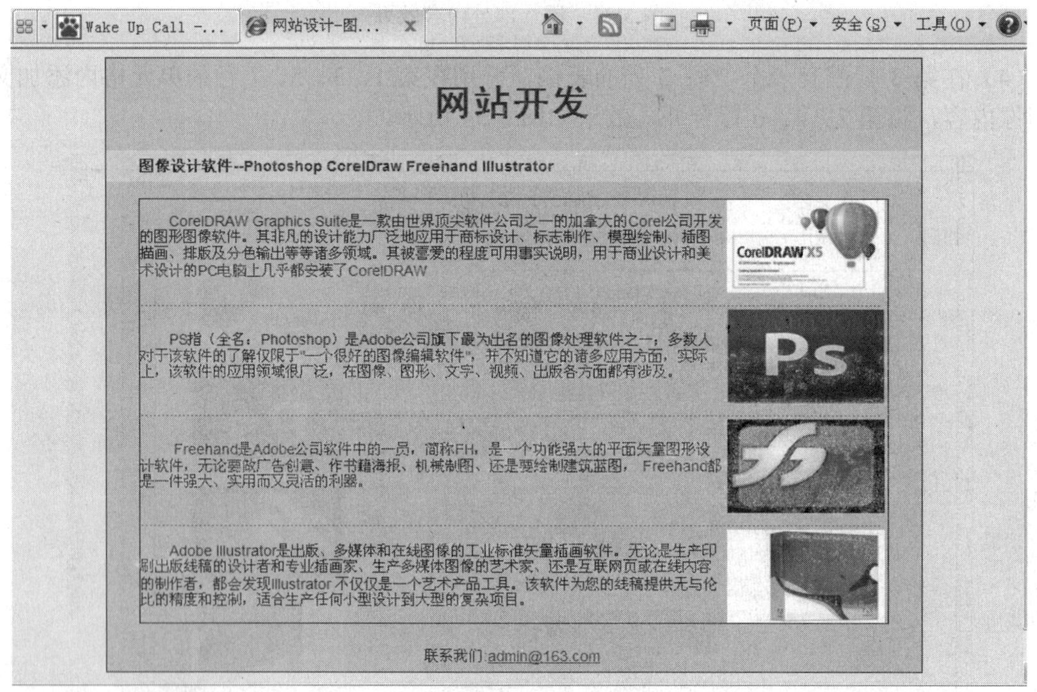

图 3-36 网页浏览效果

❖ 任务小结

对于网页设计初学者来说表格布局是一种非常实用的布局技术，虽然当前 CSS 布局被广泛应用，但表格布局仍有很多人在使用，应该注意布局的简单化，避免使用大量嵌套表格等复杂内容，表格布局仍是一种很好的布局技术。

任务 3.3　使用 iFrame 框架布局页面

iFrame 框架是一种特殊的框架技术，可以将浏览器窗口划分为多个区域，每个区域显示不同的网页，iFrame 框架比其他框架更加容易控制页面的内容，它的特性使其成为一种实用的布局工具，但是，Dreamweaver CC 中没有 iFrame 的可视化操作方案，因此，需要通过手动添加代码来实现。

❖ 任务内容分析

要能正确、恰当地在网页中使用 iFrame，需要掌握以下内容：

① 添加 iFrame。

② 编辑 iFrame。

❖ 任务知识学习

3.3.1　添加 iFrame

iFrame 框架功能与普通框架类似，不同的是它是浮动的，可以把它布置在页面的任意位置上。通过内联框架可以在页面中嵌入页面，就如同电视中的“画中画”效果。

内联框架可以用<iframe>标签来实现，<iframe>标签在文档中定义了一个矩形区域，在此区域中可以显示一个独立的文档，包括边框和滚动条。也可以在“插入”面板中选择“常用”类别，然后在列表框中单击“iFrame”选项，如图 3-37 所示。

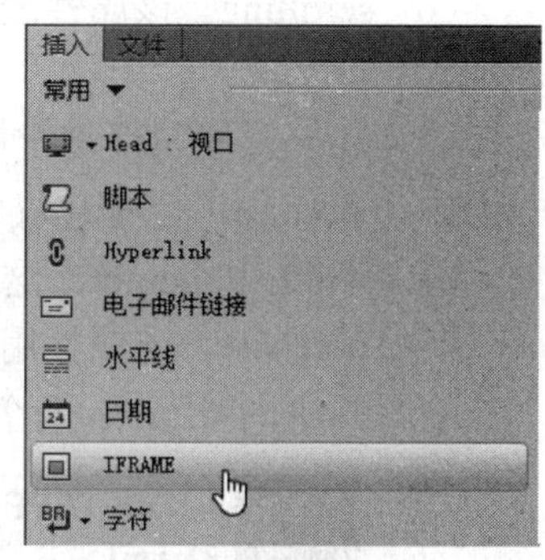

图 3-37　插入 iFrame

插入后页面会自动转换到拆分模式，在代码中生成<iFrame></iFrame>标签，如图 3-38 所示。

图 3-38　插入“iFrame”

3.3.2 编辑 iFrame

1．设置 iFrame 属性

<iframe>标签的属性包括以下内容。

（1）src。该属性指定要显示在内联框架中的文档的 URL。

（2）name。该属性表示框架名称，可以为链接中的 target 属性提供参数。

（3）frameborder。该属性表示框架的边框大小，默认值为 1，表示显示边框；通常设置为 0，则不显示边框。

（4）marginwidth。该属性定义内联框架左侧和右侧的边距。

（5）marginheight。该属性定义内联框架顶部和底部的边距。

（6）scrolling。该属性表示是否显示滚动条，有 auto（自动）、yes（总是显示）和 no（不显示）3 个选项。

（7）align。该属性规定如何根据周围的元素来对齐此框架，可选值为 left、right、top、middle 和 bottom，现不建议使用，可以用样式代替。

（8）width 和 height。这两个属性分别表示框架的宽度和高度。

（9）noresize。该属性用于设置框架大小不可变。

在代码中的<iframe>标签里，可以添加不同属性设置 iFrame 框架，如图 3-39 所示。

```
<!DOCTYPE html>
<html>
<head lang="en">
    <meta charset="UTF-8">
    <title></title>
    <script type="text/javascript">
function MM_popupMsg(msg) { //v1.0
  alert(msg);
}
    </script>
</head>
<body onLoad="MM_popupMsg('welcome')">

<iframe  name="news" width="300"  height="250" src="welcome.html" scrolling="yes" frameborder="1"></iframe>
<table border="1">
    <tr><th>date</th><th>film</th><th>boxofficereturn</th></tr>
    <tr><td> 2010-05-09</td><td>唐山大地震</td><td>51315.0</td></tr>
    <tr><td> 2010-05-09</td><td>婚前试爱</td><td>5659.0</td></tr>
    <tr><td> 2010-05-16</td><td>老男孩</td><td>1599.0</td></tr>
```

图 3-39 设置 iFrame 属性

图 3-40 所示为在页面中插入一个内联框架的效果图。

2．iFrame 框架页链接

IFrame 框架页面的链接设置与普通链接的设置相似，不同的是在设置打开目标属性时，属性值要与 IFrame 框架名称一致。在图 3-40 所示的页面中，创建一个文字超链接，链接内容在 iFrame 中打开。

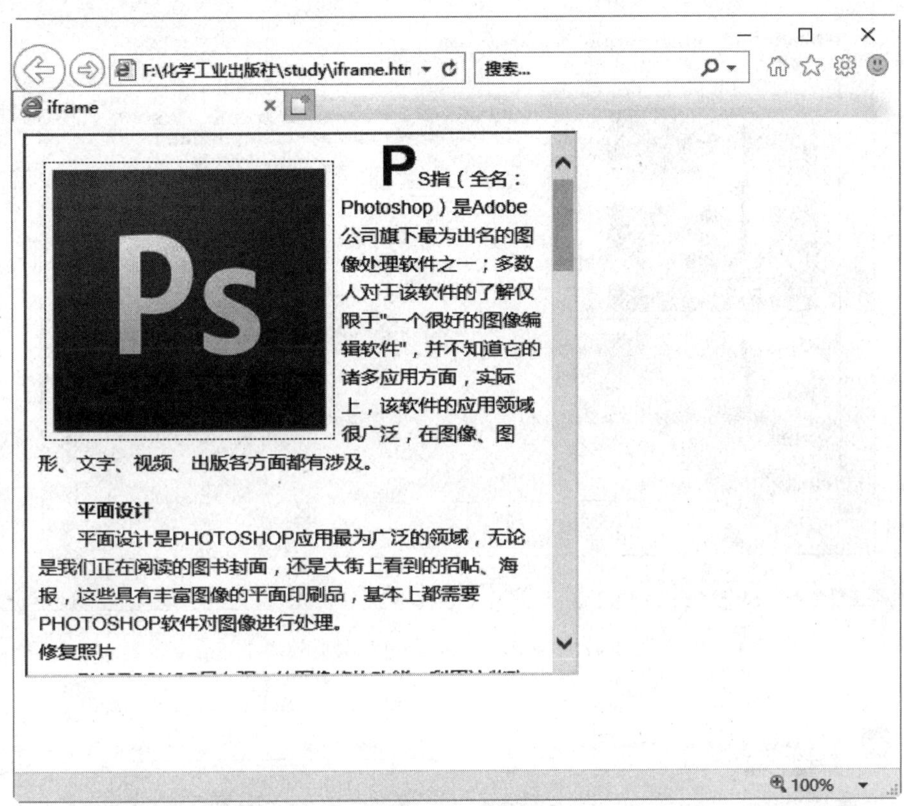

图 3-40　iFrame 页面效果

（1）选中链接文字，在“属性”面板中的“链接”中，设置链接对象地址，在“目标”中输入 iFrame 框架的名称“news”，如图 3-41 所示。

图 3-41　设置 iFrame 链接

（2）保存文件，在浏览器中浏览，点击链接文字，链接目标则会在页面中的 iFrame 框架中打开。

❖　任务实践训练

【具体任务】

将任务 3.2 完成的页面另存为“soft-iframe.html”，对页面进行修改，网页效果如图 3-42 所示，当点击页面上部的链接文字时，链接内容会在页面中的框架中打开，如图 3-43 所示。

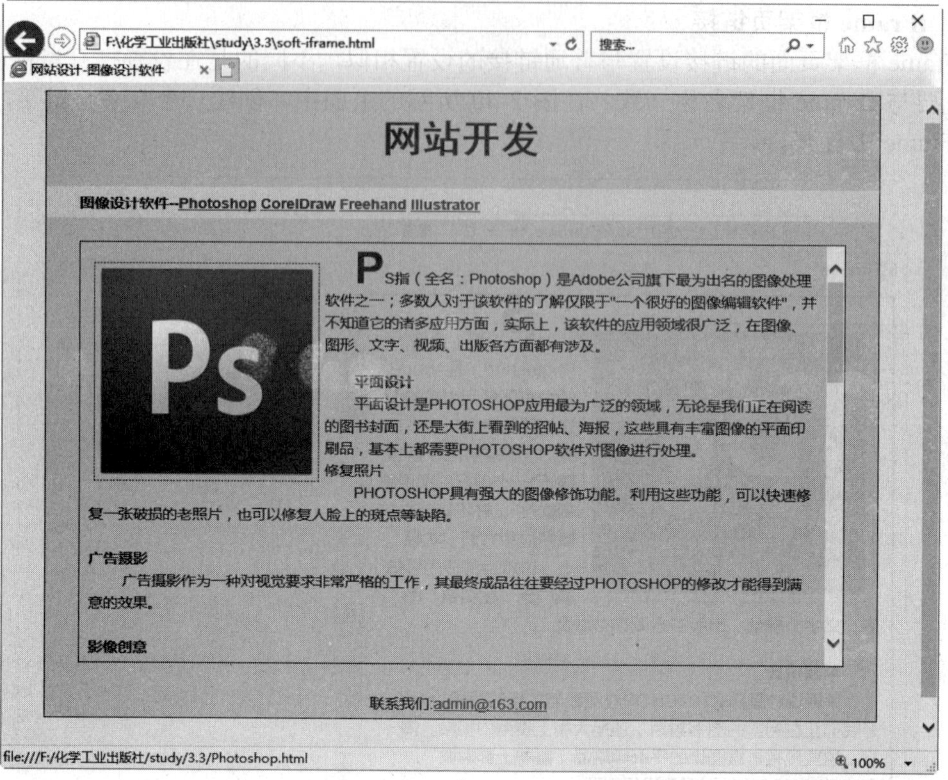

图 3-42 “soft-iFrame.html”网页效果 1

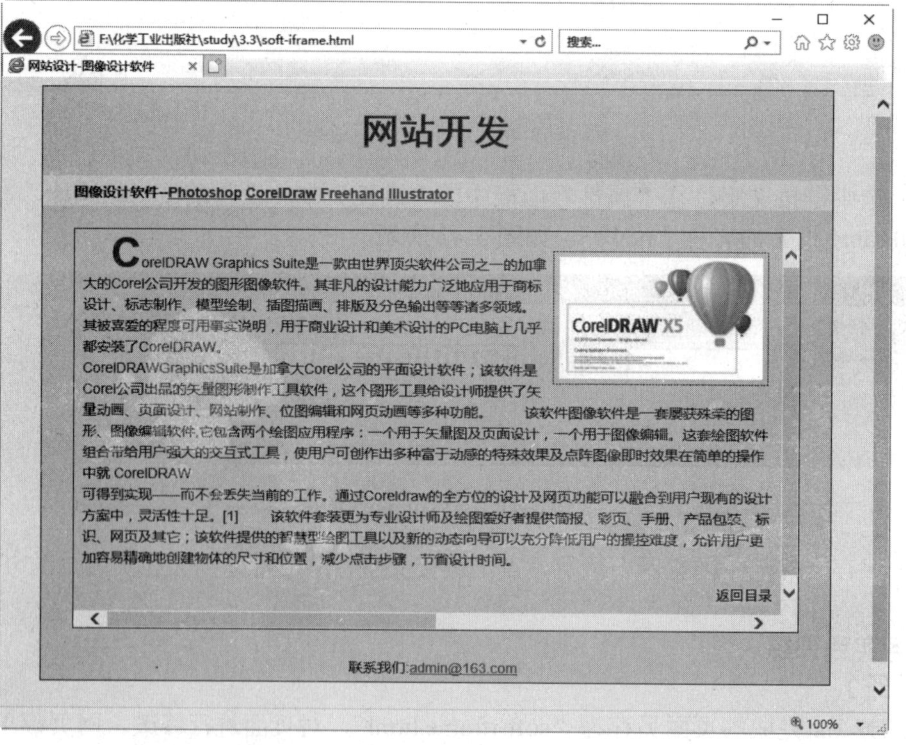

图 3-43 “soft-iFrame.html”网页效果 2

【实现步骤】

（1）将另存后的“soft-iframe.html”文件打开，将中间表格中的内容删除，如图 3-44 所示，在其中插入 iFrame，设置 iFrame 的名称为“soft”，宽、高为“100%”，不显示框架边框，引用“Photoshop.html”页面，如图 3-45 所示。

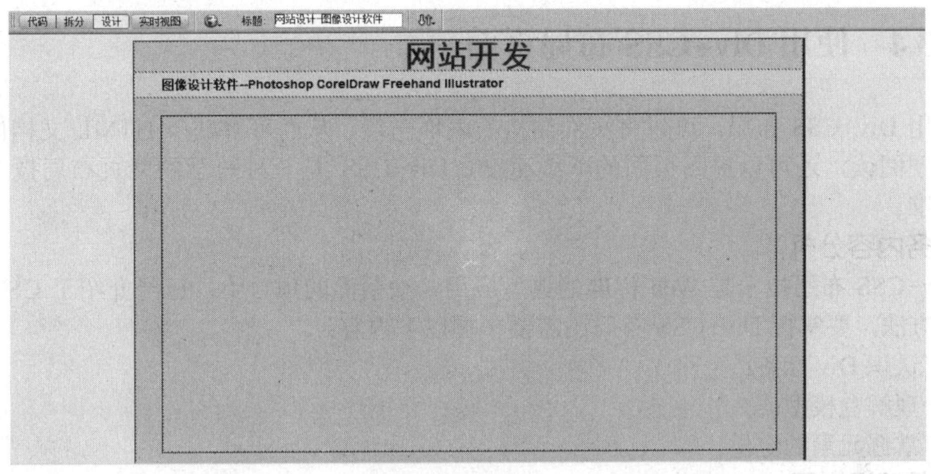

图 3-44　“soft-iFrame.html”删除表格效果

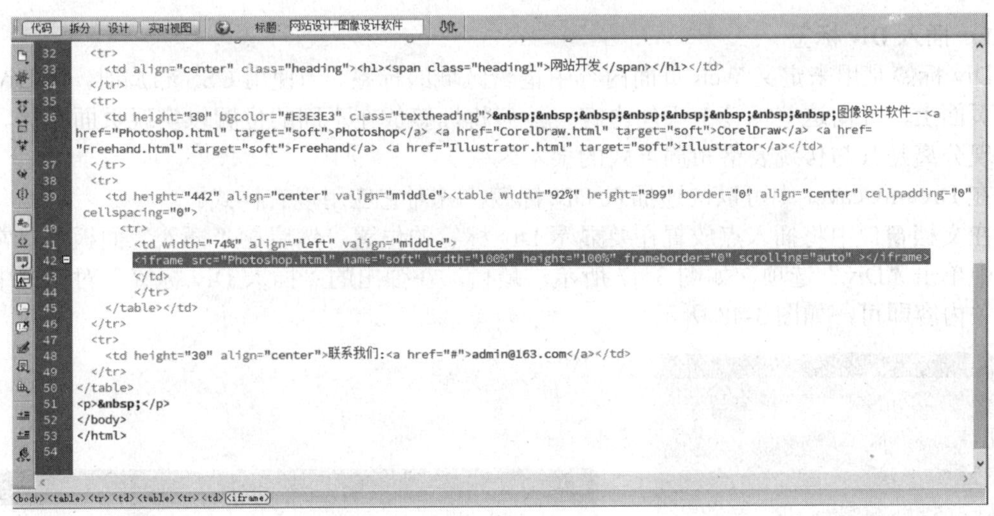

图 3-45　设置 iFrame 框架属性

（2）在页面中的“Photoshop”、“CorelDraw ”、“Freehand”、“Illustrator”文字上创建超链接，分别连接到对应的页面上，设置链接的打开目标为 iFrame 框架名称“soft”，如图 3-46 所示。

图 3-46　设置文字链接打开目标

❖ 任务小结

表格和框架是页面中常用的两种网页布局技术，它们各有特色。表格可以快捷地将页面内容有序地显示在页面上，框架可以实现在一个浏览器窗口中显示多个 HTML 页面的效果。掌握表格和框架这两种布局技术，可以帮助我们更好地设计网页。

任务 3.4　使用 Div+CSS 布局页面

使用 Div+CSS 布局，可以将页面结构与表现分离，从而可以减少 HTML 文档内的代码量，方便阅读，还可以提高页面的下载速度，Div+CSS 是一种科学的网页布局技术，符合 Web 标准。

❖ 任务内容分析

Div+CSS 布局技术是 Web 标准的典型应用，在前面的项目中，已经介绍了 CSS 的内容和使用方法，要掌握 Div+CSS 布局还需要掌握以下内容：

① 认识 Div 标签；

② 理解盒模型；

③ 掌握元素的定位。

❖ 任务知识学习

3.4.1　认识 Div 标签

1. 插入 Div 标签

Div 标签是用来定义 Web 页面内容中逻辑区域的标签。当使用 CSS 布局时，将 Div 标签放在页面上，并向这些标签中添加内容，然后将标签放在不同的位置以实现页面布局。结构和表现分离是其与传统表格布局方式的根本区别。

在 Dreamweaver 中可以快速插入 Div 标签，并对它应用现有样式。

在文档窗口中将插入点放置在要显示 Div 标签的位置，然后在“插入”面板的“常用”类别中单击“Div”选项，如图 3-47 所示。最后，在弹出的“插入 Div 标签”对话框中，设置相关内容即可，如图 3-48 所示。

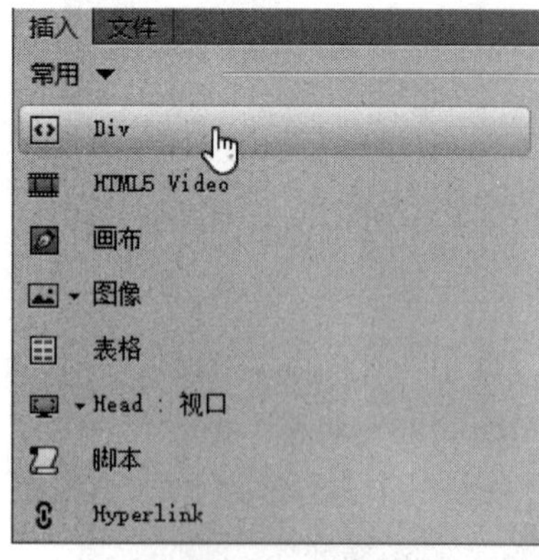

图 3-47 “插入 Div 标签”选项

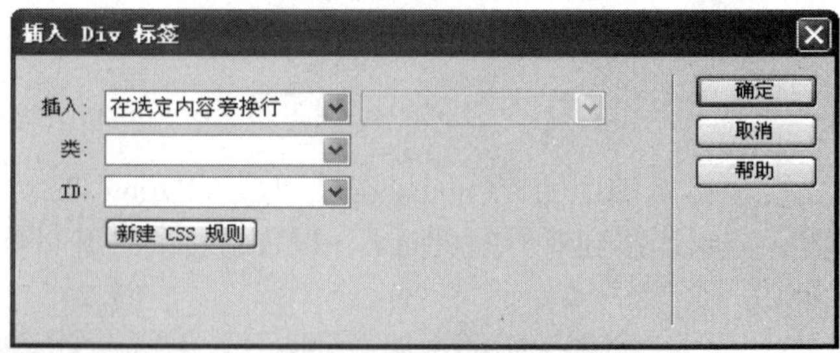

图 3-48 “插入 Div 标签”对话框

下面对该对话框中的各个选项进行介绍。

（1）“插入”下拉列表框。在该下拉列表框中可以选择 Div 标签的位置以及标签名称。

（2）“类”下拉列表框。该下拉列表框中显示了当前应用于标签类的样式。若附加了样式表，则该样式表中定义的类将出现在列表中，可以在下拉列表框中选择应用于标签的样式。

（3）ID 下拉列表框。该下拉列表框可让用户更改用于标识 Div 标签的名称。若附加了样式表，则该样式表中定义的 ID 将出现在列表中，但是不会列出文档中已在的块的 ID。

提示：如果在文档中输入与其他标签相同的 ID，Dreamweaver 会予以提示。

（4）“新建 CSS 规则”按钮。单击该按钮会打开“新建 CSS 规则”对话框。

设置完成后单击“确定”按钮，Div 标签会以一个框的形式出现在文档中，并带有占位符文本，如图 3-49 所示。将鼠标指针移到该框边缘上时，Dreamweaver 会高亮显示该框。

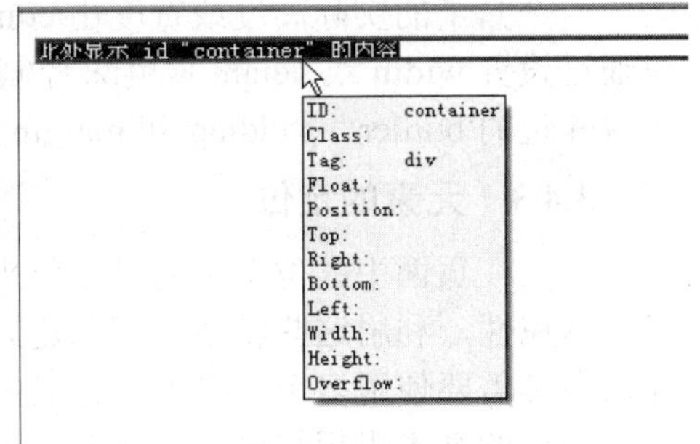

图 3-49　页面中的 Div 标签

2．编辑 Div 标签

插入 Div 标签之后，就可以对它进行编辑或添加内容了。

注意：已绝对定位的 Div 标签将变成 AP 元素。

在为 Div 标签分配边框或在选定了“CSS 布局外框”（默认情况下，可通过执行“查看”→“可视化助理”→“CSS 布局外框”命令来进行选定）时，它们便具有可视边框。将指针移到 Div 标签上时，Dreamweaver 将高亮显示此标签，可以更改高亮颜色或禁用高亮显示。

在选择 Div 标签时，可以在“CSS 样式”面板中查看和编辑它的规则，也可以向 Div 标签中添加内容，方法是：将插入点定位在 Div 标签中，然后就可以像在页面中添加内容一样添加内容。

3.4.2　盒模型

盒模型（Box Model）是 Div+CSS 网页布局的核心。在 CSS 中，将 HTML 元素描述成一个矩形盒子，每个盒子由元素的内容（content）、内边距（padding）、外边距（margin）、边框（border）组成，如图 3-50 所示。

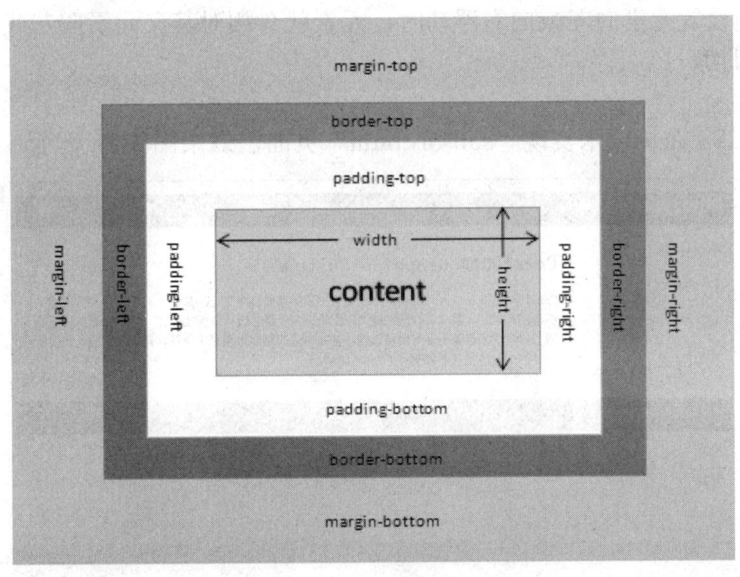

图 3-50　盒模型

元素框的最内部分是实际的内容 content，直接包围内容的是内边距 padding。内边距呈现了元素的背景。内边距的边缘是边框 border。边框以外是外边距 margin，外边距默认是透明的，因此不会遮挡其后的任何元素。

一个盒子的实际高度或宽度由 content + padding + border + margin 组成。在 CSS 中，可以通过设置 width 或 height 属性来控制 content 部分的大小，对于任何一个盒子，都可以分别设置 4 边的 border、padding 和 margin。

3.4.3 元素的定位

元素在页面中的位置是通过定位来实现的，CSS 为定位（position）和浮动（float）提供了一些属性，利用这些属性，可以建立列式布局，将布局的一部分与另一部分重叠，还可以完成通常需要使用多个表格才能完成的任务。

定位的基本思想很简单，它允许用户定义元素框相对于其正常位置应该出现的位置，或者相对于父元素、另一个元素，甚至浏览器窗口本身的位置。

1．position

position 属性规定了元素的定位类型。通过这个属性可以设计元素在页面中布局时所用的定位机制。position 属性值的描述见表 3-1。

表 3-1 position 属性值

值	描　述
absolute	绝对定位，相对于 static 定位以外的第一个父元素进行定位，定位可以通过“left”、“top”、“right”、“bottom”属性来设置
fixed	绝对定位，相对于浏览器进行定位，定位可以通过“left”、“top”、“right”、“bottom”属性来设置
relative	相对定位，相对于其正常位置进行定位。例：若“left：20”，则元素会在原有位置的基础上向左移动 20 像素
static	默认值，不定位，元素正常出现在页面中

2．float 属性

float 是页面布局的一个重要属性，可以定义元素浮动的方向。float 有 3 个属性值：left、right、none，当设置元素向左或向右浮动时，元素就会相对其父元素向左或向右移动。

❖ 任务实践训练

【具体任务】

使用 Div+CSS 布局技术实现“soft-div.html”页面，效果图 3-51 所示。

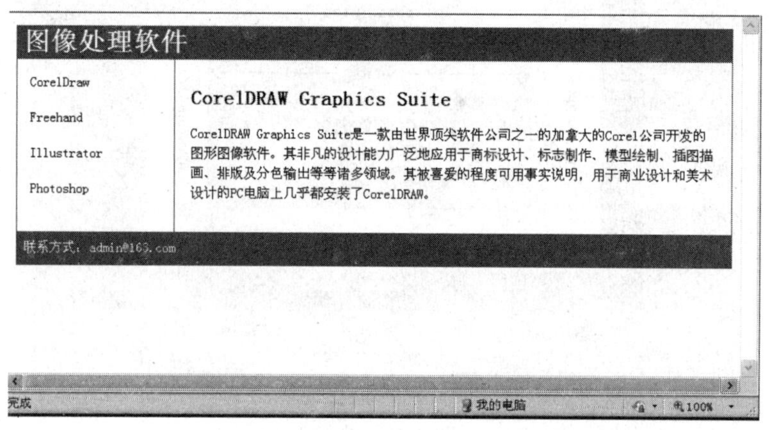

图 3-51 “soft-div.html”网页效果

【实现步骤】

（1）创建页面，在页面中手动插入 Div 标签，将页面结构定义出来，代码如下。

```
<div id="container">
<div id="header"></div>
<div id="left"></div>
<div id="content"></div>
<div id="footer"> </div>
</div>
```

（2）在每一个内容块中添加页面元素，包括标题、段落等。

（3）针对页面内容元素和页面主题，使用 CSS 来定义每一个页面元素的外观；使用布局技术实现页面布局效果，CSS 代码如下。

```
div.container {
   width: 100%;
   margin: 0px;
   border: 1px solid gray;
   line-height: 150%;
}
div.header, div.footer {
   padding: 0.5em;
   color: white;
   background-color: gray;
   clear: left;
}
h1.header {
   padding: 0;
   margin: 0;
}
div.left {
   float: left;
   width: 160px;
   margin: 0;
   padding: 1em;
}
div.content {
   margin-left: 190px;
   border-left: 1px solid gray;
   padding: 1em;
}
```

（3）保存页面，在浏览器中预览。

❖　任务小结

Div+CSS 布局技术是当前应用广泛的布局技术，它符合 Web 2.0 技术标准，将页面结构与表现分离是布局网页的首选，但其技术相对复杂，需要反复练习才能熟练掌握。

任务 3.5　创建 HMTL5 页面

在一个典型的网页中，通常都会包含头部、页脚、导航、主体内容、侧边内容等区域，HTML5 加入了与文档结构相关的页面结构元素。在 Dreamweaver CC 中，增加了 HTML5 结构元素的选项卡，可以快速地在网页中插入相应的 HTML5 结构元素，构建 HTML5 页面。

❖ 任务内容分析

创建 HTML5 页面需要了解 HTML5 新增的页面结构标签，掌握标签的含义和编辑方法。

① 创建 HTML5 文档。

② HTML5 新增标签。

③ 在 Dreamweaver CC 中编辑 HTML5 标签。

❖ 任务知识学习

3.5.1　创建 HTML5 文档

HTML5 文档使用新的文档类型声明（DTD），在编辑 HTML5 时，需要按 Web 标准制定文档类型，以保证 HTML5 能正常浏览，在 Dreamweaver CC 中创建 HTML5 文档时，在“编辑”菜单中选择“首选项”，在其中的“新建文档”分类中，设置“默认文档类型（DTD）”为“HTML5”，如图 3-52 所示。单击“确定”后，在新建 HTML 文件时，会自动创建 HTML5 文档，如图 3-53 所示。

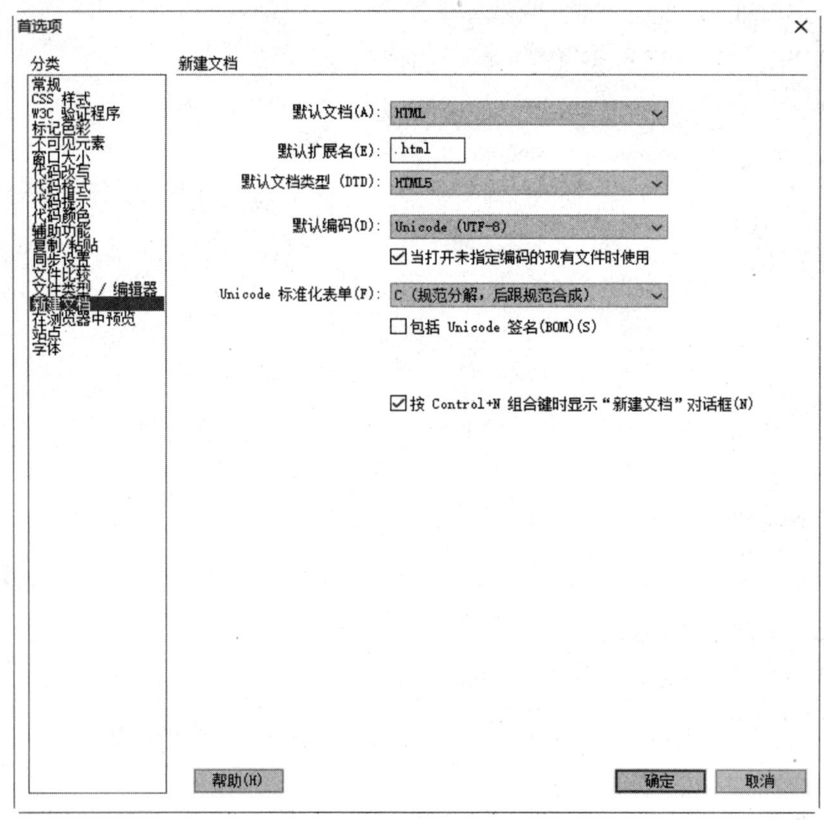

图 3-52 “首选项”选项

图 3-53　新建 HTML5 文档

3.5.2　HTML5 新增标签

HTML5 新增了网页结构标签，可以更加方便地定义页面结构。

（1）<article>：用于定义独立的内容，包括文章、博客和用户评论等内容。

（2）<header>：用于定义文章的页面部分。

（3）<nav>：用于定义网页的导航部分。

（4）<section>：用于定义章节，可以定义章节、页眉、页脚或文档中的其他部分。

（5）<aside>：用于定义网页中分组内容的侧边栏内容。

（6）<hgroup>：用于定义文件中一个区块的相关信息。

（7）<figure>：用于规定独立的流内容，例如图像、图表、照片、代码等。

（8）<figcaption>：用于定义<figure>元素的标题，用户<figure>标签内容第一个或最后一个子元素的位置。

（9）<footer>：用于定义网页文档的底部信息，包括作者信息、文档的创建日期及版权等内容。

3.5.3　在 Dreamweaver CC 中编辑 HTML5 标签

Dreamweaver CC 版本全面支持 HTML5 和 CSS3，在编辑 HTML5 网页时，可以方便地与 CSS3 结合使用。

在 Dreamweaver CC 中插入 HTML5 标签很方便，在“插入”面板中的“结构”选项卡中，可以插入需要的 HTML5 标签，如图 3-54 所示。

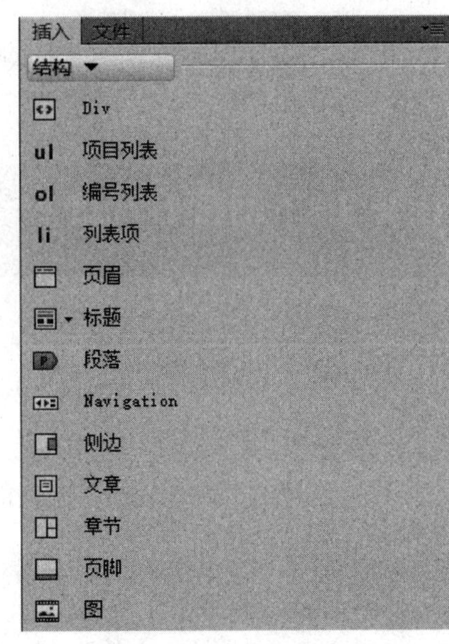

图 3-54　插入 HTML5 标签

选择标签后，会弹出设置对话框，例如插入“文章”，弹出如图 3-55 所示的对话框。

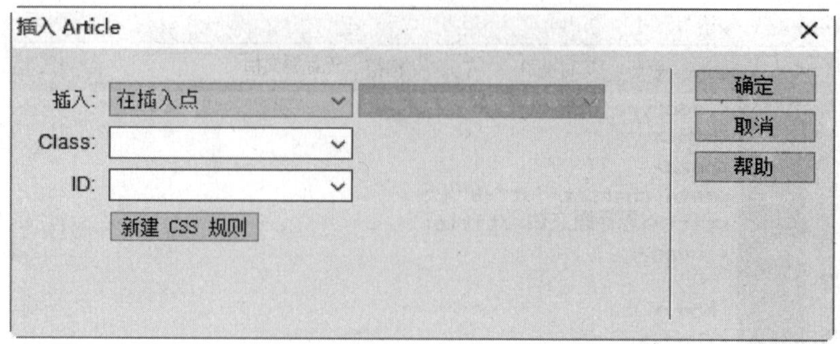

图 3-55 插入“article”标签

在对话框中可以设置插入位置，为此组件命名类名 class 或命名 ID。

❖ 任务实践训练

【具体任务】

使用 HTML5 标签实现“h5-sample.html”页面，效果如图 3-56 所示。

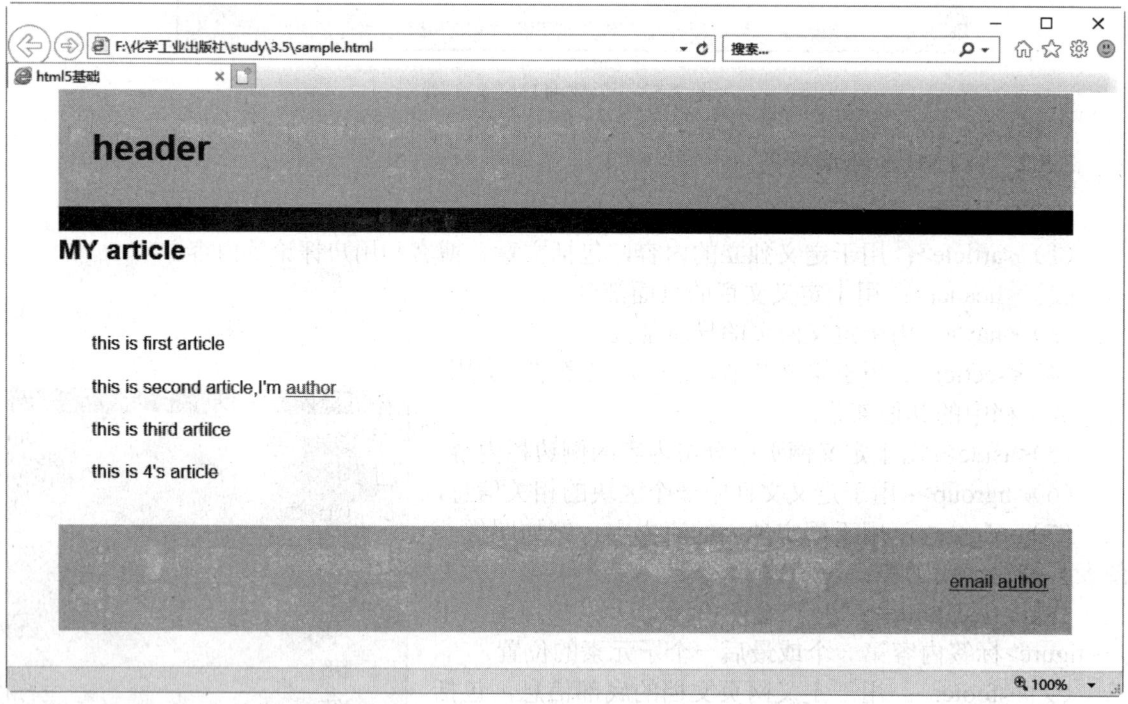

图 3-56 “h5-sample.html”网页效果

【实现步骤】

（1）创建 HTML5 页面，在页面中，HTML5 标签将定义页面结构，代码如下，效果如图 3-57 所示。

```
<header>
  <h1>头部</h1>
</header>
<nav>
  <ul>
```

```
    <li id="home">home</li>
    <li id="about">about</li>
    <li id="contact">contact</li>
  </ul>
</nav>
<section>
  <h1>MY article</h1>
  <article>
    <p>this is first article</p>
    <div id="secont_item">this is second article,I'm <a href="#">
    author</a> </div>
    <p>this is third artilce</p>
    <p>this is 4's article</p>
  </article>
</section>
<aside></aside>
<footer>
  <p> <a href="#">email</a> <a href="#">author</a> </p>
</footer>
```

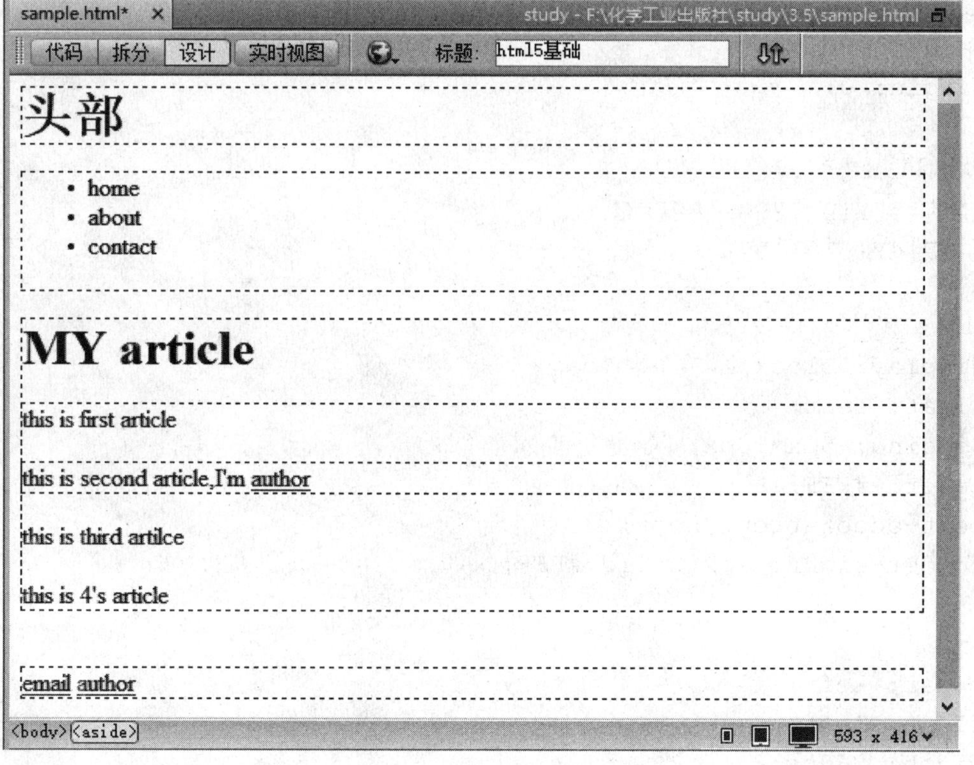

图 3-57　“sample.html”页面结构

（2）在页面中编辑 CSS 样式，样式内容如下。

```
<style type="text/css">
body {
   margin: 0 auto;
   width: 900px;
   background: #FFF;
   font: 100%/1.4 hyperlink, arial, sans-serif;
}
header {
   background: #CCC;
   padding: 30px;
}
header h1 {
   margin: 0;
}
nav {
   float: left;
   width: 900px;
   background: #333;
}
nav ul {
   padding: 0;
   margin: 0;
}
nav ul li {
   list-style-type: none;
   display: inline;
}
nav li a {
   display: block;
   float: left;
   padding: 5px 10px;
   color: #FFF;
   text-decoration: none;
   border-right: 1px solid #FFF;
}
article {
   clear: left;
   float: left;
   width: 560px;
   padding: 20px 0;
   margin: 0 0 0 30px;
   display: inline;
```

```
}
article h2 {
    margin: 0;
}
aside {
    float: right;
    width: 240px;
    padding: 20px 0;
    margin: 0 20px 0 0;
    display: inline;
}
aside h3 {
    margin: 0;
}
footer {
    clear: both;
    background: #CCC;
    text-align: right;
    padding: 20px;
    height: 1%;
}
</style>
```

（3）保存页面，可以在浏览器中预览。

❖ 任务小结

HTML5 实际上是包括 HTML、CSS、JavaScript 在内的一套技术的组合，能减少网页浏览器对插件的需求，提供更多的网络应用标准集，是当前主流的网页设计技术，读者可以在今后进一步学习提高 HTML5 知识和应用技能。

习　　题

一、选择题

1．若要使访问者无法在浏览器中通过拖动边框来调整框架大小，则应在框架的“属性”面板中（　　）。

A．将“滚动”设为“否”　　B．将“边框”设为“否”

C．选中“不能调整大小”复选框　　D．设置“边界宽度”和“边界高度”

2．在 CSS 语言中下列（　　）是“左边框”的语法?

A．border-left-width: <值>　　B．border-top-width: <值>

C．border-left: <值>　　D.border-top-width: <值>

3．在 Dreamweaver 中，下列关于站点首页制作的说法错误的是（　　）。

A．首页的文件名称可以是 index.htm 或 index.html

B．可以使用排版表格和排版单元格来定位网页元素

C．可以使用表格对网页元素进行定位

D．在首页中不可以使用 CSS 样式来定义风格

4．以下（　　）不是表格的自动化应用？

A．导入表格式数据　　B．格式化表格

C．自动排序表格　　D．导入数据

5．下列（　　）能去掉文本超级链接的下划线？

A．a {text-decoration:no underline}　　B．a {underline:none}

C．a {decoration:no underline}　　D．a {text-decoration:none}

二、操作题

1．上网浏览网站，对比不同网页的布局效果，回答如下问题。

（1）CSS 布局与表格布局有何不同？各有什么特点？

（2）选取一个网站作为分析对象，该网站中都使用了哪些布局技术？

2．说明 Div、section、article 的区别，分别适用在哪些情况？

项目 4　制作内容丰富的网页

随着网络技术的发展，简单的图文网页已经不能满足用户的需求，为了吸引更多的用户，多媒体页面应运而生。页面中插入的动画、音频、视频、表单、行为等多媒体元素，极大地丰富了页面的表现形式，使浏览者可以更立体地接收网页信息。

【知识目标】

- 了解网页中常用的多媒体文件类型；
- 掌握在页面中插入表单的方法；
- 掌握在页面中行为添加方法；
- 掌握在页面中使用 jQuery UI 的方法；
- 创建 HTML5 页面。

【能力目标】

- 能合理、正确地在页面中应用多媒体文件；
- 能制作表单页面；
- 能在页面中添加恰当的行为；
- 能有效使用 jQuery UI；
- 能编辑简单的 HTML5 页面。

【具体任务】

- 任务 1：在页面中添加多媒体文件；
- 任务 2：在页面中添加表单；
- 任务 3：在页面中添加行为；
- 任务 4：在页面中使用 jQuery UI；
- 任务 5：创建 HTML5 页面。

任务 4.1　在页面中添加多媒体文件

❖ 任务内容分析

掌握页面中多媒体元素的使用，需要首先学习以下内容：

① 在页面中应用 Flash 文件；
② 在页面中应用 Flash 视频；
③ 在页面中应用 HTML5 Audio；
④ 在页面中应用 HTML5 Video；
⑤ 在页面中引用 Edge Animate 作品；
⑥ 在页面中应用其他类型多媒体文件。

❖ 任务知识学习

4.1.1　在页面中应用 Flash 文件

Flash 文件是一种高质量的动画文件，在页面中引用 Flash 动画文件，已经是网页设计过程中的一种常用技术，在浏览器中播放 Flash 动画需要安装 Flash 播放器，当前的主流浏览器都内置了 Flash 动画播放器。

1. 页面中常用的 Flash 文件类型

在 Dreamweaver 中插入使用 Adobe Flash 创建的内容之前，应熟悉以下几种文件类型。

（1）FLA 文件（.fla）：所有项目的源文件，使用 Adobe Flash 创建。此类型的文件只能在 Adobe Flash 中打开，而无法在 Dreamweaver 或浏览器中打开。用户可以在 Adobe Flash 中打开 FLA 文件，然后将它发布为 SWF 或 SWT 文件，以便在浏览器中使用。

（2）SWF 文件（.swf）：FLA 文件的编译版本，已进行优化，可以在 Web 页面中查看。此文件可以在浏览器中播放，并且可以在 Dreamweaver 中预览，但不能在 Adobe Flash 中编辑此文件。

（3）FLV 文件（.flv）：一种视频文件，它包含经过编码的音频和视频数据，用于通过 Adobe Flash Player 进行传送。例如，若有 Windows Media 视频文件，则可以使用编码器（如 Flash CS4 Video Encoder 或 Sorensen Squeeze），将视频文件转换为 FLV 文件。

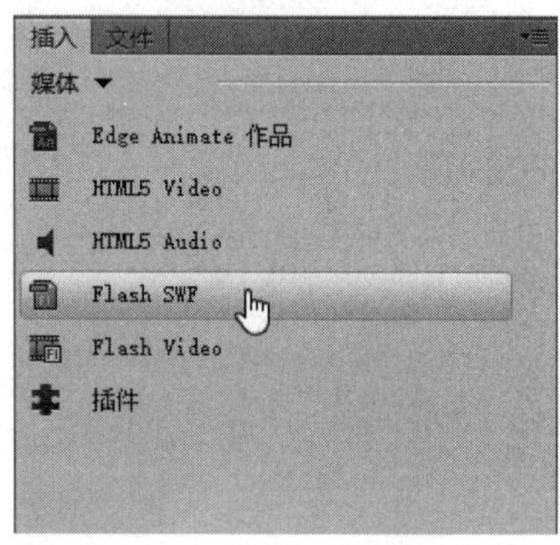

图 4-1　插入 SWF 文件

2. 插入 SWF 文件

使用 Dreamweaver 可向页面中添加 SWF 文件，再在文档或浏览器中进行预览，还可以在“属性”面板中设置 SWF 文件的属性。

1）插入 SWF 文件

在文档窗口的“设计”视图中，将插入点置于要插入内容的位置，然后执行以下操作之一。

（1）在“插入”面板中单击“媒体”选项，然后在列表中选择 Flash SWF 选项，如图 4-1 所示。

（2）在弹出的“选择 SWF”对话框中，选择要插入的 SWF 文件，如图 4-2 所示。

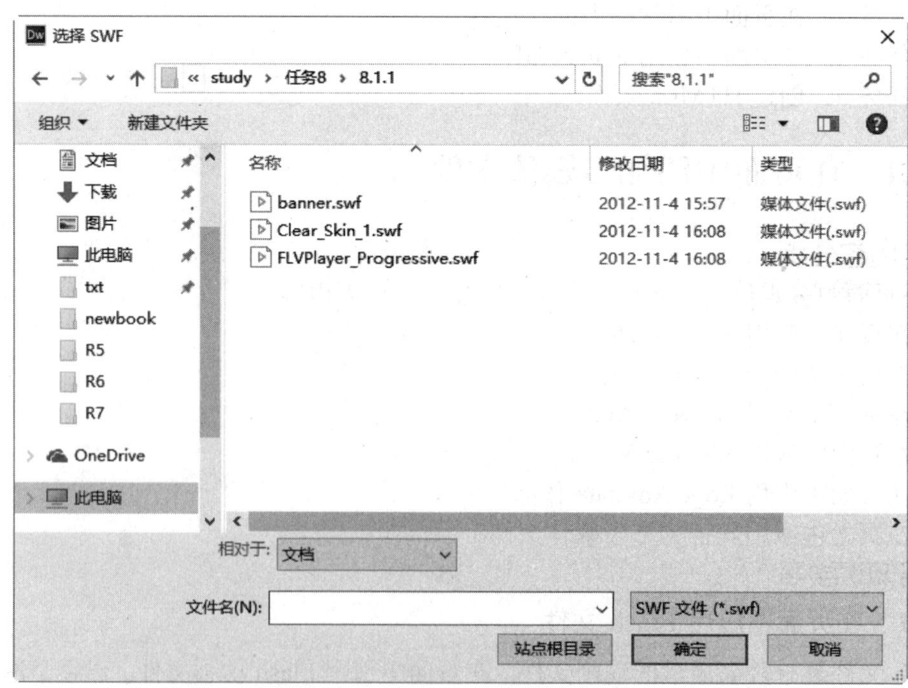

图 4-2　“选择 SWF”对话框

（3）选择后单击“确定”按钮，将在文档窗口中显示插入的 SWF 文件占位符，如图 4-3 所示。

图 4-3　SWF 文件占位符

此占位符有一个选项卡式蓝色外框，用于指示资源的类型（SWF 文件）和 SWF 文件的 ID。该选项卡还显示一个眼睛图标，可用于在 SWF 文件和用户在没有最新 Flash Player 版本时看到的下载信息之间进行切换，如图 4-4 所示。

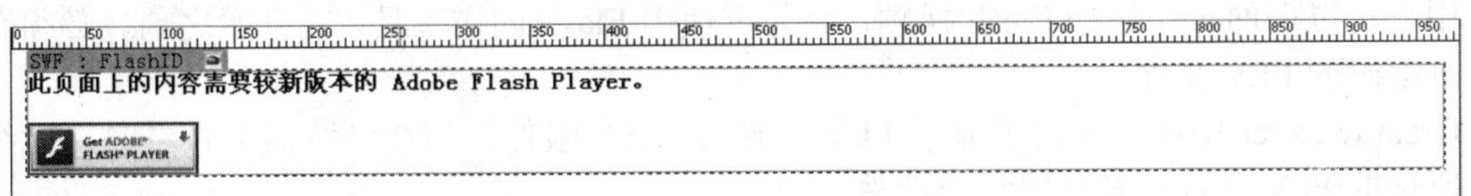

图 4-4　切换下载信息

2）设置 SWF 文件属性

在“属性”面板中可以设置 SWF 文件的属性。选择一个 SWF 文件，然后在“属性”面板中设置相关选项，如图 4-5 所示。

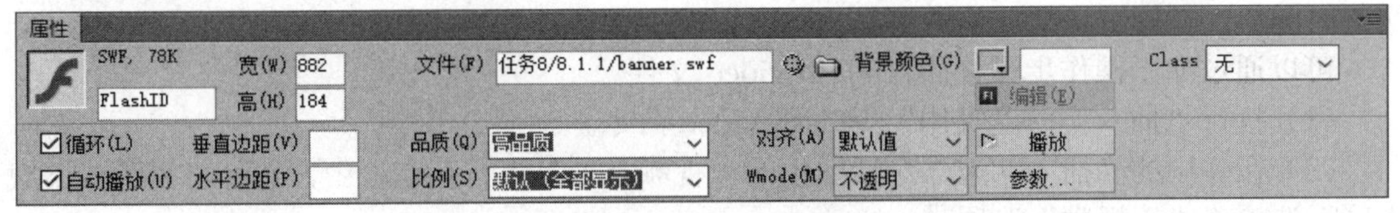

图 4-5　设置 SWF 文件属性

下面对该面板中的各个选项进行介绍。

（1）“宽”和“高”文本框。这两个文本框以像素为单位，分别指定影片的宽度和高度。

（2）“文件”文本框。该文本框用于指定 SWF 文件的路径。可以单击“浏览文件”按钮，浏览并选择某一文件，或者直接输入文件路径。

（3）“背景颜色”颜色框。该颜色框用于指定影片区域的背景颜色。

（4）“编辑”单选按钮。单击该按钮可以启动 Flash，以更新 FLA 文件（使用 Adobe Flash 创建的文件）。如果计算机上没有安装 Adobe Flash，则会禁用此选项。

（5）“循环”复选框。选中该复选框可以使影片连续播放。

（6）“自动播放”复选框。选中该复选框可以在加载页面时自动播放影片。

（7）“垂直边距”文本框。该文本框用于指定 Flash 动画和网页的上、下空白像素数。

（8）“水平边距”文本框。该文本框用于指定 Flash 动画和网页的左、右空白像素数。

（9）“品质”下拉列表框。该下拉列表框中的选项用于在影片播放期间控制播放质量。其中，选择“高品质”选项可改善影片的外观，但高品质设置的影片需要较快的处理器，才能在屏幕上正确呈现。选择“低品质”选项会首先照顾到显示速度，然后才考虑外观，而高品质设置首先照顾到外观，然后才考虑显示速度。选择“自动低品质”选项会首先照顾到显示速度，但会在可能的情况下改善外观。选择“自动高品质”选项，开始时会同时照顾显示速度和外观，但以后可能会根据需要牺牲外观以确保速度。

（9）“比例”下拉列表框。该下拉列表框中的选项用于设置对象的缩放方式。

（10）“对齐”下拉列表框。该下拉列表框中的选项用于确定影片在页面上的对齐方式。

（11）Wmode 下拉列表框。设该下拉列表框中的选项用于设置 Flash 文件的透明方式。默认值是不透明，这样在浏览器中页面元素就可以显示在 SWF 文件的上面。如果 SWF 文件包含透明度，并且希望页面元素显示在它们的后面，则选择“透明”选项。

（12）“播放”单选按钮。单击该按钮可以观察到影片的播放效果。

（13）“参数”单选按钮。单击该按钮将打开“参数”对话框，可以从中把设置的参数传递给影片。

4.1.2 在页面中应用 Flash 视频

用户可以向网页中添加 Flash 视频，而无需使用 Flash 创作工具。在开始之前，必须有一个经过编码的 FLV 文件。

Dreamweaver 中嵌入了用于显示 FLV 文件的 SWF 组件，当在浏览器中查看时，此组件显示所选的 FLV 文件以及一组播放控件。

另外，Dreamweaver 提供了以下选项，用于将 FLV 视频传送给站点访问者。

（1）累进式下载视频。该选项表示将 FLV 文件下载到站点访问者的硬盘上，然后进行播放，但是，与传统的下载并播放视频的传送方法不同，累进式下载视频允许在下载完成之前就开始播放视频文件。

（2）流视频。该选项表示对视频内容进行流式处理，并在一段可确保流畅播放的很短的缓冲时间后，在网页上播放该内容。

可以通过如下操作步骤来插入 Flash Video 文件。

（1）执行“插入”→“媒体”→Flash Video 命令。

（2）在弹出的“插入 FLV”对话框中的“视频类型”下拉列表框中，选择“累进式下载视频”选项或“流视频”选项。

（3）完成对话框中其他选项的设置后，单击“确定”按钮。

1．设置“累进式下载视频”选项

执行“插入”→“媒体”→“Flash Video”命令，弹出“插入 FLV”对话框，从“视频类型”下拉列表框中，选择“累进式下载视频”选项，如图 4-6 所示。

在对话框中设置以下内容。

（1）URL 文本框。该文本框用于指定 FLV 文件的相对路径或绝对路径。若要指定相对路径，可单击“浏览”按钮，在弹出的对话框中选择并导入 FLV 文件即可；若要指定绝对路径，可直接在其中输入 FLV 文件的 URL。

（2）“外观”下拉列表框。该下拉列表框的选项用于指定视频组件的外观。所选外观的预览会显示在“外观”下拉列表框的下方。

（3）“宽度”文本框。可以在此文本框中以像素为单位指定 FLV 文件的宽度。若要使 Dreamweaver 确定 FLV 文件的准确宽度，可单击其后的“检测大小”按钮；如果 Dreamweaver

无法确定宽度，则必须输入宽度值。

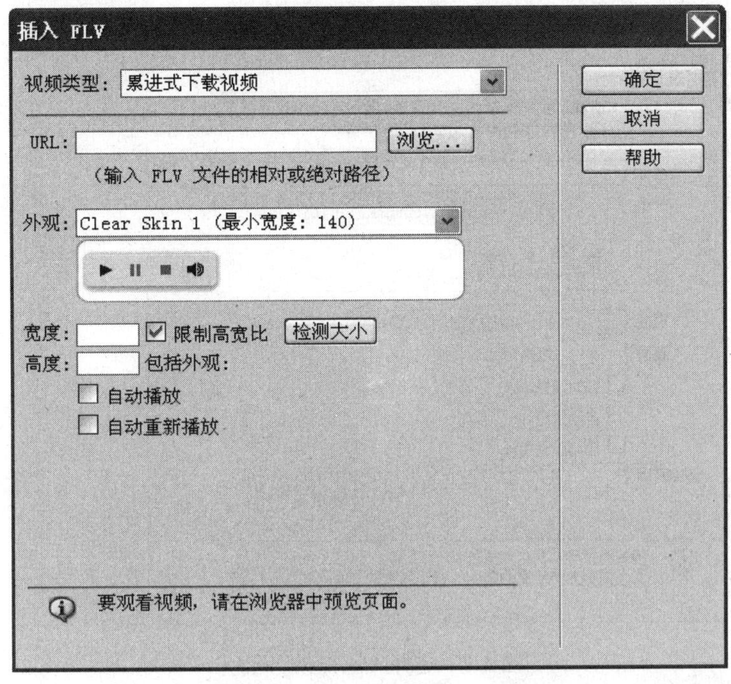

图 4-6　选择“累进式下载视频”选项

（4）“高度”文本框。可以在此文本框中以像素为单位指定 FLV 文件的高度。若要使 Dreamweaver 确定 FLV 文件的准确高度，可单击“检测大小”按钮；如果 Dreamweaver 无法确定高度，则必须输入高度值。

注意：“包括外观”是 FLV 文件的宽度和高度，与所选外观的宽度和高度相加得出的和。

（5）“限制高宽比”复选框。选中该复选框可以保持视频组件的宽度和高度之间的比例不变。

（6）“自动播放”复选框。选中该复选框可以指定在 Web 页面打开时播放视频。

（7）“自动重新播放”复选框。选中该复选框可以指定播放控件，在视频播放完之后返回起始位置。

设置完成后，单击“确定”按钮，即可将 FLV 文件添加到网页上。这将生成一个视频播放器 SWF 文件和一个外观 SWF 文件，它们用于在网页上显示视频内容。

2．设置“流视频”选项

执行“插入”→“媒体”→“Flash Video”命令，弹出“插入 FLV”对话框，从“视频类型”下拉列表框中，选择“流视频”选项，如图 4-7 所示。

在打开的对话框中设置以下内容。

（1）“服务器 URI”文本框。可以在此文本框中设置流媒体文件的地址。

（2）“流名称”文本框。可以在此文本框中，指定想要播放的 FLV 文件的名称，扩展名.flv 是可选的。

（3）“外观”下拉列表框。可以在此下拉列表框中，选择视频组件的外观，所选外观的预览会显示在“外观”下拉列表框的下方。

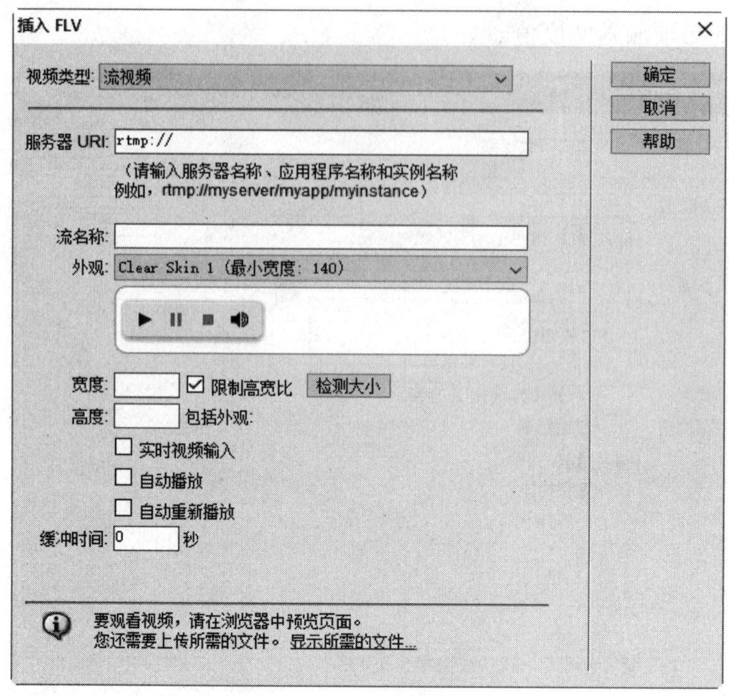

图 4-7 选择“流视频”选项

（4）“宽度”文本框。可以在此文本框中以像素为单位指定 FLV 文件的宽度。若要使 Dreamweaver 确定 FLV 文件的准确宽度，可单击“检测大小”按钮；如果 Dreamweaver 无法确定宽度，必须输入宽度值。

（5）“高度”文本框。可以在此文本框中以像素为单位指定 FLV 文件的高度。若要使 Dreamweaver 确定 FLV 文件的准确高度，可单击“检测大小”按钮；如果 Dreamweaver 无法确定高度，必须输入高度值。

（6）“限制高宽比”复选框。选中该复选框可以保持视频组件的宽度和高度之间的比例不变。

（7）“实时视频输入”复选框。如果选中“实时视频输入”复选框，则 Flash Player 将播放从 Flash Media Server 流入的实时视频流。实时视频输入的名称是在“流名称”文本框中指定的名称。

注意：如果选中“实时视频输入”复选框，组件的外观上只会显示音量控件，因为用户无法操纵实时视频。此外，“自动播放”复选框和“自动重新播放”复选框也不起作用。

（8）“自动播放”复选框。选中该复选框可以指定在 Web 页面打开时播放视频。

（9）“自动重新播放”复选框。选中该复选框可以指定播放控件，在视频播放完之后返回起始位置。

（10）“缓冲时间”文本框。可以在此文本框中指定在视频开始播放之前，进行缓冲处理所需的时间（以“秒”为单位）。默认的缓冲时间设置为 0，这样在单击“播放”按钮后，视频会立即开始播放（如果选中“自动播放”复选框，则在建立与服务器的连接后视频将立即开始播放）。

设置完成后，单击“确定”按钮，即可将 FLV 文件添加到网页上。

4.1.3　在页面中应用 HTML 5 Audio

HTML5 是新一代的 HTML，HTML5 的设计目的是为了在移动设备上支持多媒体。新的语法特征被引进以支持这一点，如 video、audio 和 canvas 标记。HTML5 还引进了新的功能，可以真正改变用户与文档的交互方式。

Dreamweaver CC 中将 HTML5 标签融入其中，方便了用户的使用，下面介绍在页面中引用 HTML5 Audio 文件的方法。

1．HTML5 支持的 Audio 音频文件格式

今天，大多数音频是通过插件（比如 Flash）来播放的。然而，并非所有浏览器都拥有同样的插件。当前，Audio 元素支持三种音频格式，见表 4-1。

表 4-1　Audio 元素支持的音频格式

音频格式	IE 9	Firefox 3.5	Opera 10.5	Chrome 3.0	Safari 3.0
Ogg Vorbis		√	√	√	
MP3	√			√	√
Wav		√	√		√

2．插入 HTML5 Audio

将光标放置在文档中要插入音频的位置，执行“插入”→“媒体”→“HTML5 Audio”；或者在“插入”面板选择“媒体”类别，从中选择“HTML5 Audio”，音频插入后可以通过“属性”面板编辑其属性，如图 4-8 所示。

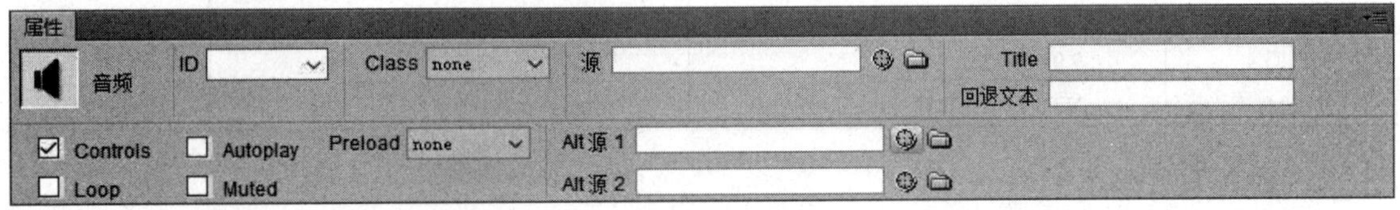

图 4-8　“HTML5 Audio”属性

下面对该面板中的各个选项进行介绍。

（1）“源”：要播放的音频的 URL。

（2）Controls：是否为视频或音频添加自带的播放控制条，控制条中播放、暂停、静音等按键。

（3）Autoplay：是否当页面加载完成后自动播放。

（4）Preload：是否对数据进行预加载，如果是，浏览器将会对视频或音频进行缓冲。其中 none：不缓冲；metadata：只加载媒体元数据；auto：自动，预加载全部视频或音频。

（5）Loop：是否循环播放视频或音频文件

（6）Muted：规定视频输出应该被静音。

（7）“Alt 源 1”和“Alt 源 2”可以设置备选音频文件。

音频插入后在页面中页面效果如图 4-9 所示。在不同的浏览器中，播放器的样式可能不同，这是由浏览器自身的样式设计决定的。

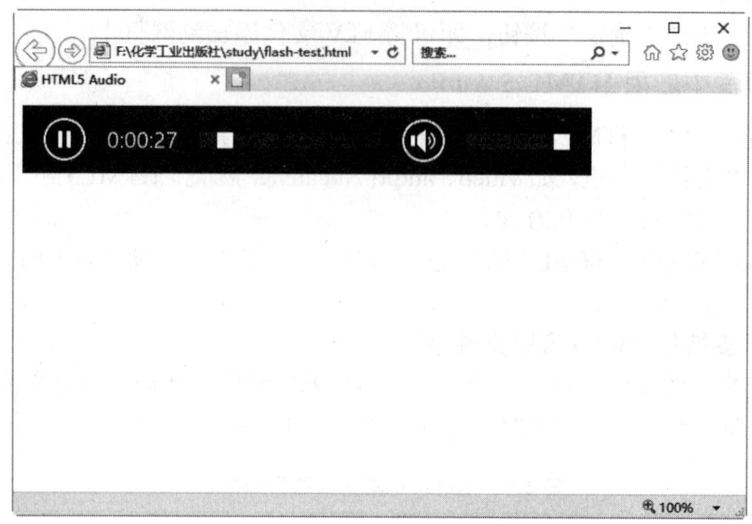

图 4-9 “HTML5 Audio”页面效果

4.1.4 在页面中应用 HTML5 Video

1. HTML5 支持的 Video 视频文件格式

和 HTML5 音频文件一样，不同的浏览器所能支持的视频文件也是不同的。当前，Video 元素支持三种视频格式，见表 4-2。

表 4-2 Video 元素支持的视频格式

视频格式	IE 9	Firefox 3.5	Opera 10.5	Chrome 3.0	Safari 3.0
Ogg	No	3.5+	10.5+	5.0+	No
MPEG 4	9.0+	No	No	5.0+	3.0+
WebM	No	4.0+	10.6+	6.0+	No

2. 插入 HTML5 Video

将光标放置在文档中要插入音频的位置，执行“插入”→“媒体”→“HTML5 Video”；或者在“插入”面板中选择“媒体”类别，从中选择“HTML5 Video”，视频文件插入后，可以通过“属性”面板编辑其属性，如图 4-10 所示。

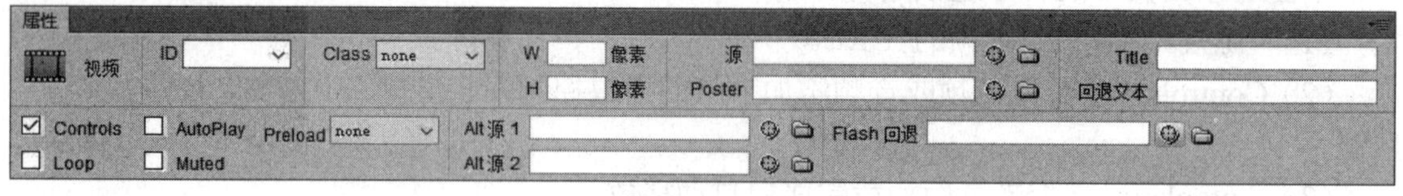

图 4-10 “HTML5 Video”属性

下面对该面板中的各个选项进行介绍。

（1）“源”：要播放的视频的 URL。

（2）Controls：是否为视频或音频添加自带的播放控制条，控制条中播放、暂停、静音等按键。

（3）Autoplay：是否当页面加载完成后自动播放。

（4）Preload：是否对数据进行预加载，如果是，浏览器将会对视频或音频进行缓冲。其中 none：不缓冲；metadata：只加载媒体元数据；auto：自动，预加载全部视频或音频。

（5）Loop：是否循环播放视频或音频文件

（6）Muted：规定视频输出应该被静音。

（7）“Alt 源 1”和“Alt 源 2”可以设置备选视频文件。

（8）W、H：设置视频的宽度和高度，注意宽高比。

（9）Poster：当视频不可播放时，可使用一张图片替代视频。

视频插入后在页面中页面效果如图 4-11 所示。在不同的浏览器中，播放器的样式可能不同，这是由浏览器自身的样式设计决定的。

图 4-11　“HTML5 Video”页面效果

4.1.5　在页面中引用 Edge Animate 作品

Adobe Edge 是 Adobe 公司的一款新型网页互动工具。允许设计师通过 HTML5、CSS 和 JavaScript 制作网页动画。无需 Flash 软件，并支持 Android、iOS、webOS。

在 Dreamweaver CC 中，可以在页面中引用 Edge Animate 作品，以丰富网页的表现形式。

在网页中插入 Edge Animate 作品的方法如下。

（1）将光标放置在插入的位置，执行“插入”→“媒体”→“Edge Animate 作品”，在弹出的“选择 Edge Animate 包”的对话框（图 4-12）中，选择 Edge Animate 作品。

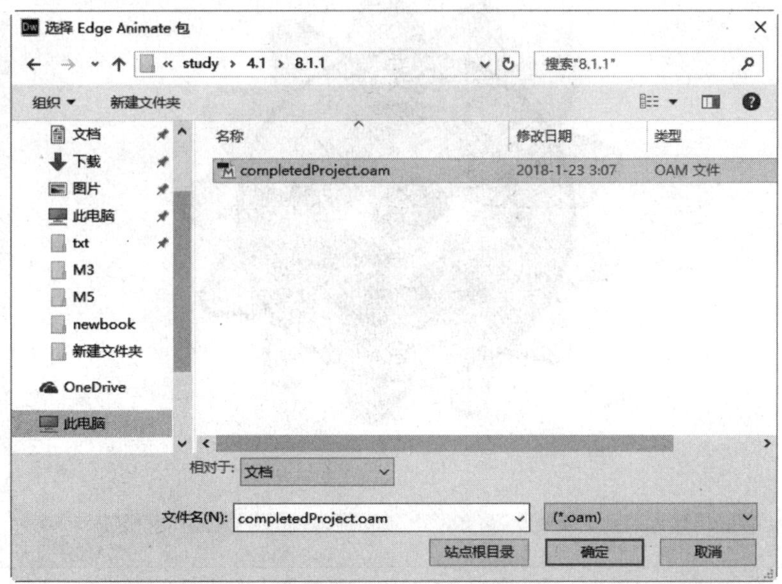

图 4-12　“选择 Edge Animate 包”对话框

（2）作品插入后，在“文档”窗口中显示一个 Edge Animate 作品占位符，如图 4-13 所示，保存文件后即可在浏览器中浏览，效果如图 4-14 所示。

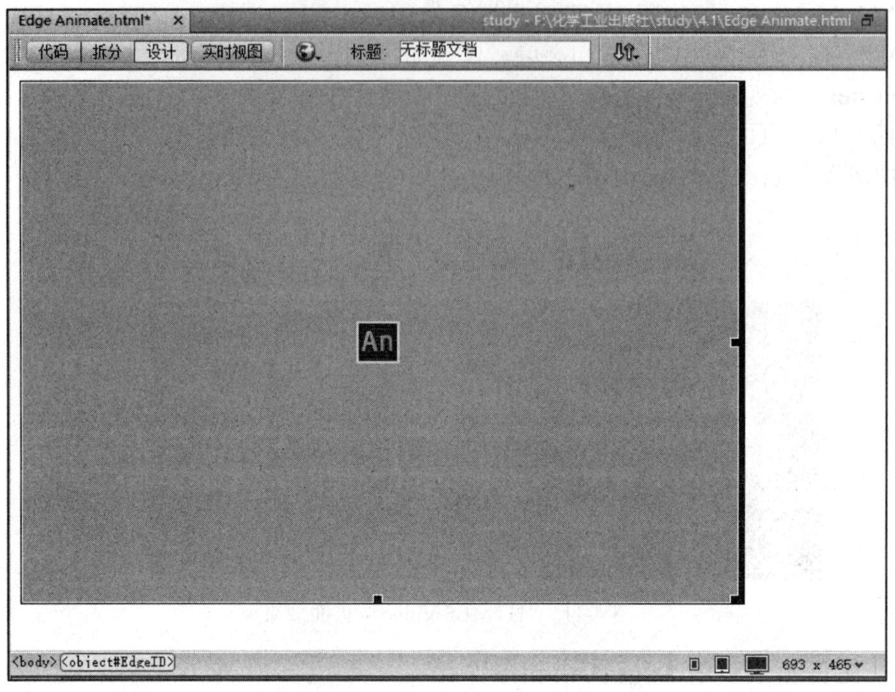

图 4-13 Edge Animate 作品占位符

图 4-14 插入 Edge Animate 作品页面效果

4.1.6　在页面中应用其他类型多媒体文件

在网页中除了可以引入 HTML 音频和视频文件，还可以通过“插件”功能，引入其他类型的音、视频文件。

1．页面中常用的音频文件格式

可以向网页中添加音频。有多种不同类型的音频文件和格式，如.wav、.midi 和.mp3 等。在确定采用哪种格式和方法添加音频之前，需要考虑一些因素。例如，添加音频的目的、页面访问者、文件大小、声音品质和不同浏览器之间的差异等。

下面介绍一些页面中常用的音频类型。

（1）midi 或.mid 格式。此格式用于器乐。许多浏览器都支持 MIDI 文件，并且不需要插件。MIDI 文件的声音品质非常好，文件小。MIDI 文件不能进行录制，并且必须使用特殊的硬件和软件在计算机上进行合成。

（2）wav 格式。这种格式的文件具有良好的声音品质，许多浏览器都支持这种格式的文件，并且不需要插件。用户可以从 CD、磁带、麦克风等录制自己的 WAV 文件，但文件较大。

（3）mp3 格式。这是一种压缩格式，它可使声音文件明显缩小。其声音品质非常好，若要播放 mp3 文件，访问者必须下载并安装辅助应用程序或插件，例如，uickTime、Windows Media Player 或 RealPlayer 等。

（4）aif（音频交换文件）格式。这种格式与 wav 格式类似，也具有较好的声音品质，大多数浏览器都可以播放它并且不需要插件，但是文件较大。

（5）.ra、.ram、.rpm 或 Real Audio 格式。此格式具有非常高的压缩度，文件大小要小于 mp3。访问者必须下载并安装 RealPlayer 辅助应用程序或插件才可以播放这种文件。

注意：除了上面列出的几种比较常用的格式外，还有许多不同的音频和视频文件格式可在 Web 上使用。

2．页面中常用的视频文件格式

在页面中还可以引用多种视频文件，以丰富页面内容的表现形式。网页中常用的视频文件如下。

（1）MOV 格式。它是 QuickTime 影片格式，是 Apple 公司开发的一种音频、视频文件格式，用于存储常用数字媒体类型。

（2）AVI 格式。这是微软公司推出的视频文件格式，是当前视频的主流之一，多用于宣传片、企业介绍等场合。

（3）MPG\MPEG 格式。它是电影文件的一种压缩格式，MPG 的压缩率比 AVI 要高，且画质更好。

（4）WMV 格式。它是 Windows 操作系统自带的媒体播放器所使用的多媒体文件格式。

3．在页面中引用音频和视频文件

可以通过链接将音频和视频文件引用到页面上，链接到音频和视频文件，是将声音和视频添加到网页的一种简单而有效的方法。这种集成文件的方法可以使访问者选择是否收听、播放该文件，并且该文件可用于最广泛的听众。

如果希望在页面上显示播放器的外观，能控制音量、播放器在页面上的外观或者声音文件的开始点和结束点，就可以嵌入文件。

使用插件对象可以将音频和视频文件嵌入页面中。

在“设计”视图中将插入点置于要嵌入文件的位置，在“插入”面板的“常用”类别中单击“媒体”选项，然后从弹出的下拉列表中，选择“插件”选项，弹出“选择文件”对话框，如图 4-15 所示。

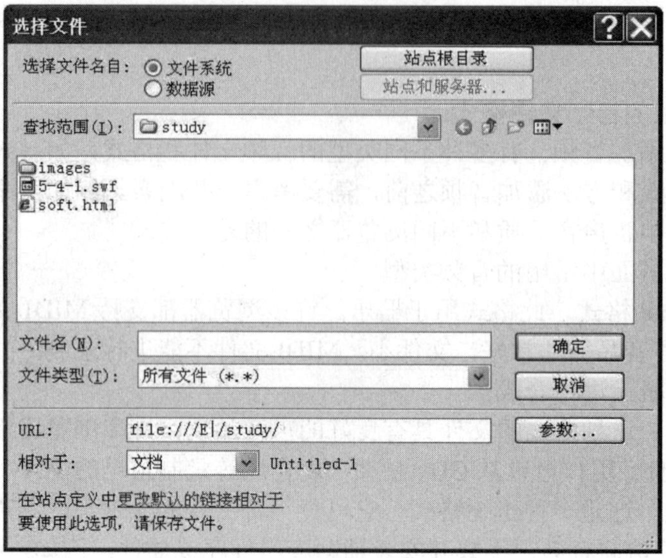

图 4-15 “选择文件”对话框

在该对话框中选择需要的文件后单击“确定”按钮。插入文件后，Dreamweaver 会将插件显示为一个通用的占位符，可在“属性”面板中设置其相关参数，如图 4-16 所示。

图 4-16 插件“属性”面板

下面对该面板中的各个选项进行介绍。

（1）“插件”文本框。用于设置播放媒体对象的插件名称，使该名称可以被脚本所引用。

（2）“宽”和“高”文本框。可以在这两个文本框中分别设置对象的宽度和高度，默认单位是像素，也可以采用其他单位。

（3）“源文件”文本框。可以在该文本框中设置插件内容的 URL 地址，既可以直接输入地址，也可以通过单击“浏览文件”按钮，在弹出的对话框中选择文件。

（4）“插件 URL”文本框。可以在该文本框中设置插件所在的路径。在浏览页面时，如果浏览器中没有安装该插件，就会从给定的路径上下载插件。

（5）“垂直边距”文本框。可以在该文本框中设置对象上端和下端同其他内容的间距，单位是像素。

（6）“水平边距”文本框。可以在该文本框中设置对象左端和右端同其他内容的间距，单位是像素。

（7）“边框”文本框。可以在该文本框中设置对象边框的宽度，单位是像素。

（8）“播放”/“停止”按钮。单击该按钮可以控制对象在文档窗口中的播放和停止。

（9）“参数”按钮。单击该按钮可以在弹出的对话框中设置其他参数。

可以利用以下方法来实现背景音乐效果。

（1）将“宽”、“高”均设置为 0，即可将播放器隐藏。

（2）在“参数”对话框中，添加名为 hidden、值为 true 的参数，可以将播放器隐藏。

无论使用哪种方法，因为已将播放器隐藏，所以应将声音设置为自动播放；若需要声音连续播放，则可设置为自动且循环播放。

❖　任务实践训练

【具体任务】

在站点 study 中创建页面并保存为 soft-coredraw.html，向页面中添加 Flash 多媒体文件，实现效果如图 4-17 所示。

图 4-17　soft-coredraw.html 效果

【实施步骤】

（1）创建页面 soft-coredraw.html，并向页面中添加一个 4 行 1 列的表格，设置表格宽度为 882 px，居中对齐，如图 4-18 所示。

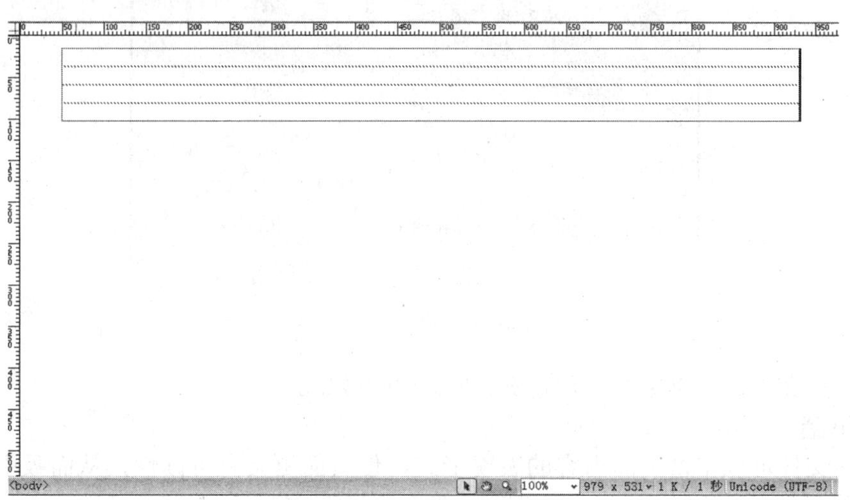

图 4-18　向页面中添加表格

（2）在表格第 1 行中插入 banner.swf；在第 2 行中添加文本，并设置文本效果；在第 4 行中添加联系方式内容，并设置文字效果，效果如 4-19 所示。

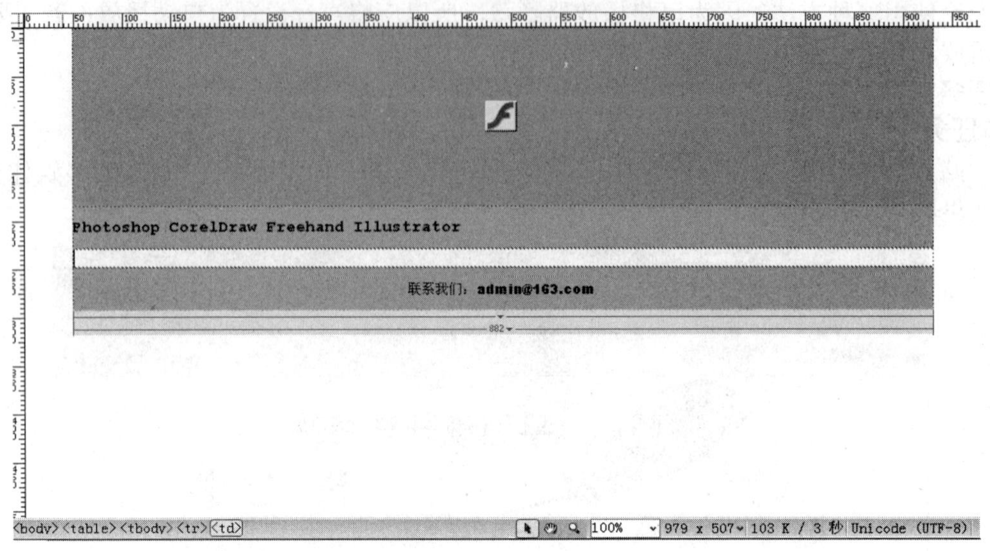

图 4-19 在页面中插入 Flash 多媒体文件

（3）在表格的第 3 行中插入一个 1 行 2 列的表格，在左侧的单元格中插入文字内容，并设置文本效果；在右侧的单元格中插入 FLV 视频文件 coredraw.flv，视频类型为“累进式下载视频”，外观自定义，检测获取视频的“宽度”为 512 px，“高度”为 288 px，选中“自动循环播放”复选框，如图 4-20 所示。效果如图 4-21 所示。

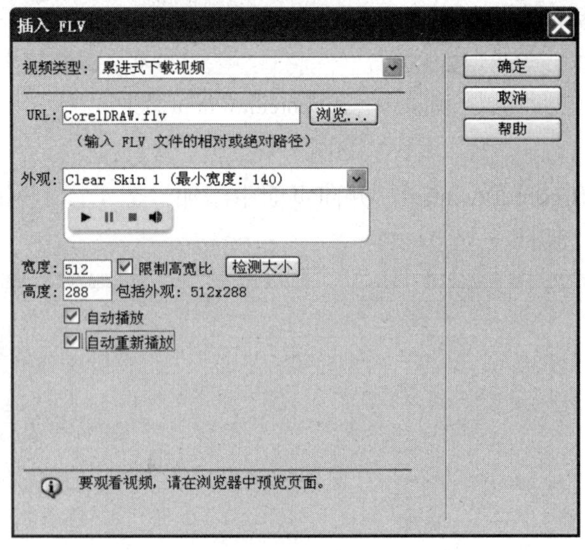

图 4-20 设置 FLV 视频

（4）保存文档，在浏览器中预览 Flash 文件的效果。

❖ 任务小结

多媒体文件可以丰富页面内容的表现形式，使页面更具有可读性，从而吸引更多的浏览者访问页面。

多媒体文件已成为网页中一个重要的内容元素，但应合理、适当地使用多媒体文件，避免画蛇添足。

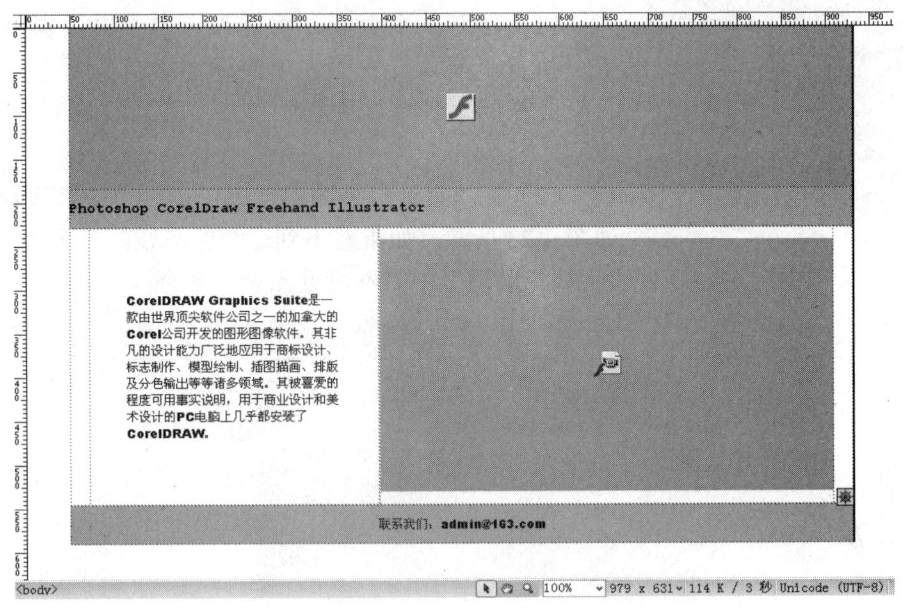

图 4-21 插入 FLV 视频后的效果

任务 4.2 网页中表单元素的使用

表单是一种常见的页面元素，它用来收集用户的信息并提交到服务器，从而实现与用户的交互。通过本任务可以了解表单的基本概念，正确掌握表单元素的设置方法。

❖ 任务内容分析

使用表单页面之前需要掌握以下内容：

① 认识表单；

② 创建表单；

③ 插入表单对象。

❖ 任务知识学习

4.2.1 认识表单

表单是用户实现与网站信息交互的一种网页对象。服务器可以利用表单从用户那里收集信息。例如，用户个人资料、商品订单，还可以实现搜索等。平时用户注册成为会员，通过输入用户名和密码，登录个人博客等都是表单的具体应用。

当访问者在网页中的 Web 表单中输入信息并提交后，这些信息将被发送到服务器，服务器中的脚本或应用程序会对这些信息进行处理。服务器向用户（或客户端）发回所处理的信息，或基于该表单内容执行某些其他操作，以此进行响应。

若表单指定通过服务器端的脚本程序处理表单数据，则该程序处理完毕后将结果回送给浏览器，服务器端脚本程序的运行需要在服务器环境下进行；若表单指定通过客户端的脚本程序处理，则客户端不占用服务器资源，回送结果速度较快，客户端脚本程序的运行不需要服务器环境，只需浏览器环境即可。

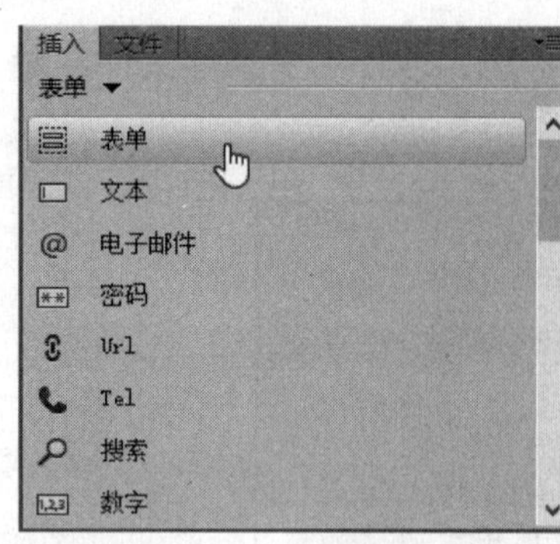

图 4-22　选择“表单”选项

4.2.2　创建表单

创建表单的操作步骤如下。

（1）打开一个页面，将插入点置于希望表单出现的位置。执行“插入”→“表单”→“表单”命令，或在“插入”面板的“表单”类别中单击“表单”选项，如图 4-22 所示。

（2）在“设计”视图中，表单以红色的虚线轮廓显示，如图 4-23 所示。如果看不到这个轮廓线，可执行“查看”→“可视化助理”→“不可见元素”命令。

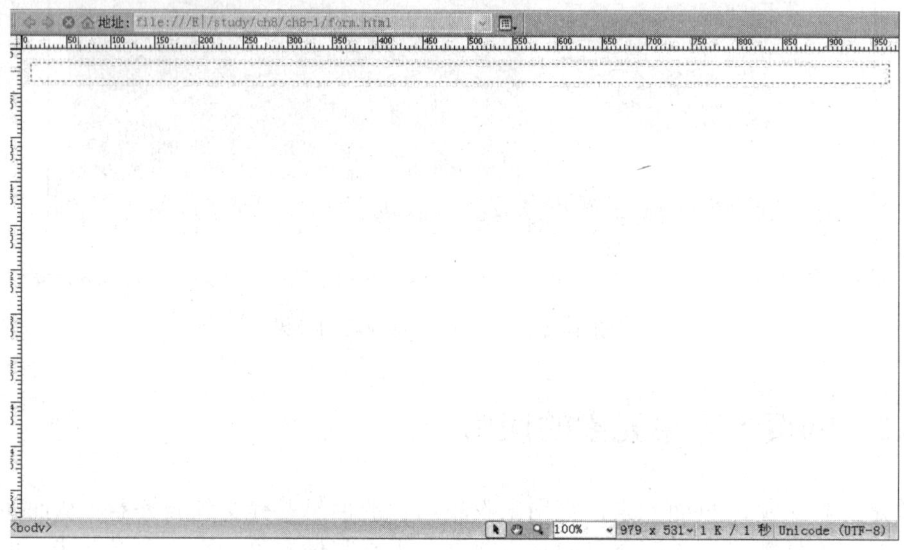

图 4-23　“表单”显示效果

（3）在文档窗口中，单击表单轮廓将其选定，然后在“属性”面板中设置 HTML 表单的属性，如图 4-24 所示。

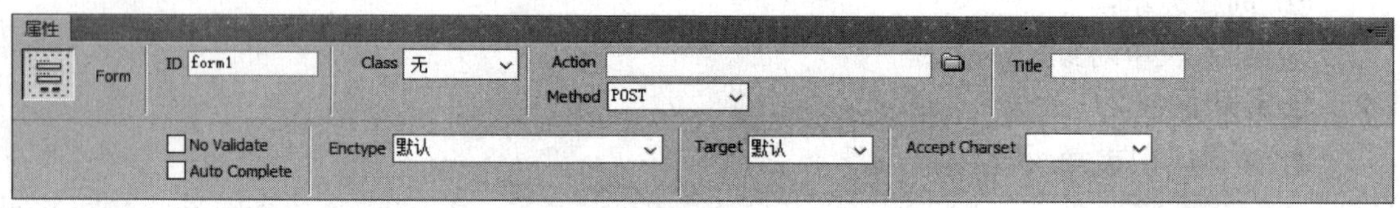

图 4-24　表单“属性”面板

下面对该面板中的各个选项进行介绍。

（1）“ID”。该文本框用于标识该表单的唯一名称。命名表单后，就可以使用脚本语言（如 JavaScript 或 VBScript）引用或控制该表单。如果不命名表单，Dreamweaver 将为其自动生成一个名称。

（2）“Action”。可以在该文本框中输入路径，或者单击其右侧的“浏览文件”按钮，在弹出的对话框中选择相应的页面或脚本。

（3）“Method”下拉列表框。该下拉列表框中的选项，用于指定将表单数据传输到服务器的方法，默认使用浏览器的默认设置，将表单数据发送到服务器。通常，默认值为 GET

方法，即将值附加到请求该页面的 URL 中。POST 方法表示在 HTTP 请求中嵌入表单数据。

不要使用 GET 方法发送长表单。URL 的长度限制在 8192 个字符以内。如果发送的数据量太大，数据将被截断，从而会导致意外的或失败的处理结果。如果要收集机密用户名和密码、信用卡号或其他机密信息，POST 方法可能比 GET 方法更安全，但是，由 POST 方法发送的信息是未经加密的，容易被黑客获取。若要确保安全性，可通过安全的连接与安全的服务器相连。

（4）“Enctype”下拉列表框。可以在该下拉列表框中，指定对提交给服务器进行处理的数据使用 MIME 编码类型。

（5）“Target”下拉列表框。可以在该下拉列表框中，指定一个窗口来显示被调用程序返回的数据。如果命名的窗口尚未打开，则打开一个具有该名称的新窗口。相关选项如下。

① _blank 选项。该选项表示在未命名的新窗口中打开目标文档。

② _parent 选项。该选项表示在显示当前文档的窗口的父窗口中打开目标文档。

③ _self 选项。该选项表示在提交表单所在的同一窗口中打开目标文档。

④ _top 选项。该选项表示在当前窗口的窗体内打开目标文档。此值可用于确保目标文档占用整个窗口，即使原始文档显示在框架中时也是如此。

（6）“No Validate”。当提交表单时不对表单数据（输入）进行验证。

（7）“Accept Charset”。该属性规定服务器用哪种字符集处理表单数据。

（8）“Autocomplete”。规定 form 选项应该拥有自动完成功能。

4.2.3　插入表单对象

在页面中插入表单对象时，首先添加表单标签，将插入点置于表单中显示该表单对象的位置。在“插入”面板的“表单”类别中选择表单对象。

1．插入文本字段\密码域、文本区域

文本域接受任何类型的字母、数字和文本输入内容。文本可以单行或多行显示，也可以以密码域的方式显示，这时输入文本将被替换为星号或项目符号，以避免被他人看到这些文本，如图 4-25 所示。

如果想要插入文本字段和文本区域，可以在“插入”面板的“表单”类别中选择对应选项并插入，选择文本、密码和文本区域，在分别如图 4-26 和图 4-27 所示的“属性”面板中设置其属性。

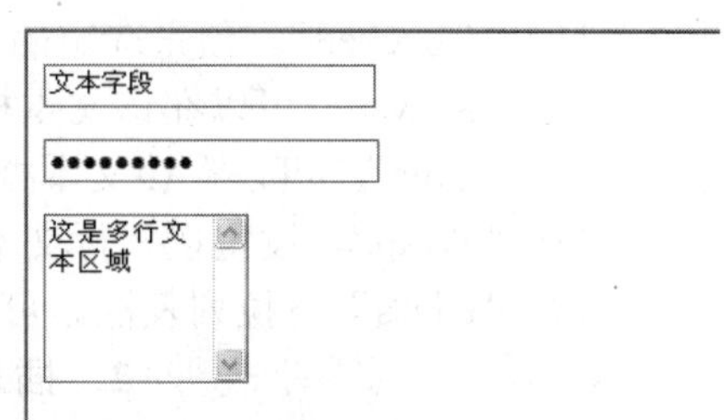

图 4-25　文本域插入效果

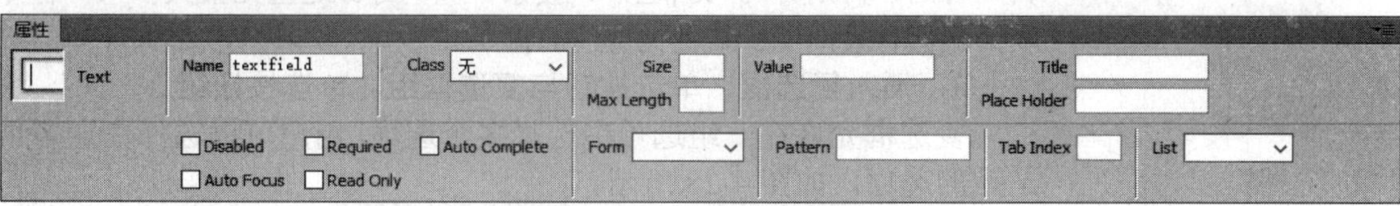

图 4-26　设置文本字段属性 1

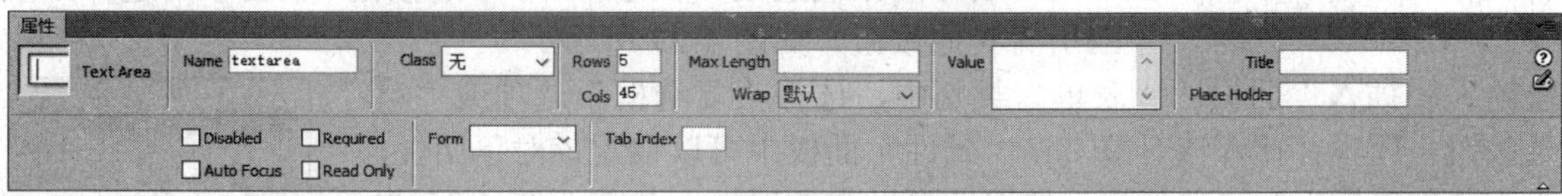

图 4-27　设置文本域属性 2

下面对这两个面板中的各个选项进行介绍。

（1）“Name”。可在该文本框中输入标识表单自身的唯一名称。

（2）“Title”。设置有关元素的相关提示信息。

（3）“Value”。表单首次被载入时显示在文本字段中的值。

（4）“Place Holder”。提供可描述输入字符预期值的提示信息。

（5）“Tab Index”。规定表单对象<Tab>键次序，即访问者在页面中按<Tab>键的顺序。

（6）“Size”。可在该文本框中指定域中最多可显示的字符数。例如，如果“字符宽度”设置为 20（默认值），而用户输入了 100 个字符，则在该文本域中只能看到其中的 20 个字符。

（7）“Max Length”。可以在该文本框中指定用户在单行文本域中最多可输入的字符数。可以在“最多字符数”文本框中，限制邮政编码的输入为 6 位数字，将密码限制为 10 个字符等。如果将“最多字符数”文本框保留为空白，则用户可以输入任意数量的文本。如果文本超过域的字符宽度，文本将滚动显示。

（8）“Autofocus”。在页面加载时，域自动地获得焦点，适用于所有<input>标签的类型。

（9）“Disabled”。禁用 input 元素。

（10）“Read Only”。输入字段为只读。

（11）“Required”。在提交之前必填的字段，Required 适用于 text、search、url、telephone、email、password、date pickers、number、checkbox、radio、file。

（12）“Auto Complete”。规定输入域拥有自动完成功能，适用于 text、search、url、telephone、email、password、date pickers、range、color。

（13）“List”。引用数据列表，其中包含输入字段的预定义选项。通过 datalist 的 ID 号引用数据列表。

（14）“Pattern”。规定用于验证输入字段的模式，一般是正规表达式。

（15）“Checked”。预先选定的 input 元素。

（16）“Rows”。可以在该文本框中设置多行文本区域的高度（行数）。

（17）“Cols”。可以在该文本框中设置多行文本区域的宽度（列数）。

（18）“Wrap”。设定在多行文本区域中是否换行。

（19）“Class”下拉列表框。可以在该下拉列表框中选择对象应用的 CSS 规则。

2．插入电子邮件等表单元素

Dreamweaver CC 的表单面板中，引入了多个 HTML5 表单输入元素，例如：电子邮件、Url、Tel、数字、范围、日期、月、周、时间、日期时间、日期时间（当地）、搜索、颜色等。这些元素大多与一种专属类型值有关，用于某种类型值的输入。

3．插入复选框、单选按钮与复选框组、单选按钮组

复选框允许在一组选项中选择多个选项，用户可以选择任意多个适用的选项，如图 4-28 所示。

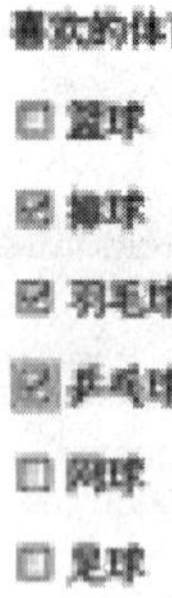

图 4-28　复选框应用效果

单选按钮代表互相排斥的选择。在某单选按钮组（由两个或多个共享同一名称的按钮组成）中选中一个单选按钮，就会取消选择该组中的所有其他按钮，如图 4-29 所示。

在“插入”面板的“表单”类别中，选择“复选框”选项或“单选按钮”选项并插入该对象，在“属性”面板中可以设置该对象属性，由于“复选框”和“单选框”的属性面板中的属性，与前面图 4-26 与图 4-27 介绍的属性名及含义相同，这里就不再赘述了。

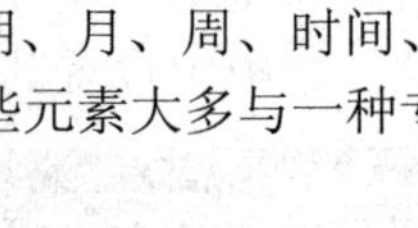

图 4-29　插入单选按钮

将插入点置于表单轮廓内，然后执行“插入”→“表单”→“复选框组”命令，在弹出的对话框中设置相应的选项，如图 4-30 所示，设置完成后单击“确定”按钮。

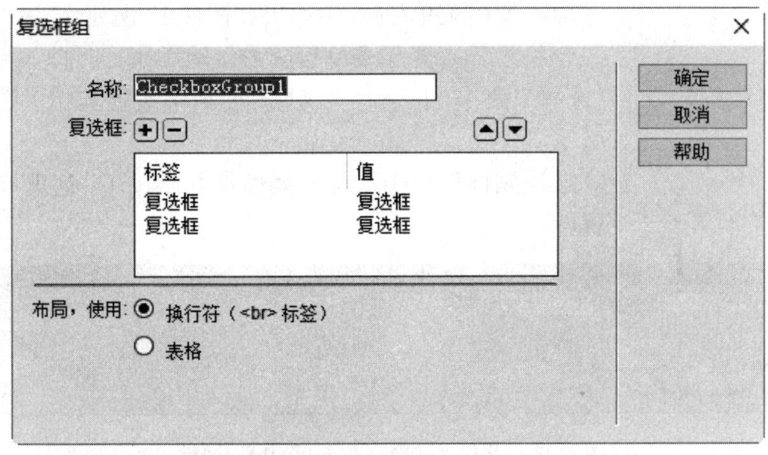

图 4-30　插入复选框组

下面对该对话框中的各个选项进行介绍。

（1）“名称”文本框。可以在该文本框中输入复选框组的名称。

（2）加号按钮。单击该按钮将向该组添加一个复选框，为新复选框输入标签和选定值。

（3）减号按钮。单击该按钮将从该组删除一个复选框。

（4）向上或向下箭头：对这些复选框重新进行排序。

（5）“布局，使用”单选按钮组。可以在其中选择 Dreamweaver 对复选框进行布局时要使用的格式。可以使用换行符或表格来设置这些复选框的布局。

单选按钮组的插入方法与复选框组的插入方法类似，即将插入点置于表单轮廓内，执行“插入”→“表单”→“单选按钮组”命令，然后在弹出的对话框中设置相关选项，如图 4-31 所示，设置完成后单击“确定”按钮。

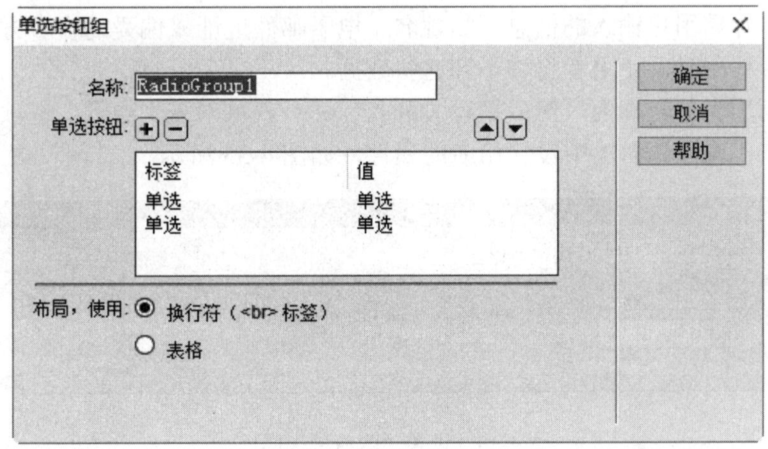

图 4-31　插入单选按钮组

4．插入选择（列表/菜单）

菜单/列表是允许用户在一个列表/菜单中选择一个或多个选项的表单对象。在一个滚动

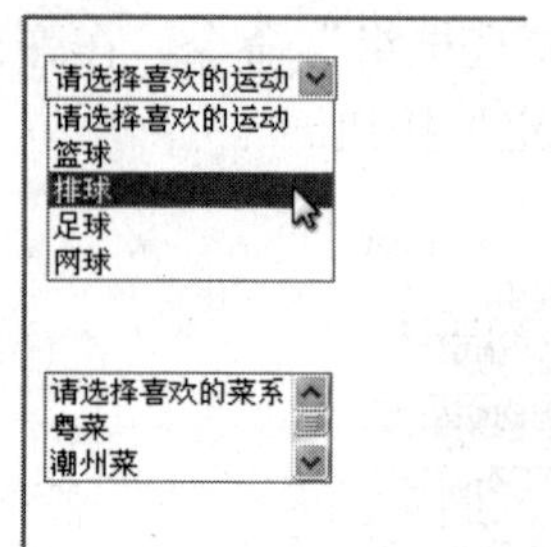

图 4-32 使用菜单/列表的效果

列表中显示选项值，用户可以从该滚动列表中选择多个选项。“列表”选项在一个菜单中显示选项值，用户只能从中选择单个选项，使用菜单/列表的效果如图 4-32 所示。

将插入点置于表单轮廓内，然后执行“插入”→“表单”→“选择”命令，接着在“属性”面板中设置其相关选项，如图 4-33 所示。

该属性面板中大部分属性都介绍过了，这里只介绍列表值的属性。

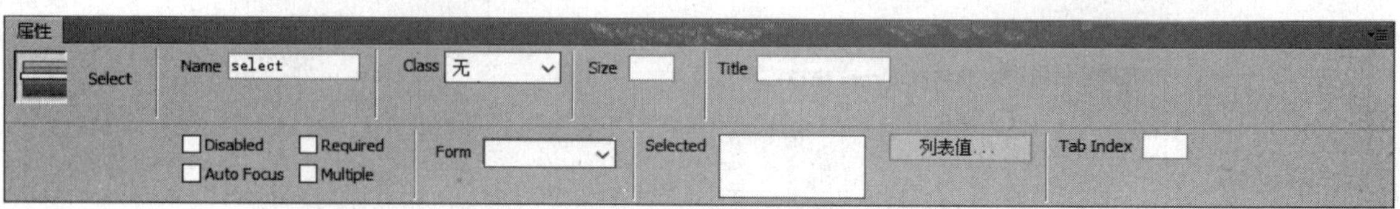

图 4-33 设置“选择（列表/菜单）”属性

“列表值”：单击该按钮将弹出一个对话框，可通过它向表单菜单添加选项。

5. 插入文件域

文件域可以使用户浏览计算机上的某个文件，并将该文件作为表单数据上传。文件域的外观与其他文本域类似，只不过文件域还包含一个“浏览”按钮。用户可以手动输入要上传的文件的路径，也可以单击“浏览”按钮，在弹出的对话框中定位并选择相应文件，如图 4-34 所示，但是，必须要有服务器端脚本，或能够处理文件提交操作的页面，才可以使用文件上传域。

浏览...

图 4-34 插入文件域效果

将插入点置于表单轮廓内，然后执行“插入”→“表单”→“文件”命令，然后选定插入的文件域，在“属性”面板中设置相应的属性，属性内容参见前面介绍的属性内容。

6. 插入隐藏域

隐藏域可以存储用户输入的信息，如姓名、电子邮件地址或偏爱的查看方式等，将这些信息传送到后台程序时，使用者将看不到这些数据。

将插入点置于表单轮廓内，然后执行“插入”→“表单”→“隐藏”选项，接着选定插入的隐藏域，在“属性”面板中设置相应的属性，如图 4-35 所示。

图 4-35 设置“隐藏域”属性

下面对该面板中的各个选项进行介绍。

（1）“Name”：可以在该文本框中指定该域的名称。

（2）“Value”：可以在该文本框中为域指定一个值，该值将在提交表单时传递给服务器。

7. 插入按钮与图像域

（1）按钮。单击按钮可以执行相应操作。可以为按钮添加自定义名称或标签，或者使用预定义的“提交”或“重置”标签。使用按钮可将表单数据提交到服务器或者重置表单，用户还可以指定其他已在脚本中定义的处理任务。

在文档窗口中将插入点置于表单轮廓内，执行“插入”→“表单”→“按钮”命令插入按钮，如图 4-36 所示，接着选定插入的按钮，在“属性”面板中设置按钮的相关属性。

图 4-36　插入按钮效果

（2）插入图像按钮。用户可以在表单中插入一个图像，使用图像域可生成图形化按钮，效果如图 4-37 所示。

图 4-37　插入图像按钮

在“文档”窗口中将插入点置于表单轮廓内，然后执行“插入”→“表单”→“图像按钮”命令。在弹出的“选择图像源文件”对话框中为该按钮选择图像，然后单击“确定”按钮。选定插入的图像域，然后在“属性”面板中设置相应属性，如图 4-38 所示。

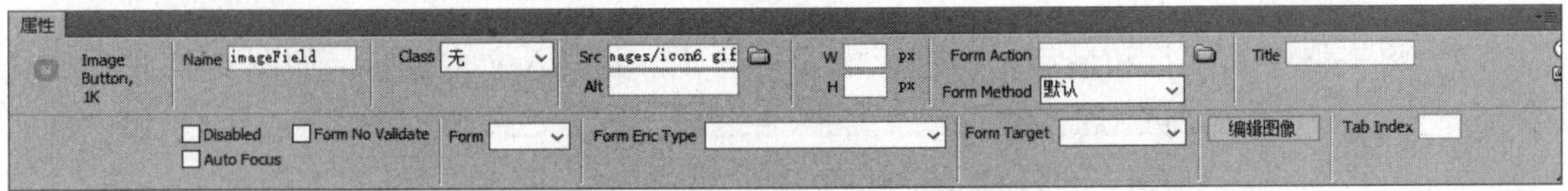

图 4-38　设置“图像按钮”属性

下面对该面板中的各个选项进行介绍。

（1）“Src”：可以在该文本框中指定该按钮使用的图像。

（2）“Alt”：该文本框用于输入描述性文本，一旦图像在浏览器中加载失败，将显示这些文本。

（3）“W”、“H”：分别设置图像的宽、高值，单位为像素。

属性面板中的其他属性的名称与含义与本任务之前介绍的内容相同。

❖ 任务实践训练

【具体任务】

在站点 study 中，创建网站用户调查表页面 search.html，在页面中利用表单及表单对象，实现如图 4-39 所示的页面效果。

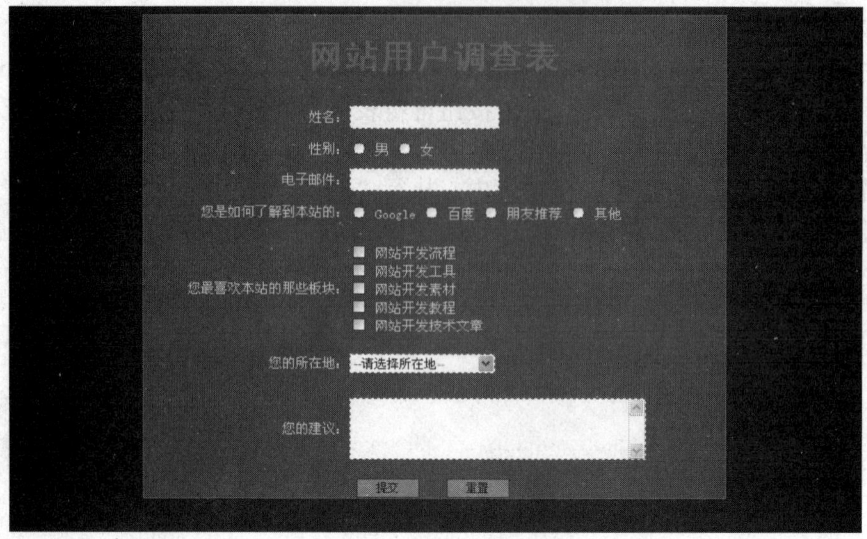

图 4-39 search.html 页面效果

【实施步骤】

（1）创建页面 search.html，并向页面中插入表单，在表单内插入一个 9 行 2 列，宽度为 600 px 的表格，表格居中对齐，如图 4-40 所示。

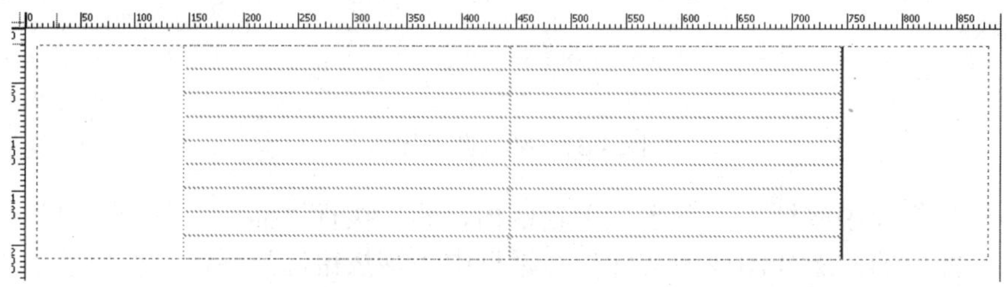

图 4-40 设计 search.html 页面结构

（2）将表格中第 1 行和最后 1 行进行单元格合并，并输入文本内容，如图 4-41 所示。

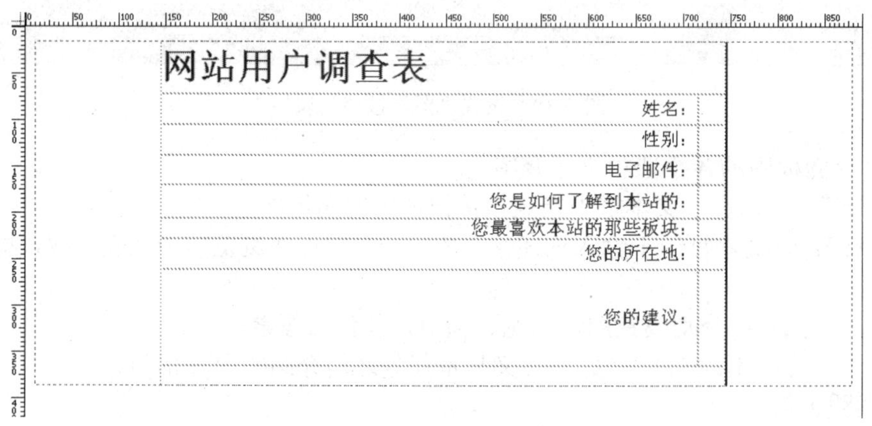

图 4-41 添加文本内容

（3）在“姓名”右侧的单元格中插入文本字段；在“性别”右侧的单元格中插入两个单

选按钮，按钮名称同为 sex；在“您是如何了解到本站的：”右侧单元格内，插入一个单选按钮组，该按钮组有 4 个单选按钮；在“您最喜欢本站的哪些版块”右侧的单元格中，插入 5 个复选框；在“您的所在地”右侧的单元格内插入一个菜单，菜单列表值为 5 个地名；在“您的建议”右侧的单元格内插入一个文本域；在最后一行中插入“提交”和“重置”按钮，插入表单对象后的页面效果如图 4-42 所示。

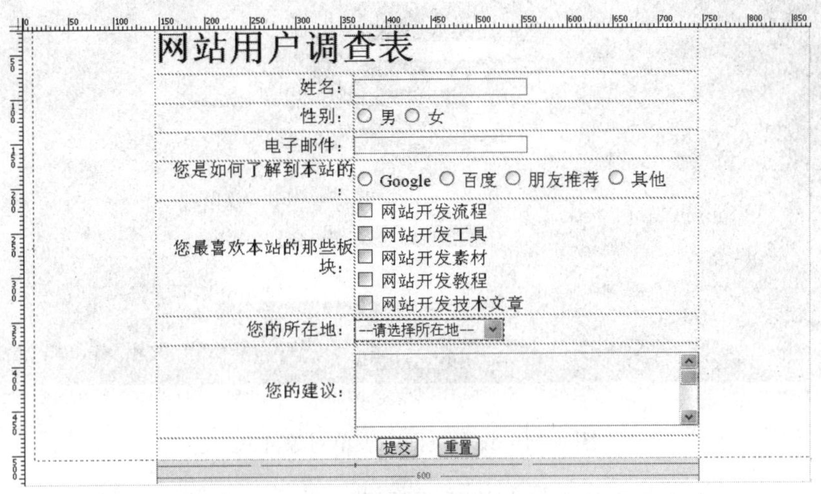

图 4-42　向页面中添加表单对象后的效果

（4）设置表单样式。创建样式 body，设置页面背景颜色为 E030；创建样式 table，设置表格的背景颜色为#008000，表格边框为 1px，颜色为#FF6 的实线，表格内文字为 14px 的宋体字；创建样式 h1，设置“网站用户调查表”的样式为颜色#F60，大小 36px 的黑体字，文字居中对齐，如图 4-43 所示。

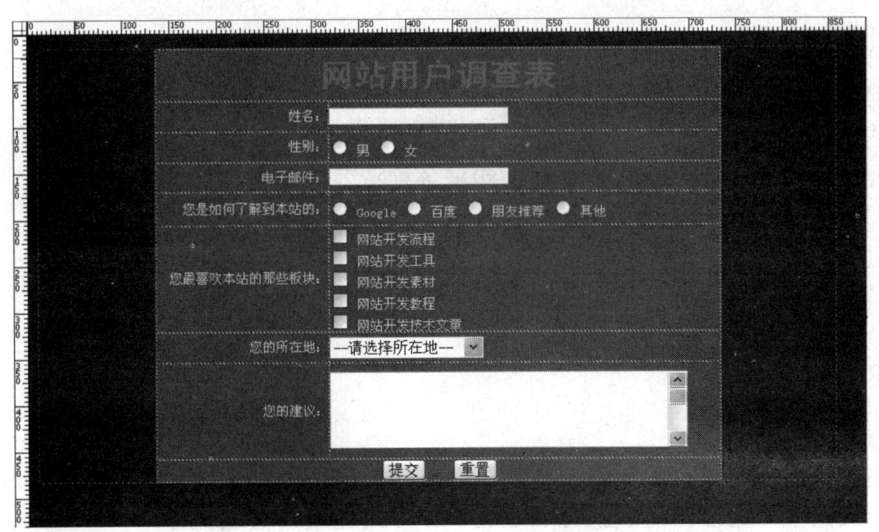

图 4-43　设置页面基本样式

（5）设置页面中表单对象的样式。创建样式.inputtext，设置文本字段的样式为：宽的值为 150px，高的值为 20px，边框为 1px、#F00、实线；创建样式 textarea，设置宽的值为 300px，高的值为 60px，边框为 1px、#F00、实线；创建样式 button，设置按钮宽的值为 65px，高的值为 20px，按钮上文字为 12px、“宋体”，边框为 1px、#030、虚线，按钮背景颜色为#F90，效果如图 4-44 所示。

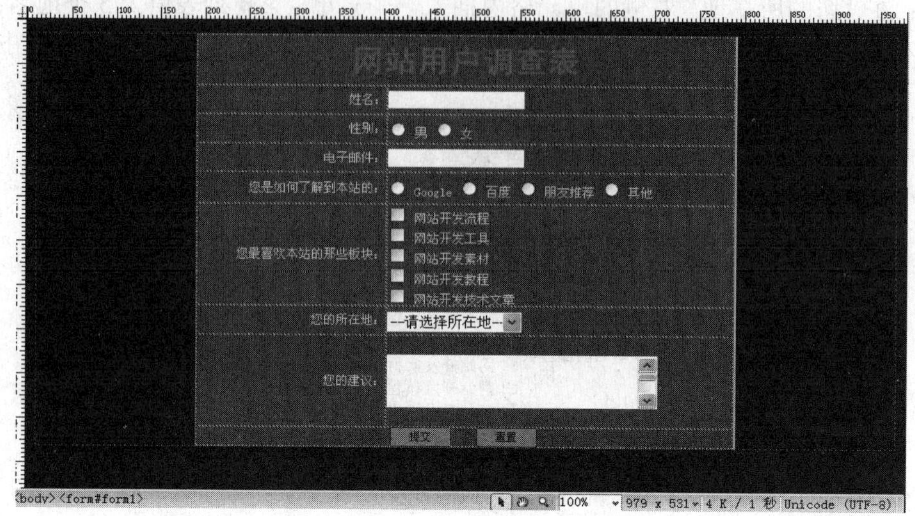

图 4-44　设置页面中表单对象样式

（6）保存文档，在浏览器中预览表单页面效果。

❖　任务小结

表单作为页面中一种常用的交互技术，应正确掌握添加和设置表单及表单对象的方法，利用 CSS 对表单进行修饰，可以使表单页面浏览效果更好。

任务 4.3　网页中行为的应用

行为可以使网页具有动态效果，用于实现网页交互。本任务将介绍行为的基本概念，以及如何使用 Dreamweaver 自带的行为。

❖　任务内容分析

想要灵活、正确地运用行为在页面中实现各种特效，需要掌握以下内容：

① 行为基础；

② 添加行为；

③ 编辑行为；

④ 使用常见行为。

❖　任务知识学习

4.3.1　行为基础

行为是某个事件与该事件触发工作的组合，Dreamweaver 中的行为是将 JavaScript 代码添加到文档代码中，这样访问者就可以通过多种方式更改网页或执行某些任务。

事件是浏览器生成的消息，它指示该页的访问者已执行了某种操作。例如，当访问者将鼠标指针移到某个链接上时，浏览器将为该链接生成一个 onMouseOver 事件，然后浏览器检查是否应该调用某段 JavaScript 代码（在当前查看的页面中指定）来进行响应。

动作是一段预先编写的 JavaScript 代码，可用于执行诸如打开浏览器窗口、显示或隐藏 AP 元素、播放声音或停止播放 Adobe Shockwave 影片等任务。

在将行为附加到某个页面元素之后，每当该元素的某个事件发生时，行为便会调用与这一事件相关联的动作。例如，如果将弹出消息动作附加到一个链接上，并指定它将由 onMouseOver 事件触发，那么只要将指针放在该链接上，就会弹出相应的消息。

4.3.2　添加行为

行为可以被附加到整个文档，即<body>标签与</body>标签之间，还可以被附加到链接、图像、表单元素和多种其他 HTML 元素。

设计者可以为每个事件指定多个动作。动作按照它们在“行为”面板的动作列中列出的顺序发生。

（1）添加行为时在页面上选择一个要应用行为的元素。例如，一个图像或一个链接。

（2）若要将行为附加到整个页，则在文档窗口左下角的标签选择器中单击<body>标签。

（3）执行“窗口”→“行为”命令，调出“行为”面板，在其中单击“添加行为”下拉按钮，并在弹出的下拉列表中选择一个动作选项，如图 4-45 所示。

（4）菜单中灰显的动作不可选择。当选择某个动作时，将弹出相应的对话框，其中显示该动作的参数和说明。

（5）为该动作设置相关参数，然后单击“确定”按钮。

（6）触发该动作的默认事件显示在事件列中。如果默认事件不是所需的触发事件，则可选择其他事件。

CSS 设计器 | CSS 过渡效果 | 行为
标签 <body>
交换图像
弹出信息
恢复交换图像
打开浏览器窗口
拖动 AP 元素
改变属性
效果
显示-隐藏元素
检查插件
检查表单
设置文本
调用JavaScript
跳转菜单
跳转菜单开始
转到 URL
预先载入图像
获取更多行为...

图 4-45　添加“行为”

4.3.3　编辑行为

在附加了行为之后，可以更改触发动作的事件、添加或删除动作，以及更改动作的参数。首先应该选择一个附加有行为的对象。

1．更改行为

若要编辑动作的参数，可以双击动作名称或将其选中并按 Enter 键，然后在弹出的对话框中，更改参数并单击“确定”按钮即可。

若要更改给定事件的多个动作的顺序，可以选择某个动作后，单击“增加事件值”或“降低事件值”按钮，或者选择该动作，将其剪切并粘贴到其他动作之间的合适位置即可。

2．删除行为

若要删除某个行为，可将其选中后单击“删除事件”按钮或按 Delete 键，如图 4-46 所示。

3．更新行为

选择一个附加有该行为的元素，在“行为”面板的列表框中双击该行为，在弹出的对话框中，进行所需的更改后单击“确定”按钮即可。

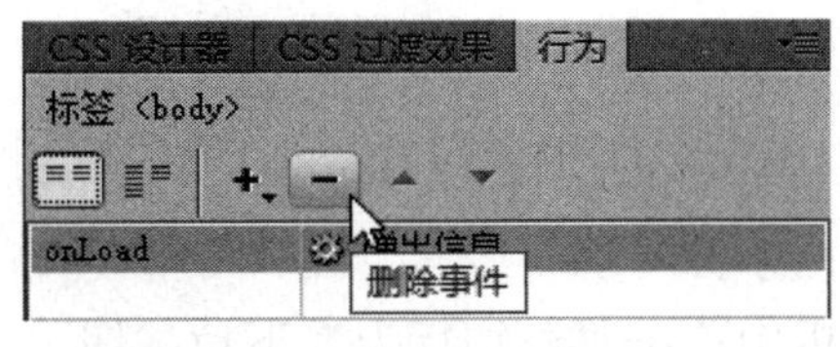

图 4-46　单击“删除事件”按钮

4.3.4　使用常用行为

1．弹出信息

使用“弹出信息”行为，将显示一个包含指定信息的 JavaScript 警告。“弹出信息”行为的添加方法如下。

选择一个对象，并选择<body>标签，在“行为”面板中单击“添加行为”下拉按钮，在弹出的下拉列表中选择“弹出信息”选项，然后在弹出的如图 4-47 所示的对话框中指定弹出信息的内容。

设置完成后单击“确定”按钮，然后在“行为”面板中设置事件为 onLoad，如图 4-48 所示。在浏览器中预览页面弹出消息效果，如图 4-49 所示。

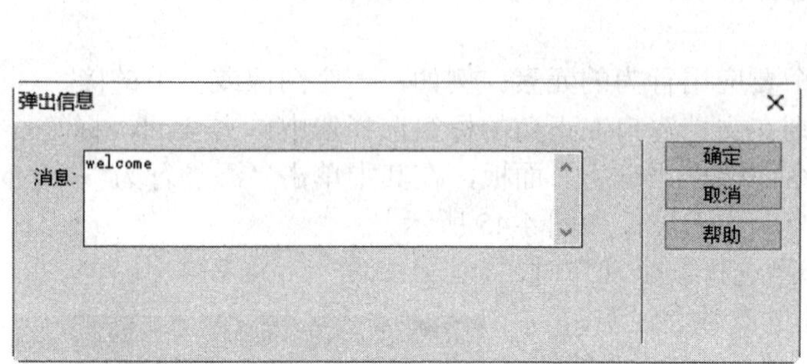

图 4-47 设置“弹出信息”内容

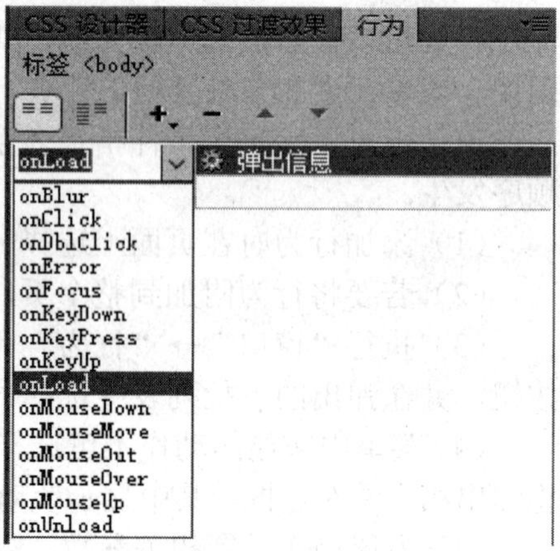

图 4-48 设置事件

图 4-49 页面预览效果

2．打开浏览器窗口

使用“打开浏览器窗口”行为，可在一个新的窗口中打开页面。“打开浏览器窗口”行为的添加方法如下。

选择一个对象，选择<body>标签，然后在“行为”面板中单击“添加行为”下拉按钮，在弹出的下拉列表中选择“打开浏览器窗口”选项，弹出“打开浏览器窗口”对话框，如图

4-50 所示。

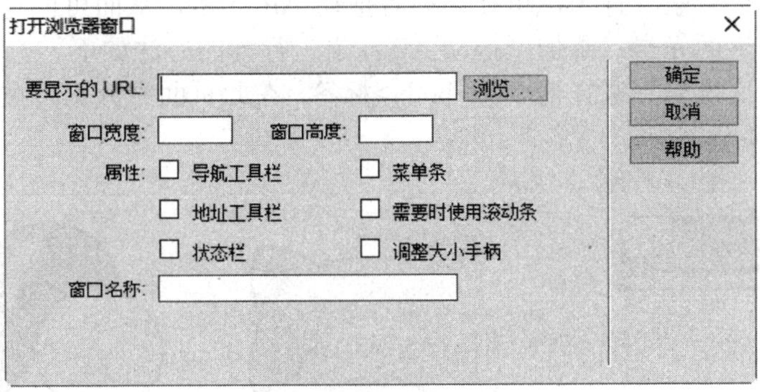

打开浏览器窗口
要显示的 URL:　浏览...
确定
取消
帮助
窗口宽度:　窗口高度:
属性:　导航工具栏　菜单条
地址工具栏　需要时使用滚动条
状态栏　调整大小手柄
窗口名称:

图 4-50 “打开浏览器窗口 ”对话框

下面对该对话框中的各个选项进行介绍。

（1）“要显示的 URL”文本框。可以在其中选择一个文件或输入要显示的 URL。

（2）“窗口宽度”和“窗口高度”文本框。设置相应选项可以指定窗口的大小（以像素为单位）。

（3）“属性”复选框组。该复选框组用于设置是否包括各种工具栏、滚动条、调整大小手柄等控件。

（4）“窗口名称”文本框。如果需要将该窗口用作链接的目标窗口，或者需要使用 JavaScript 对其进行控制，就应该指定窗口的名称（不使用空格或特殊字符）。

设置完毕后单击“确定”按钮，在“行为”面板中设置事件为 onLoad，然后在浏览器中预览页面效果，如图 4-51 所示。

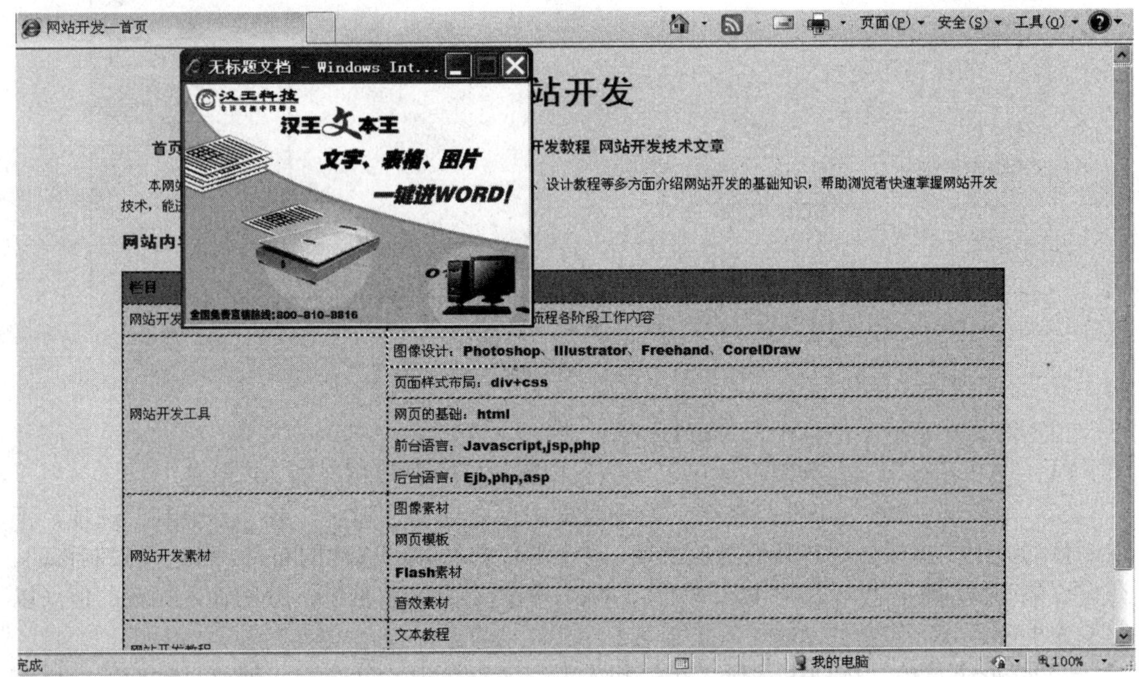

图 4-51 “打开浏览器”页面效果

3．拖动 AP 元素

使用“拖动 AP 元素”行为，可让访问者拖动 AP 元素，从而可创建拼板游戏、滑块控件和其他可移动的界面元素。添加“拖动 AP 元素”行为的方法如下。

选择文档窗口底部标签选择器中的<body>标签，在此页面中分别将被拖动的对象添加到 AP 元素中，如图 4-52 所示。

图 4-52 “拖动 AP 元素”页面内容

在“行为”面板中单击“添加行为”下拉按钮，在弹出的下拉列表中选择“拖动 AP 元素”选项，弹出如图 4-53 所示的对话框。

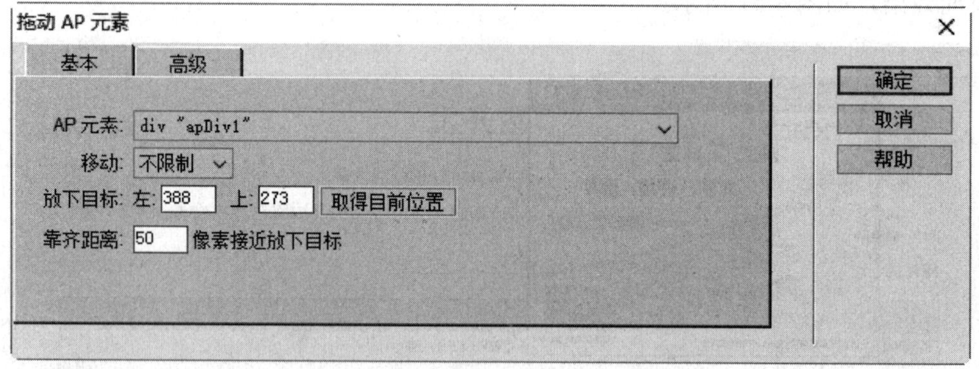

图 4-53 “拖动 AP 元素”对话框

下面对该对话框中的各个选项进行介绍。

（1）“AP 元素”下拉列表框。可以在该下拉列表框中选择相应的 AP 元素。

（2）“移动”下拉列表框。在该下拉列表框中可以选择“限制”或“不限制”选项。不限制移动适用于拼板游戏和其他拖放游戏。对于滑块控件和可移动的布景，可选择限制移动。在设置限制移动时，可以在“上”、“下”、“左”和“右”文本框中，分别输入相应的值（以像素为单位）。

（3）“放下目标”选项组。在“左”和“上”文本框中，分别输入拖放目标的值（以像素为单位），这是希望访问者将 AP 元素拖动到目标点。当 AP 元素的左坐标和上坐标，与用户在“左”和“上”文本框中输入的值匹配时，便认为 AP 元素已经到达拖放目标。这些值是与浏览器窗口左上角的相对值。单击“取得目前位置”按钮，可使用 AP 元素的当前位置自动填充这些文本框。

（4）“靠齐距离”文本框。在该文本框中输入一个值（以像素为单位），以确定访问者必须将 AP 元素拖到距离拖放目标多近时，才能使 AP 元素靠齐到目标。较大的值可以使访问者较容易找到拖放目标。

对于简单的拼板游戏和布景处理，到此步骤为止即可。若要定义 AP 元素的拖动控制点、在拖动 AP 元素时跟踪其移动，以及在放下 AP 元素时触发一个动作，需要在“高级”选项卡中进行设置，如图 4-54 所示。

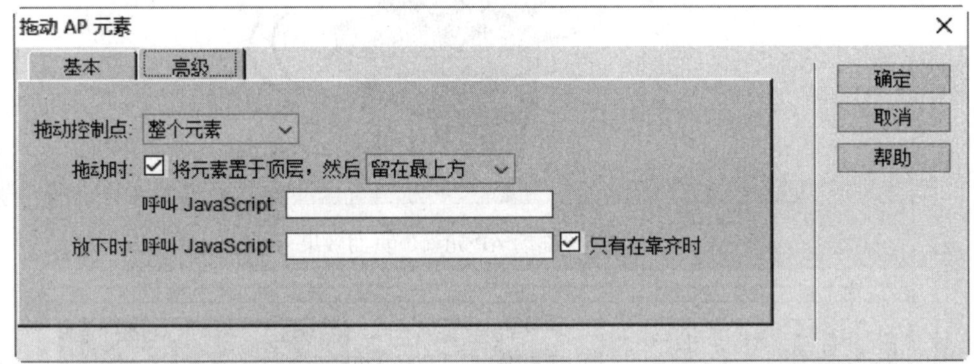

图 4-54 “高级”选项卡

下面对该选项卡的各个选项进行介绍。

（1）“拖动控制点”下拉列表框。若要指定访问者，则必须单击 AP 元素的特定区域才能拖动 AP 元素，需要从该下拉列表框中选择“元素内的区域”选项，然后输入左坐标和上坐标，以及拖动控制点的宽度和高度。此选项适用于 AP 元素中的图像包含提示拖动元素的情况。

（2）“拖动时”选项组。如果 AP 元素在拖动时应该移动到堆叠顺序的最前面，则选中“将元素置于顶层”复选框。

（3）“呼叫 JavaScript”文本框。在该文本框中输入 JavaScript 代码或函数名称，可以在拖动 AP 元素时反复执行该代码或函数。

（4）“放下时：呼叫 JavaScript”文本框。在该文本框中输入 JavaScript 代码或函数名称，可以在放下 AP 元素时执行该代码或函数。如果只有在 AP 元素到达拖放目标时才执行 JavaScript 代码，则选中“只有在靠齐时”复选框。

设置完毕后，单击“确定”按钮，在浏览器中预览页面效果，如图 4-55 所示。

4．改变属性

使用“改变属性”行为可更改对象的某个属性。例如，div 的背景颜色或表单动作的值。“改变属性”行为的添加方法如下。

选择一个对象，这里选择页面中的一张图像，如图 4-56 所示，然后在“行为”面板中单击“添加行为”下拉按钮，在弹出的下拉列表中选择“改变属性”选项，弹出“改变属性”对话框，按照如图 4-57 所示进行设置。

图 4-55 “拖动 AP 元素”页面效果

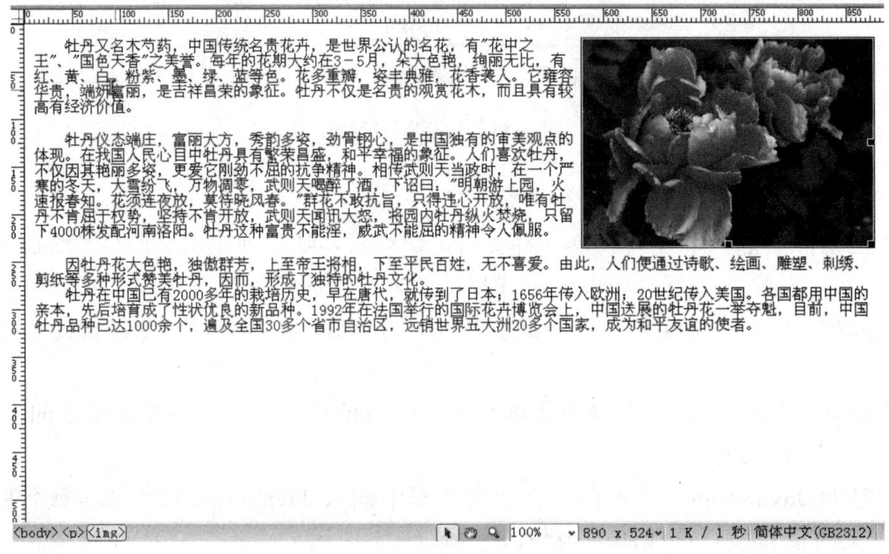

图 4-56 选择图像

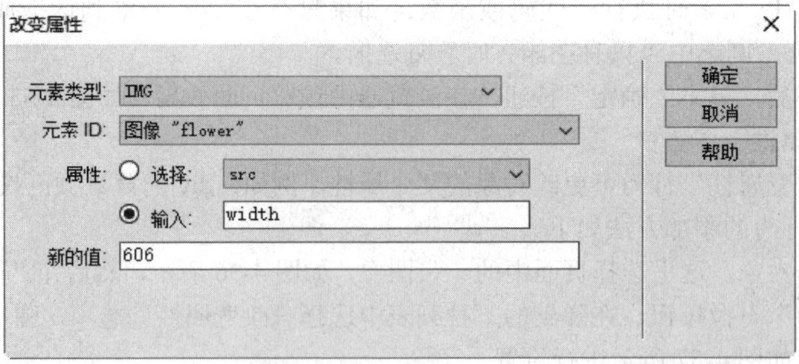

改变属性

元素类型：IMG

元素 ID：图像 "flower"

属性：○ 选择：src

◉ 输入：width

新的值：606

确定

取消

帮助

图 4-57 “改变属性”对话框

下面对该对话框中的各个选项进行介绍。

（1）“元素类型”下拉列表框。可以在该下拉列表中选择某个元素类型，以显示该类型的所有标识的元素。

（2）“元素 ID”下拉列表框。该下拉列表框中列出了所有所选类型的命名对象，从中可以选择要改变的对象名称。

（3）“属性”选项组。可以在下拉列表框中选择一个属性（选中“选择”单选按钮），或在文本框中输入该属性的名称（选中“输入”单选按钮）。

（4）“新的值”文本框。可以在该文本框中为新属性输入一个新值。

设置完毕后单击“确定”按钮，设置事件为 onMouseOver，在浏览器中预览页面效果，如图 4-58 所示。

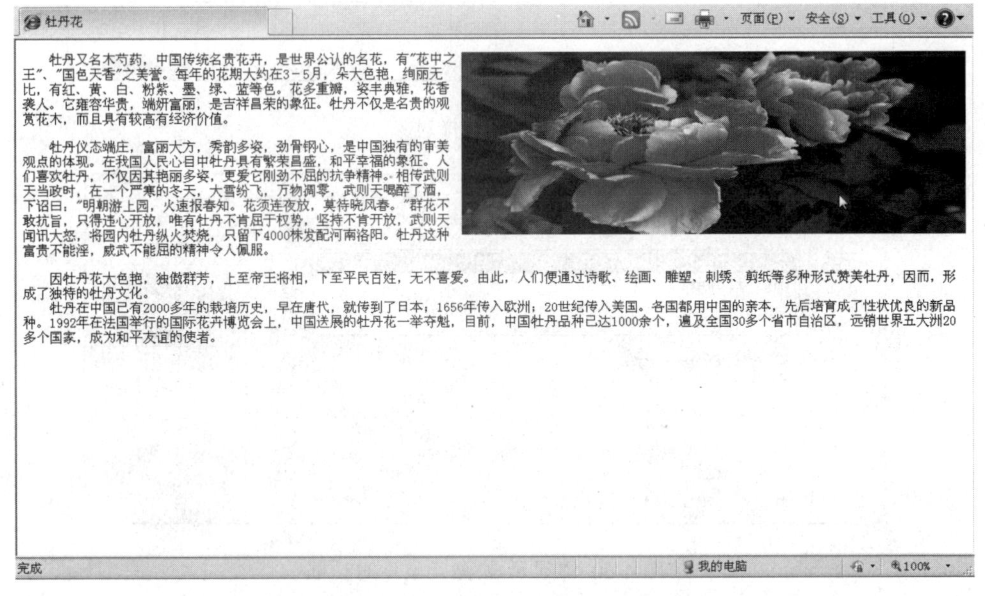

图 4-58　“改变属性”页面预览效果

5．显示-隐藏元素

使用“显示-隐藏元素”行为，可显示、隐藏或恢复一个或多个页面元素的默认可见性。此行为用于在用户与页进行交互时显示信息。

例如，当用户将鼠标指针移到一个植物图像上时，可以显示一个页面元素，此元素给出有关该植物的生长季节和地区、需要多少阳光、可以长到多大等详细信息。此行为仅显示或隐藏相关元素。“显示-隐藏元素”行为的添加方法如下。

选择一个对象，这里选择一张图像，如图 4-59 所示，然后在“行为”面板中单击“添加行为”下拉按钮，在弹出的下拉列表中选择“显示-隐藏元素”选项，弹出“显示-隐藏元素”对话框，如图 4-60 所示。

用户可以在“元素”列表框中选择要显示或隐藏的元素，然后根据需要单击“显示”、“隐藏”或“默认”（恢复默认可见性）按钮即可。

设置当鼠标指针经过图像时显示文字所在的 AP 元素，当鼠标指针离开图像时，文字所在的 AP 元素被隐藏，效果分别如图 4-61 和图 4-62 所示。

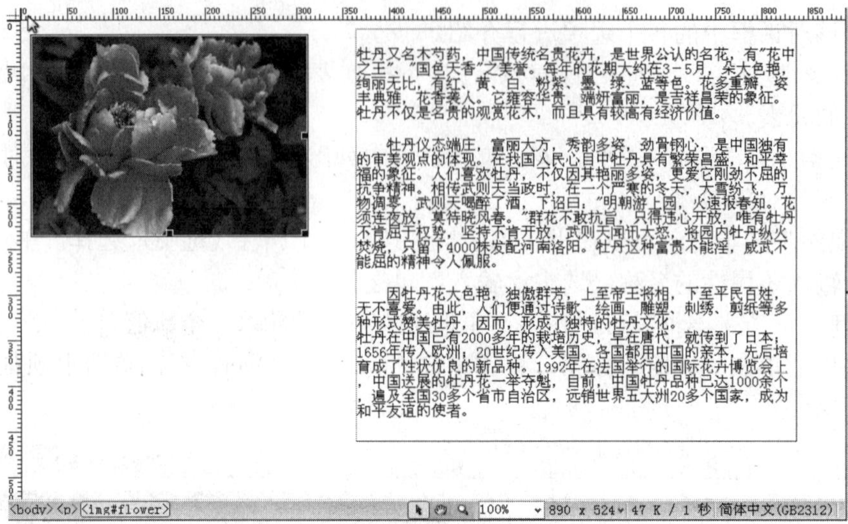

图 4-59 选择对象

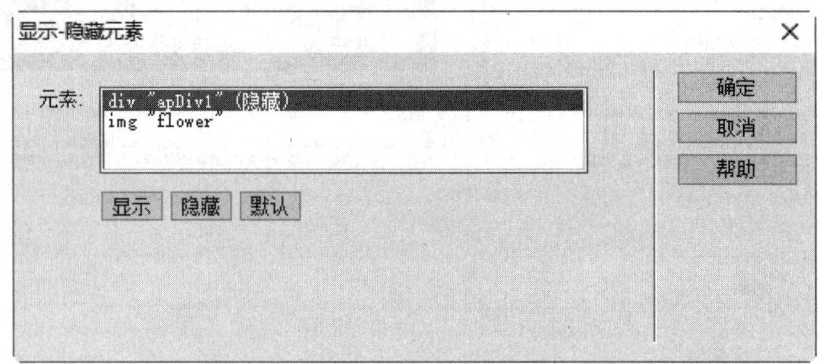

图 4-60 “显示-隐藏元素”对话框

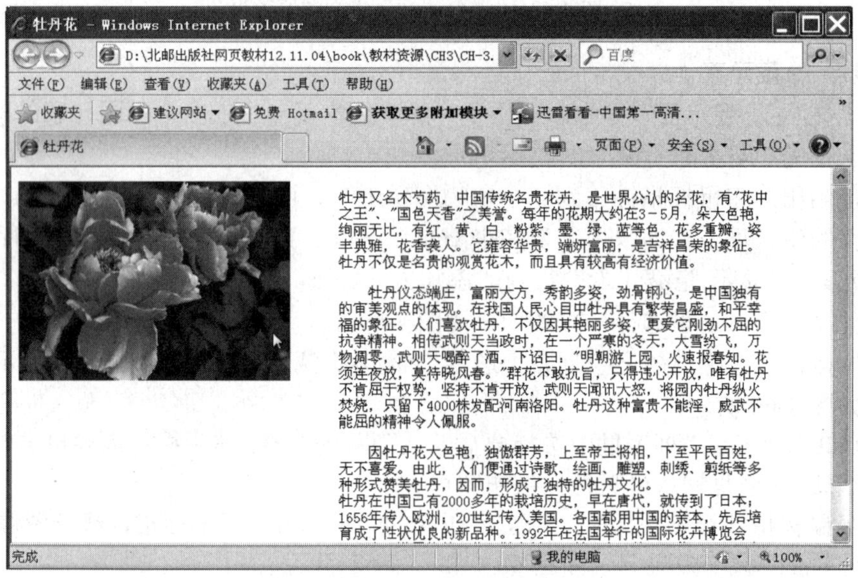

图 4-61 鼠标经过图像时页面效果

图 4-62　鼠标离开图像时页面效果

6．检查表单

“检查表单”行为可检查指定文本域的内容，以确保用户输入的数据类型正确；可以检查表单中指定文本字段的内容，以确保用户输入了正确的数据类型。通过 onBlur 事件将此行为附加到单独的文本字段，以便在用户填写表单时验证这些字段；或通过 onSubmit 事件将此行为附加到表单，以便在用户单击“提交”按钮时，同时计算多个文本字段，将此行为附加到表单可以防止提交表单时出现无效数据。

选择表单中的一个对象，这里选择 username 文本字段，如图 4-63 所示。

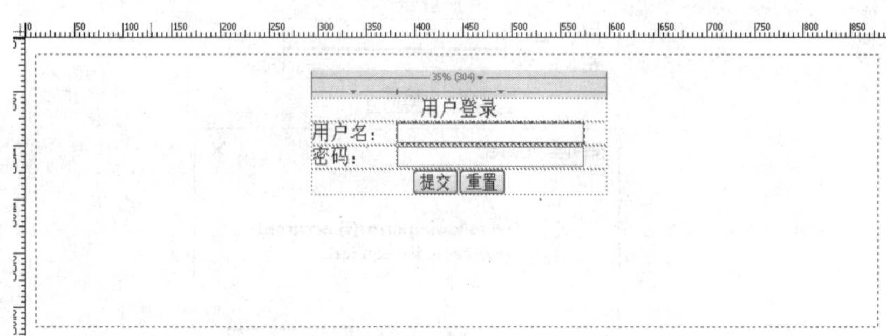

图 4-63　选择 username 文本字段

在“行为”面板中单击“添加行为”下拉按钮，在弹出的下拉列表中选择“检查表单”选项，然后在弹出的“检查表单”对话框中设置相应选项。其中，设置 username 文本字段的“值”是“必需的”，在“可接受”选项组中选中“任何东西”单选按钮，如图 4-64 所示。

下面对该对话框中的各个选项进行介绍。

（1）“域”列表框。该列表框中包含要检查的表单文本域。

（2）“值”选项。如果该域必须包含某种数据，则选中“必需的”复选框。

（3）“可接受”选项组。该选项组包括使用“任何东西”检查域中必需包含的数据，数据类型不限；使用“电子邮件地址”检查域中是否包含@符号；使用“数字”检查域中是否只包含数字；使用“数字从”检查域中是否包含特定范围的数字。

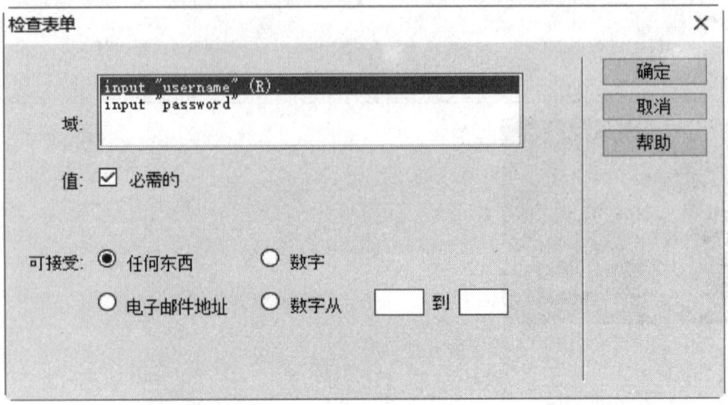

图 4-64 “检查表单”对话框

若选择验证多个域，则应该对要验证的任何其他域重复前面的步骤。

若在用户提交表单时检查多个域，则 onSubmit 事件自动出现在“事件”菜单中。

若要分别验证各个域，则检查默认事件是否是 onBlur 或 onChange。如果不是，则选择其中的一个事件。

将 username 文字字段动作事件设置为 onBlur，浏览效果如图 4-65 所示。

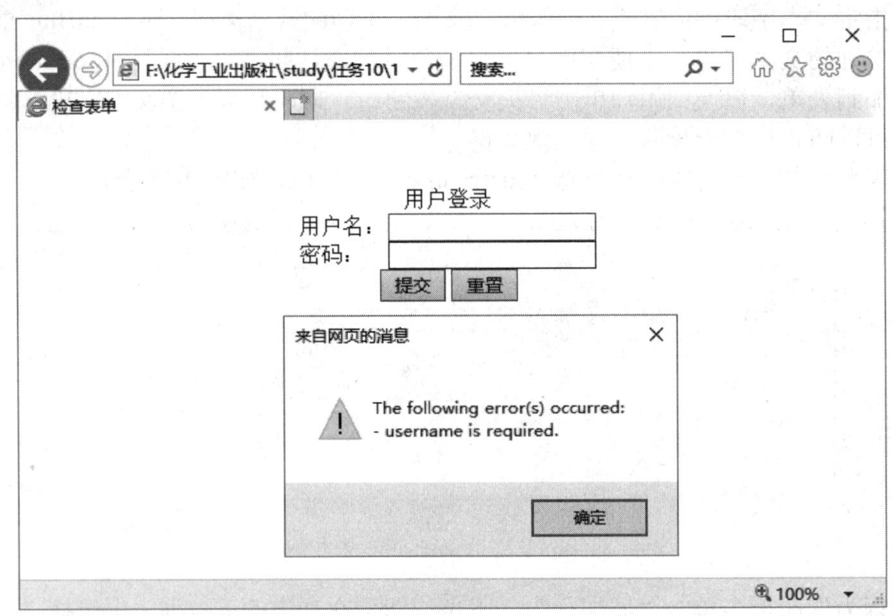

图 4-65 检查表单页面浏览效果

7. 设置文本

（1）“设置框架文本”行为。“设置框架文本”行为允许用户动态设置框架的文本，可用指定的内容替换框架的内容和格式设置。该内容可以包含任何有效的 HTML 代码。

“设置框架文本”行为的添加方法为：选择一个对象，然后在“行为”面板中单击“添加行为”下拉按钮，在弹出的下拉列表中选择“设置文本”→“设置框架文本”选项，弹出“设置框架文本”对话框，如图 4-66 所示。

图 4-66 “设置框架文本”对话框

下面对该对话框中的各个选项进行介绍。

①“框架”下拉列表框。可以在该下拉列表框中选择目标框架。

②“新建 HTML”列表框。该列表框中包含在选定框架中显示的 HTML 代码。

③“获取当前 HTML”按钮。单击该按钮可以复制目标框架主体部分的当前内容。

④“保留背景色”复选框。选中该复选框可以保留原来框架中的背景色。

设置完毕后，单击“确定”按钮并设置相应的事件。

（2）“设置容器的文本”行为。“设置容器的文本”行为将页面上现有容器的内容和格式替换为指定内容。该内容可以包括任何有效的 HTML 源代码。

“设置容器的文本”行为的添加方法如下：

选择一个对象，然后在“行为”面板中单击“添加行为”下拉按钮，在弹出的下拉列表中，选择“设置文本”→“设置容器的文本”选项，弹出“设置容器的文本”对话框，如图 4-67 所示。

图 4-67 “设置容器的文本”对话框

下面对该对话框中的各个选项进行介绍。

①“容器”下拉列表框。可以在该下拉列表框中选择目标元素。

②“新建 HTML”列表框。该列表框中包含新输入的文本或 HTML 代码。

设置完毕后，单击“确定”按钮并设置相应的事件。

（3）“设置状态栏文本”行为。“设置状态栏文本”行为可在浏览器窗口左下角的状态栏中显示消息。“设置状态栏文本”行为的添加方法如下：

选择一个对象，这里选择<body>标签，然后在“行为”面板中单击“添加行为”下拉按钮，在弹出的下拉列表中，选择“设置文本”→“设置状态栏文本”选项，然后在弹出的“设置状态栏文本”对话框的“消息”文本框中输入文本内容，如图 4-68 所示。

设置完毕后，单击“确定”按钮，将事件设置为 onLoad，浏览效果如图 4-69 所示。

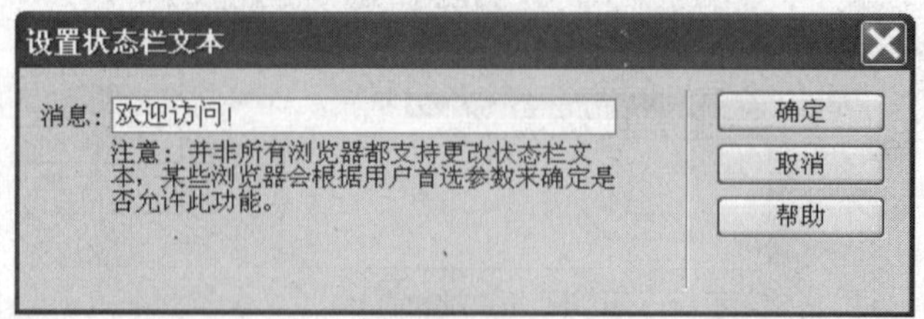

图 4-68 “设置状态栏文本”对话框

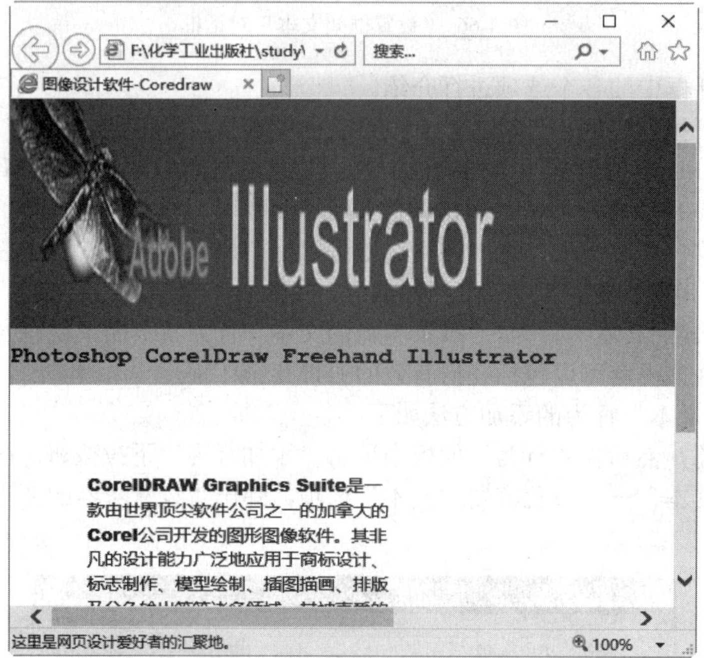

图 4-69 状态栏文字浏览效果

（4）“设置文本域文字”行为。“设置文本域文字”行为可用于将指定的内容替换表单文本域的内容。“设置文本域文字”行为的添加方法如下：

选择一个文本域，然后在“行为”面板中单击“添加行为”下拉按钮，在弹出的下拉列表中，选择“设置文本”→“设置文本域文字”选项，弹出“设置文本域文字”对话框，如图 4-70 所示。

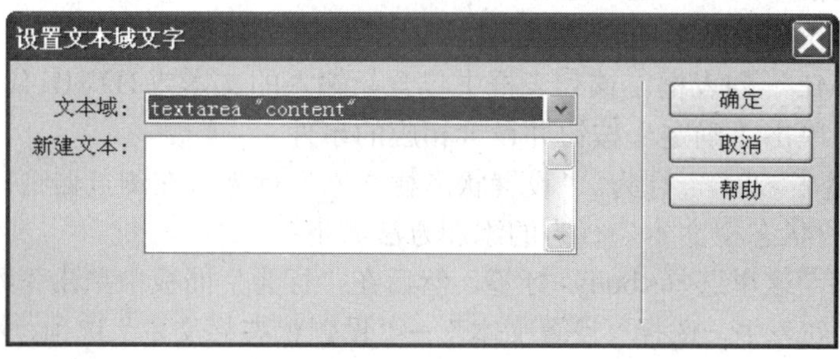

图 4-70 “设置文本域文字”对话框

下面对该对话框中的各个选项进行介绍。

① 文本域：选择要改变内容的文本域名称。

② 新建文本：输入将显示在文本域中的文字内容。

设置完毕后，单击“确定”按钮，并设置相应的事件。

8.“调用 JavaScript”行为

使用“调用 JavaScript”行为，可以在事件发生时执行自定义的函数或 JavaScript 代码行。“调用 JavaScript”行为的添加方法如下：

选择一个对象，然后在“行为”面板中单击“添加行为”下拉按钮，在弹出的下拉列表中，选择“调用 JavaScript”选项，弹出“调用 JavaScript”对话框，如图 4-71 所示。

图 4-71　“调用 JavaScript”对话框

输入要执行的 JavaScript 代码或函数名称。设置完毕后，单击“确定”按钮，并设置相应的事件。

9.“跳转菜单”行为

“跳转菜单”行为：当执行“插入”→“表单”→“选择”命令，选中该表单项，在“行为”面板中可以添加“跳转菜单”行为。在弹出的“跳转菜单”对话框中，进行相应设置后单击“确定”按钮即可，如图 4-72 所示。

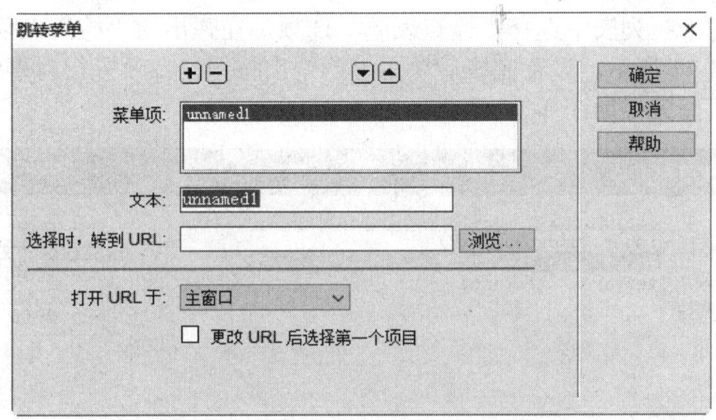

图 4-72　插入“跳转菜单”对话框

10.“转到 URL”行为

使用“转到 URL”行为，可在当前窗口或指定框架中打开一个新页面。此行为适用于通过一次单击更改两个或多个框架内容的情况。“转到 URL”行为的添加方法如下：

选择一个对象，然后在“行为”面板中单击“添加行为”下拉按钮，在弹出的下拉列表中选择“转到 URL”选项，弹出“转到 URL”对话框，如图 4-73 所示。

下面对该对话框中的各个选项进行介绍。

（1）“打开在”列表框。可以从该列表框中选择 URL 的目标。列表框中自动列出当前框架集中所有框架的名称以及主窗口，若没有任何框架，则“主窗口”是唯一的选项。

图 4-73 “转到 URL”对话框

（2）URL 文本框。可以在该文本框中输入跳转的文档地址和文件名，也可单击其右侧的“浏览”按钮，在弹出的对话框中查找文件。

设置完毕后，单击“确定”按钮并设置相关事件。

❖ 任务实践训练

【具体任务】

（1）打开任务 4.2 中完成的页面 search.html，结合页面表单对象，添加“检查表单”行为，表单中的姓名和电子邮件内容不得为空，电子邮件内容必须符合电子邮件地址格式，在单击“提交”按钮时，对页面进行统一检查。

（2）打开任务 4.1 中完成的页面 soft-coredraw.html，在页面中添加状态文本，页面加载时弹出欢迎访问的消息框，并打开一个提示用户填写网站调查表的页面。

【实施步骤】

（1）打开 search.html，选择“提交”按钮，然后在“行为”面板中单击“添加行为”下拉按钮，在弹出的下拉列表中选择“检查表单”选项，在弹出的“检查表单”对话框中设置检查规则，如图 4-74 所示。设置完毕后单击“确定”按钮，并设置行为事件为 onClick，在浏览器中预览的页面效果如图 4-75 所示。

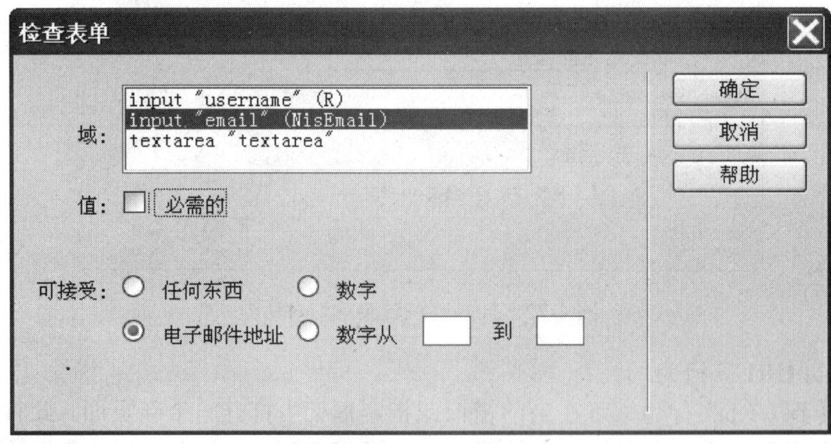

图 4-74 设置表单检查规则

（2）打开 soft-coredraw.html 页面，选择<body>标签，然后在“行为”面板中单击“添加行为”下拉按钮，在弹出的下拉列表中选择“设置文本”→“设置状态栏文本”选项，在弹出的“设置状态栏文本”对话框中设置文本内容，如图 4-76 所示。设置完毕后单击“确定”按钮，并设置行为事件为 onLoad，预览页面效果如图 4-77 所示。

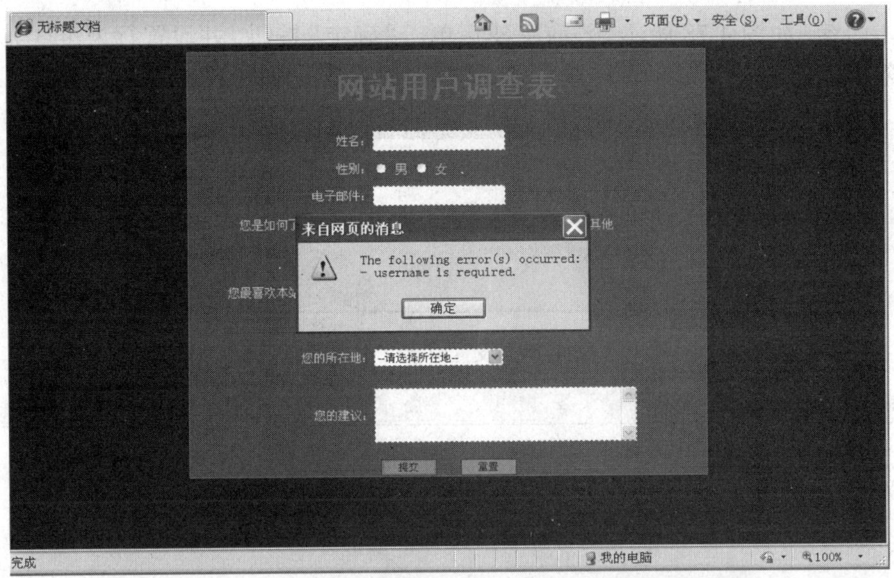

图 4-75　search.html 页面的预览效果

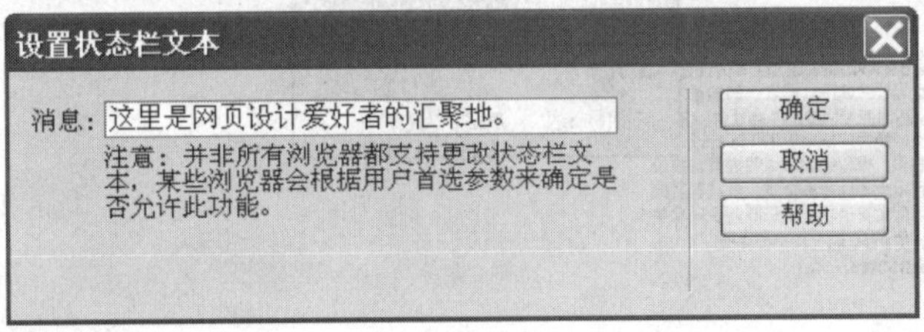

设置状态栏文本

消息：这里是网页设计爱好者的汇聚地。

注意：并非所有浏览器都支持更改状态栏文本，某些浏览器会根据用户首选参数来确定是否允许此功能。

确定　取消　帮助

图 4-76　设置状态栏文本内容

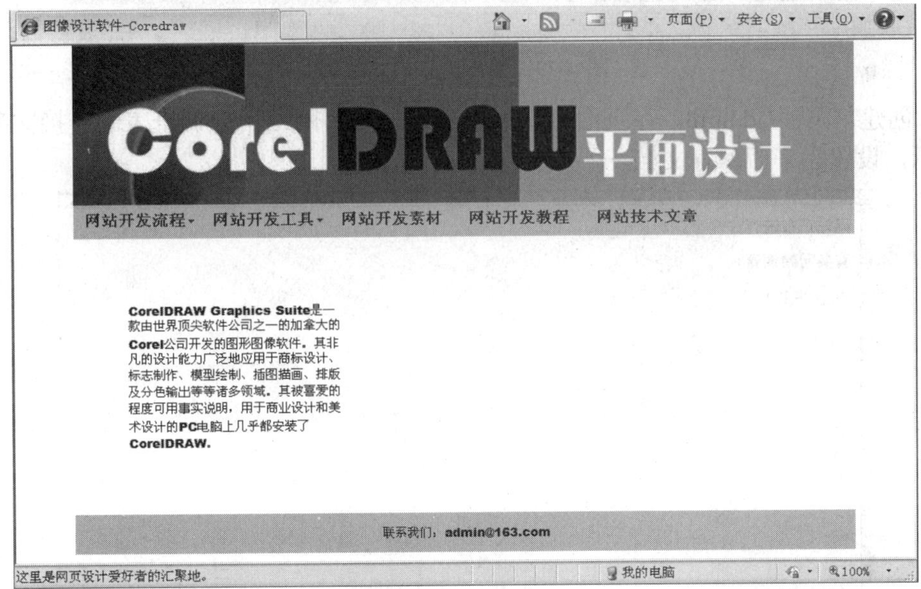

图 4-77　状态栏文字预览效果

（3）在 soft-coredraw.html 页面中选择<body>标签，然后在“行为”面板中单击“添加行为”下拉按钮，在弹出的下拉列表中选择“弹出信息”选项，在弹出的“弹出信息”对话框中设置文本内容，如图 4-78 所示。设置完毕后单击“确定”按钮，并设置行为事件为 onLolad，预览页面效果如图 4-79 所示。

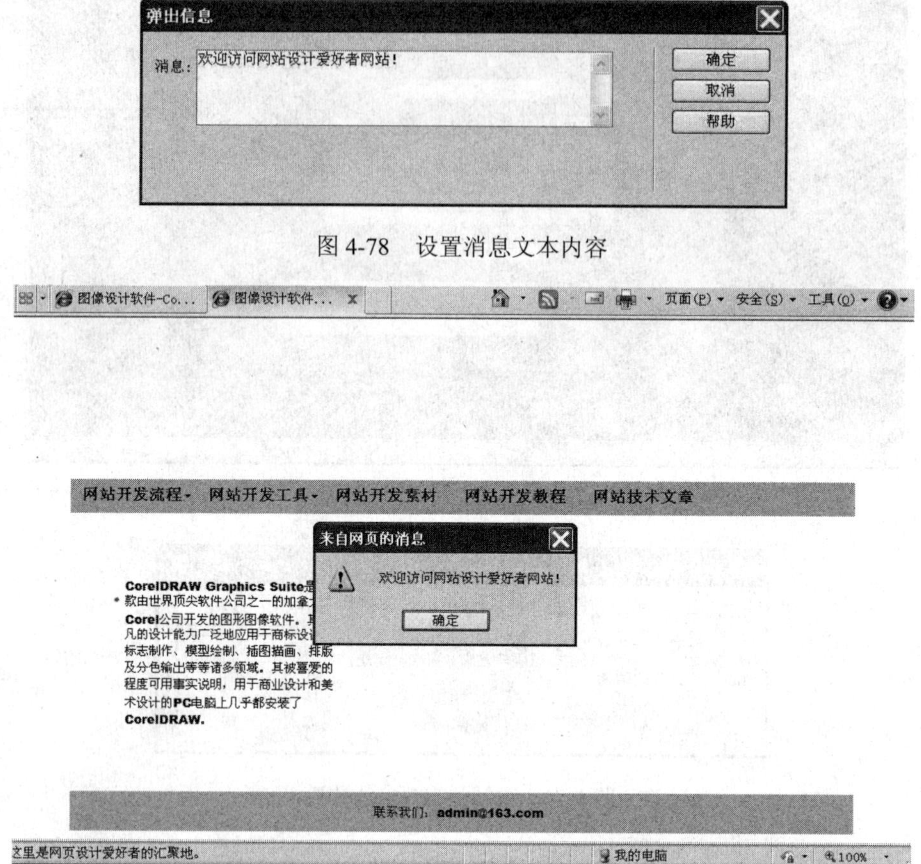

图 4-78　设置消息文本内容

图 4-79　弹出消息预览效果

（4）创建新页面 ad.html，在页面中添加提示用户填写网站用户调查表的链接文字，如图 4-80 所示，设置完毕后保存文档。

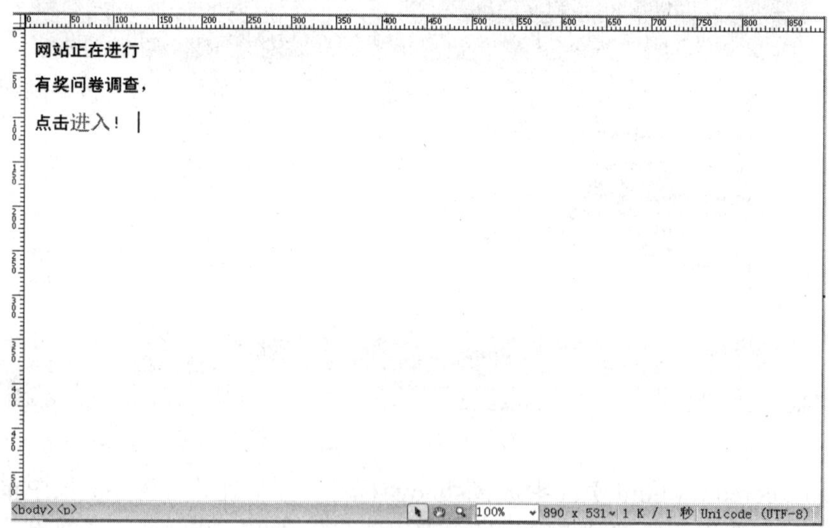

图 4-80　创建新页面 ad.html

（5）在 soft-coredraw.html 页面中选择<body>标签，然后在“行为”面板中单击“添加行为”下列按钮，在弹出的下拉列表中选择“打开浏览器窗口”选项，在弹出的“打开浏览器窗口”对话框中，设置“要显示的 URL”的值为 ad.html，“窗口宽度”和“窗口高度”均为 150，如图 4-81 所示。设置完毕后单击“确定”按钮，并设置行为事件为 onLolad，预览页面效果如图 4-82 所示。

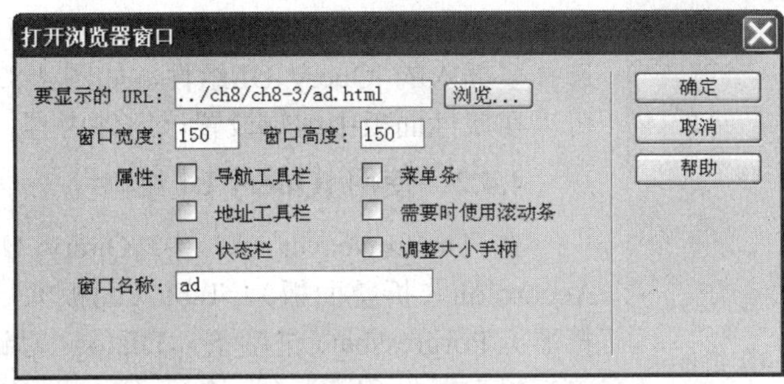

图 4-81　设置“打开浏览器窗口”行为

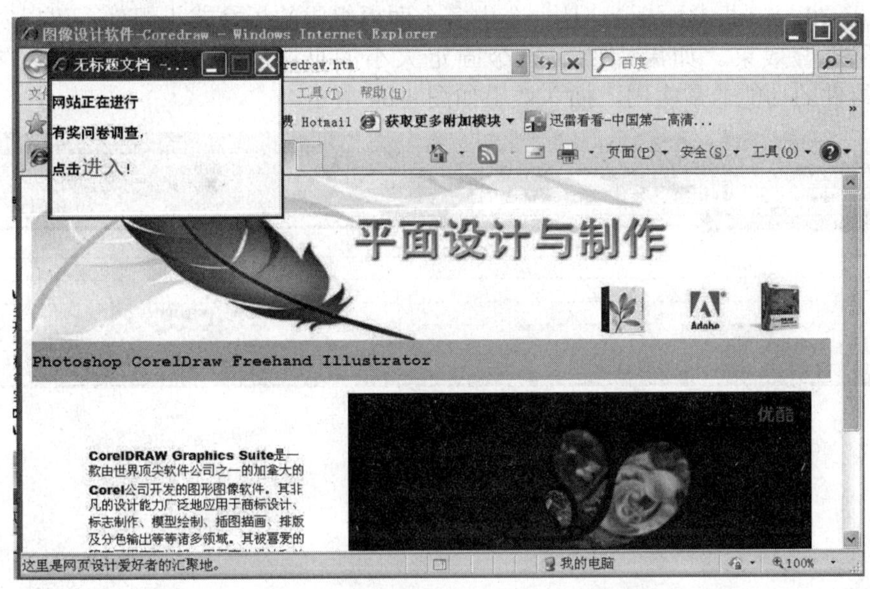

图 4-82　“打开浏览器窗口”行为预览效果

❖　任务小结

行为可以丰富页面的交互效果，合理、恰当地使用行为可以为网页增色。使用行为时要注意对象的选择，以及动作与事件的设置。

任务 4.4　在页面中使用 jQuery

在 Dreamweaver CC 以及更高版本中 jQuery UI 取代了 Spry，jQuery UI 是建立在 jQuery JavaScript 库上的一组用户界面交互、特效组件，可以用来创建高度交互的 Web 页面。

❖　任务内容分析

想要使用 jQuery UI 设计页面交互效果，需要掌握以下内容：

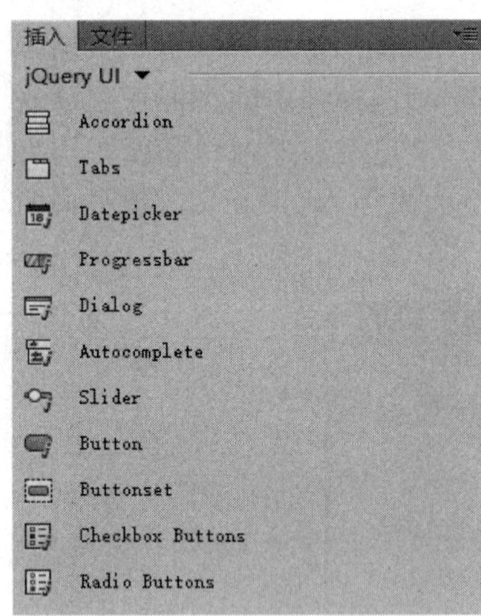

图 4-83 插入 jQuery UI 组件

① 添加 jQuery UI 方法；

② 使用 jQuery UI 组件。

❖ 任务知识学习

4.4.1 添加 jQuery UI

在页面中添加 jQuery UI 组件时，将光标置于要插入的位置，在“插入”菜单中选择“jQuery UI”选项，在列表中选择要插入的 jQuery UI 组件，如图 4-83 所示。组件插入后可以在属性面板中编辑设置该组件内容。

4.4.2 使用 jQuery UI 组件

在 Dreamweaver CC 中 jQuery UI 提供的组件有：Accordion（折叠面板）、Tabs（面板）、Datepicker（日期选择器）、Porgressbar（进度条）、Dialog（对话框）、Autocomplete（自动完成）、Slider（滑块）、Button（按钮）、Buttons（按钮组）、Checkbox Buttons（复选框）、Radio Buttons（单选按钮）。

（1）Accordion（折叠面板）：是一个由多个面板组成的折叠式小组件，可以实现每个面板的展开和折叠效果。如果需要在一个固定大小的页面空间实现多个内容的展示时，Accordion 组件的功能非常实用，插入效果如图 4-84 所示。

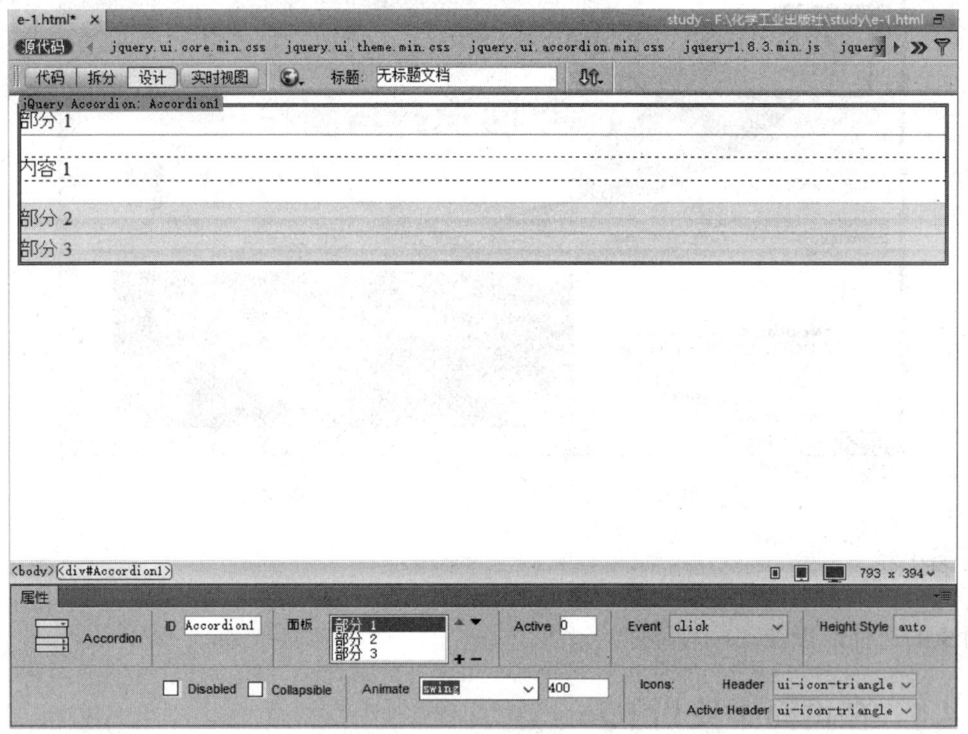

图 4-84 插入 Accordion 组件

可以在属性面板中对组件属性进行如下设置。

① ID：设置 Accordion 组件的 ID 名称。

② 面板：在该选项的列表中列出了所选中的组件中的各面板，单击其右侧的“添加面板”按钮＋，即可添加面板；单击“删除面板”按钮－，即可将选中的面板删除；还可以调

整面板的前后顺序。

③ Active：用于设置默认情况，Accordion 组件需要显示的面板，以数字 0、1、2…进行设置，0 代表第 1 个面板。

④ Event：该选项用于设置展开 Accordion 组件面板的触发器，在该选项的下拉列表中包括 lick 和 mouseover 两个选项。设置该选项为 click，表示单击面板时显示该面板内容；设置该选项为 mouseover，表示鼠标移至该面板上时显示该面板内容。

⑤ Height Style：该选项用于设置 Accordion 组件中面板内容的高度。在该选项的下拉列表中包括 auto、fill 和 content 选项。设置该选项为 auto，表示面板中内容高度的最大值为面板内容的高度；设置该选项值为 fill，表示面板内容高度为默认高度，如果内容高度超出默认高度将显示滚动条；设置该选项为 content，表示面板内容会根据该面板中内容高度进行自动调整。

⑥ Disabled：选中该复选框，则禁用 Accordion 组件的展开和折叠效果。

⑦ Collapsible：选中该复选框，表示允许折叠活动部分。

⑧ Animate：该选项用于设置 Accordion 组件面板展示折叠动画效果。在下拉列表后的文本框中，可以设置动画效果的持续时间，单位为毫秒。

⑨ Header：该选项用于设置面板标题的图标，可以在该选项的下拉列表中选择预设面板标题图标。

⑩ Active Header：该选项用于设置活动面板标题的图标，可以在该选项的下拉列表中选择预设的活动面板标题图标。

（2）Tabs（面板）：是一组水平方向上的选项卡式面板，可以将许多内容分别放置在不用的选项卡中，单击相应的选项卡，可以切换到该选项卡内容的显示状态，插入效果如图 4-85 所示。

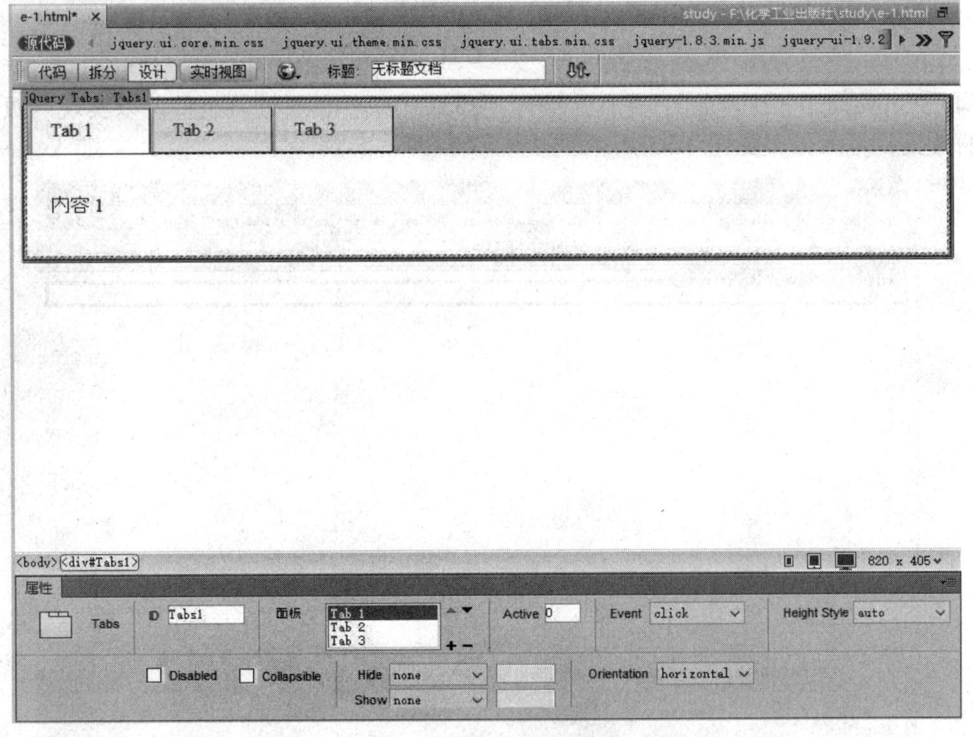

图 4-85　插入 Tabs 组件

Tabs 组件“属性”面板中的选项，与 Accordion 组件“属性”面板中的选项基本相同，设置方法与功能也相同。Tabs 组件“属性”面板中的 Orientation 属性，用于设置选项卡式面板的方向，在该选项的下拉列表中有两个选项，分别是 horizontal（水平方向）和 vertical（垂直方向）。

（3）Datepicker（日期选择器）：是一个可以选择日期的组件，该组件的排列非常灵活，用户可以自定义其展开的方式，插入效果如图 4-86 所示。

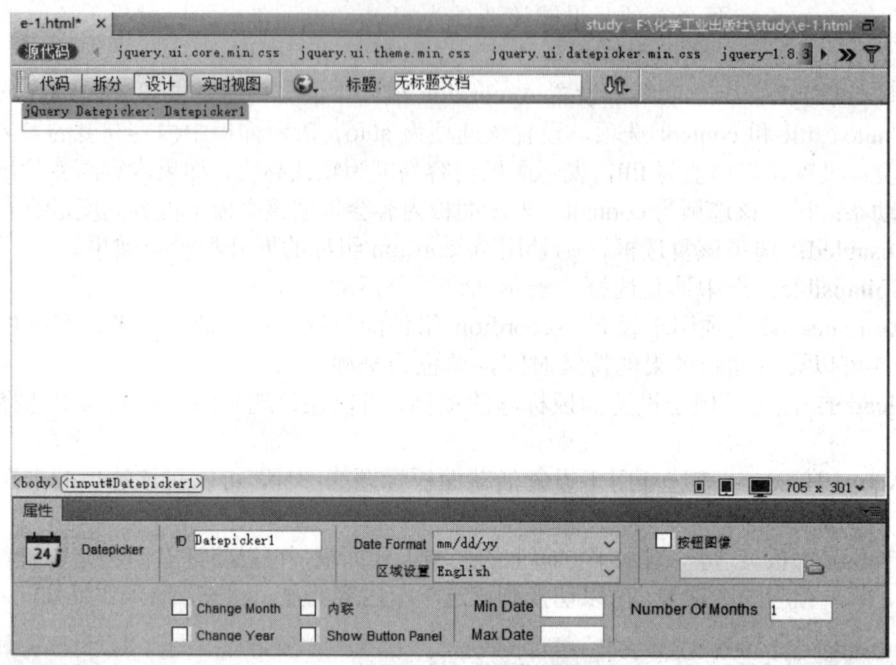

图 4-86　插入 Datepicker 组件

（4）Porgressbar（进度条）：是一个显示进度条的组件，通过该组件可以实现网页加载进度条的效果，插入效果如图 4-87 所示。

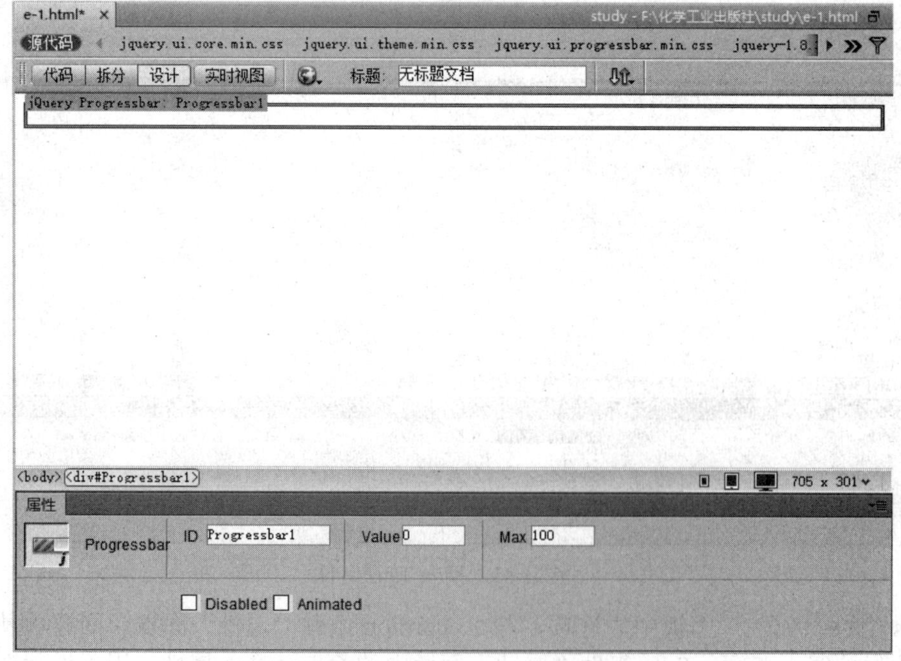

图 4-87　插入 Porgressbar 组件

（5）Dialog（对话框）：该组件可以在网页中实现一个浮动弹出信息窗口，该信息窗口有拖动至网页任意的位置，并且可以通过拖动的方式调整该弹出信息窗口的大小，插入界面如图 4-88 所示。

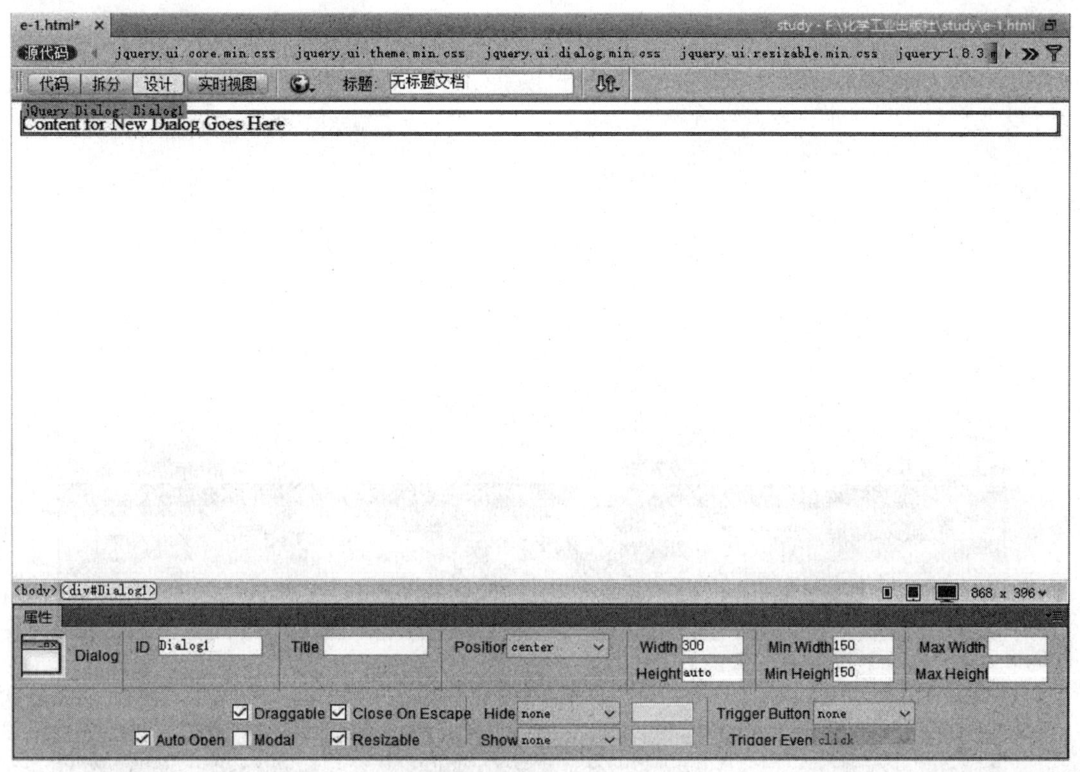

图 4-88　插入 Dialog 组件

在 Dialog 的属性面板中可以设置该组件的属性。

① AutoOpen：初始化之后是否立即显示对话框，默认 true。

② Model：模式对话框，默认为 false。

③ CloseOnEscape：当用户按<Esc>键之后，是否应该关闭对话框，默认为 true。

④ Draggable：是否允许拖动，默认为 true。

⑤ Resizable：是否可以调整会话框的大小，默认为 true。

⑥ Title：对话框的标题，可以是 HTML 串，例如一个超级链接。

⑦ Position：用来设置对话框的位置，可以为中间、左边、右边、上边或下边。

⑧ Width、Height：设置对话框的宽度和高度，并可以设置其最小和最大值。

⑨ Trigger Button：用从来设置由哪一个按钮来触发对话框。

⑩ Trigger Event：设置触发对话框时采用哪种方法，单击还是双击。

（6）Autocomplete（自动完成）：该组件可以实现自动完成表单文本域中内容填写的功能，用户在表单文本域中输入前几个字母或汉字时，该组件能从存放数据的文本或数据库中将所有以这些字母或汉字开头的数据提供给用户，供用户选择，其插入界面如图 4-89 所示。

（7）Slider（滑块）：该组件可以在网页中创建一个滑动条效果。可以计算出滑块在互动过程中占整个滑动条的比例。如果滑动条的整体长度为 100，则滑动的范围就是 1～100。插入 Slider 组件如图 4-90 所示。

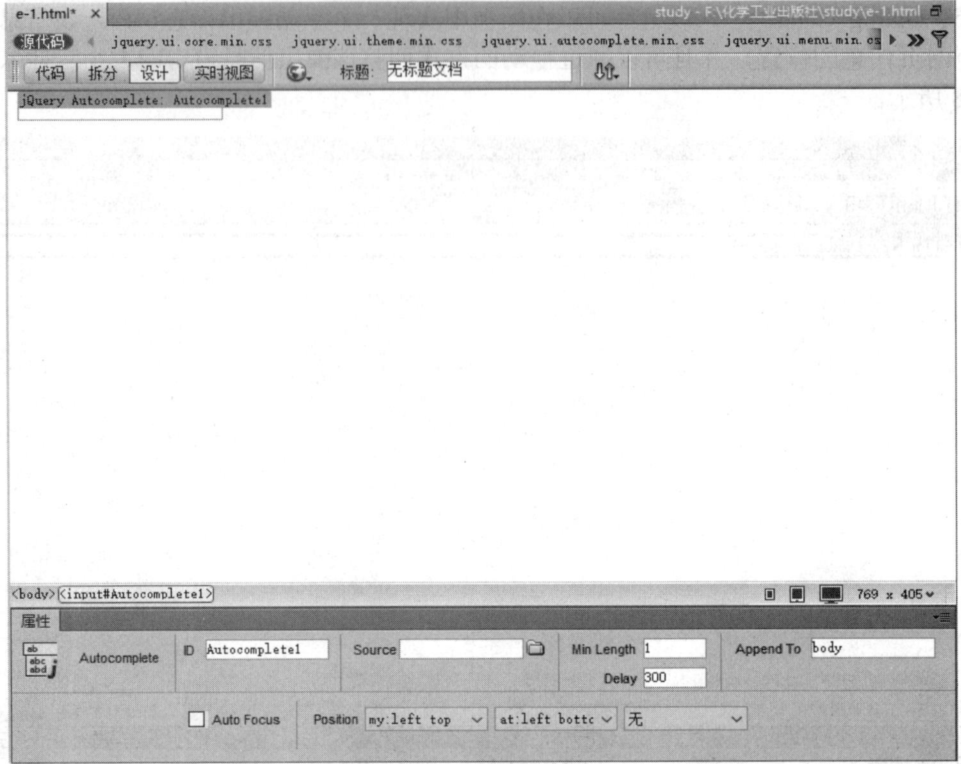

图 4-89 插入 Autocomplete 组件

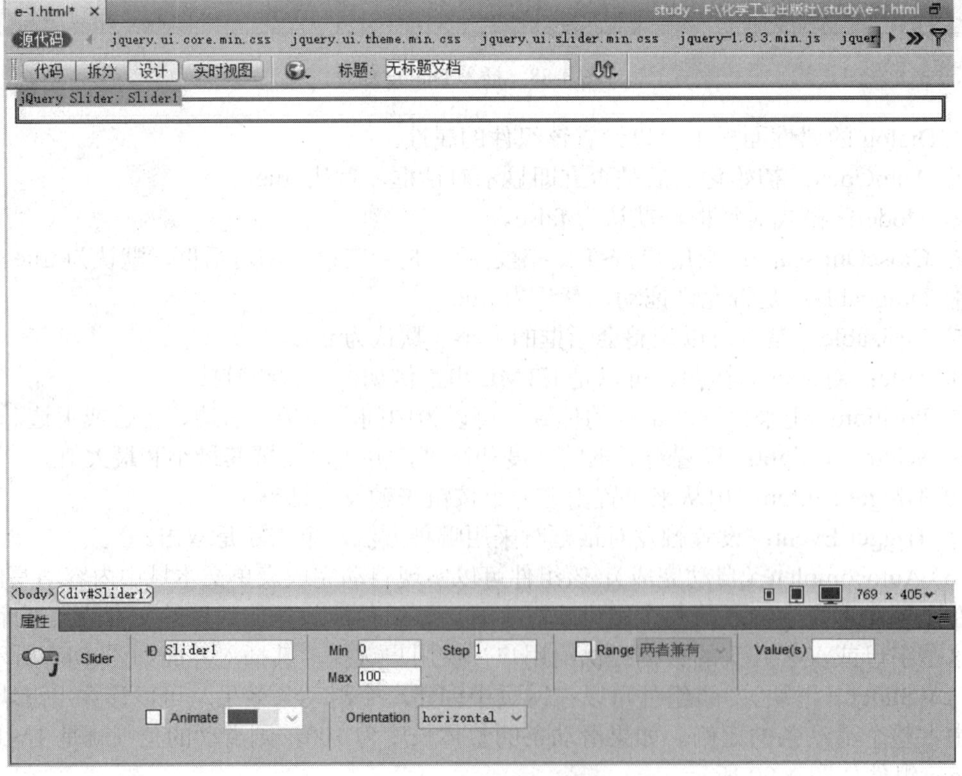

图 4-90 插入 Slider 组件

（8）Button（按钮）：该组件可以在网页中插入一个按钮，该按钮带有悬停和激活状态的样式，可以通过该按钮来加强标准表单元素的功能，插入 Button 组件如图 4-91 所示。

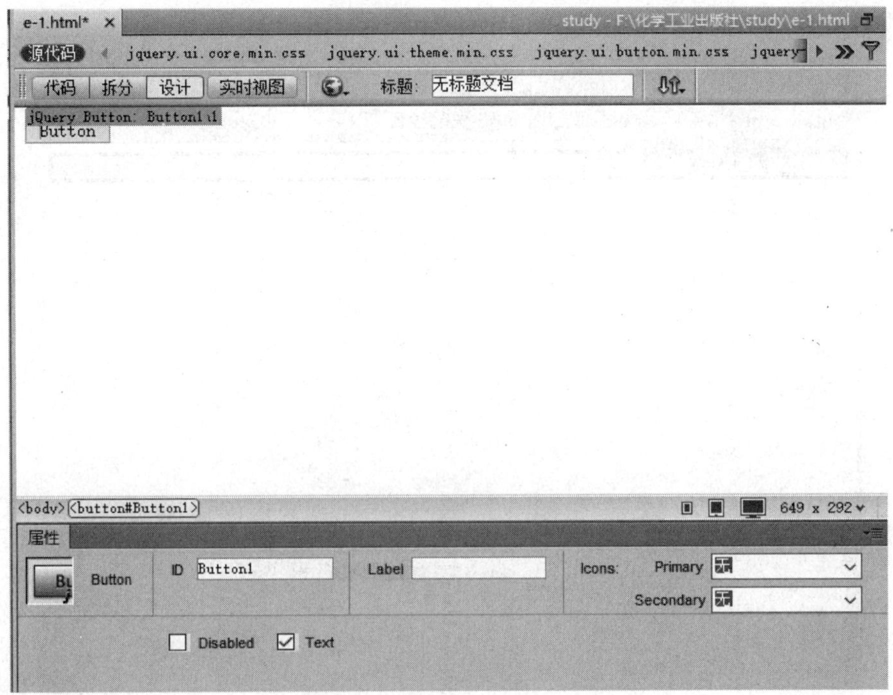

图 4-91　插入 Button 组件

（9）Buttons（按钮组）:该组件可以在网页中插入一个分组的按钮，如果在网页中如果需要使用一组按钮时，可以使用该组件，插入后的界面如图 4-92 所示。

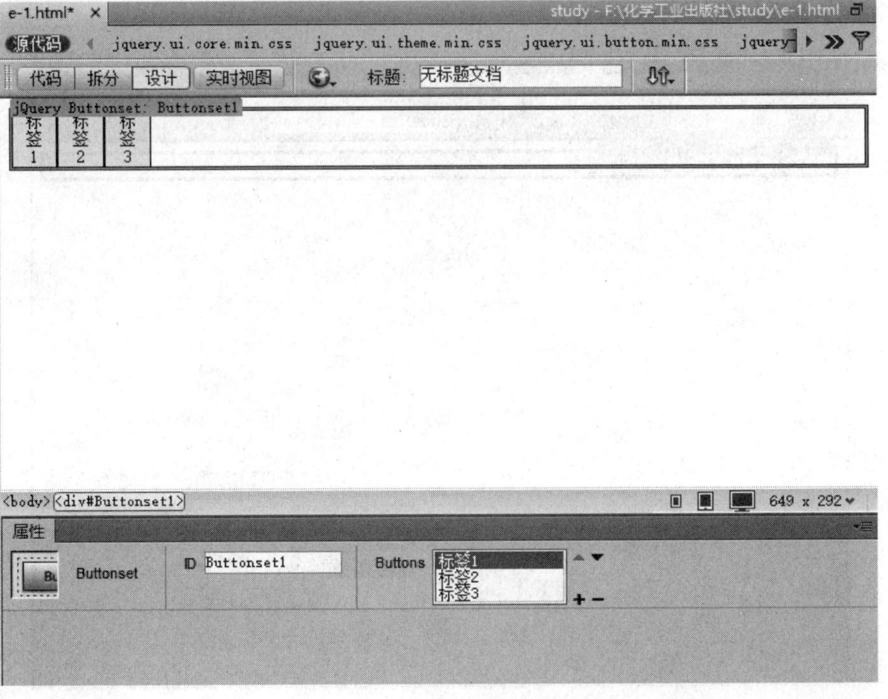

图 4-92　插入 Buttons 组件

（10）Checkbox Buttons（复选框）：该组件可以在网页插入一个外观显示为按钮的复选框组，可以通过单击组中的按钮来选择相应的复选框选项，可以选择多个，插入后的界面如图 4-93 所示。

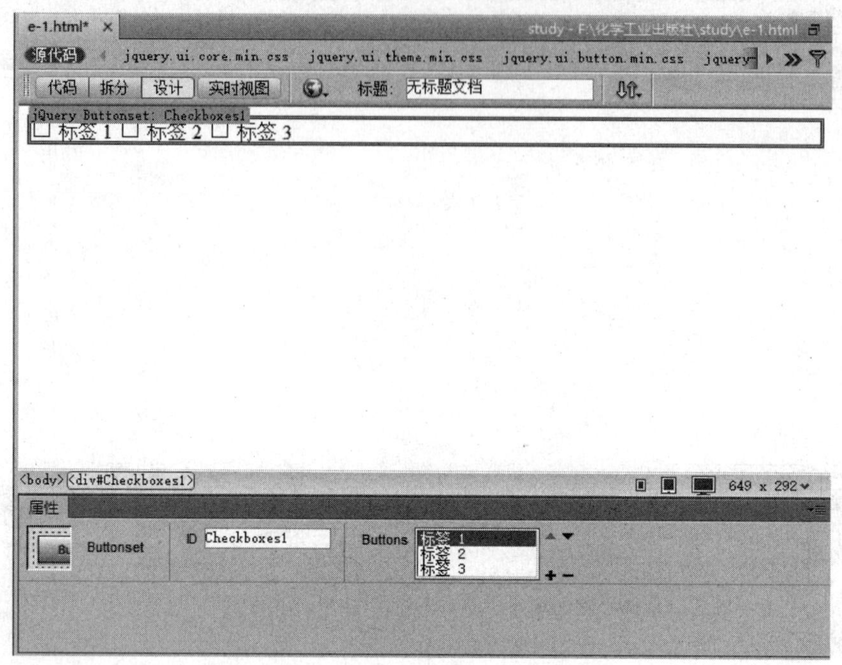

图 4-93 插入 Checkbox Buttons 组件

（11）Radio Buttons（单选按钮）：该组件可以在网页插入一个外观显示为按钮的单选按钮组，可以通过单击组中的按钮来选择相应的单选选项，只能选择一个，插入后的界面如图 4-94 所示。

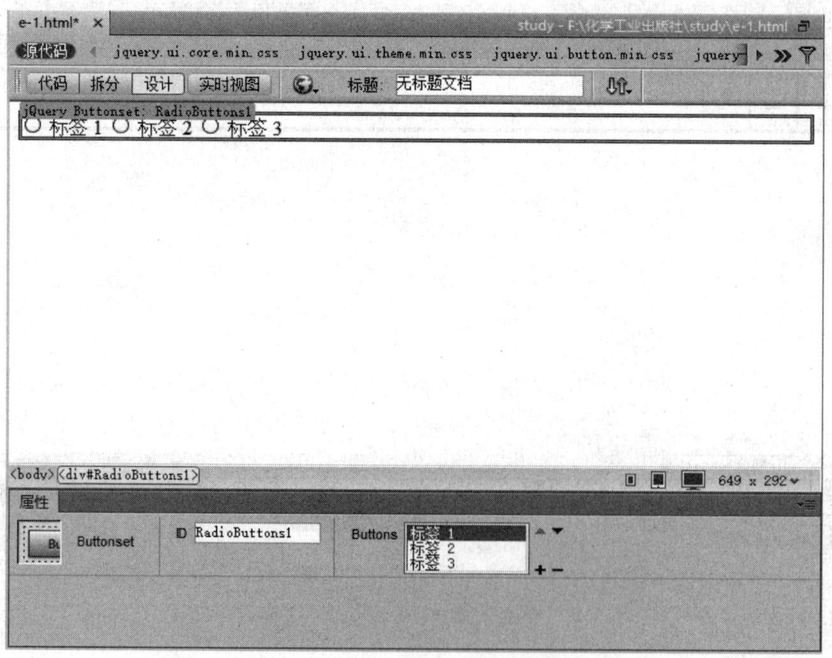

图 4-94 插入 Radio Buttons 组件

❖ 任务实践训练

【具体任务】

创建“soft-ui.html”页面，利用 jQuery UI 组件实现如图 4-95 所示的页面效果。

图 4-95　使用 jQuery UI 组件页面效果

【实施步骤】

（1）创建文档，在页面中添加 div 标签，实现页面基本结构，插入文字内容，页面代码如下，效果如图 4-96 所示。

```
<div id="header">
    <div id="logo">
        <h1><a href="#">Adobe Soft </a></h1>
    </div>
  <div id="menu">
        <ul>
            <li class="active"><a href="#" accesskey="1" title="">首页
</a></li>
            <li><a href="#" accesskey="2" title="">新闻</a></li>
            <li><a href="#" accesskey="3" title="">产品</a></li>
            <li><a href="#" accesskey="4" title="">关于</a></li>
            <li><a href="#" accesskey="5" title="">联系</a></li>
```

```
        </ul>
    </div>
</div>
<!-- end header --><!-- start page -->
<div id="page">
    <!-- start content -->
<div id="content">
      <div id="Tabs1">
<div id="tabs-2">
        <div id="Accordion2"> </div>
        </div>
    </div>
  </div>
    <!-- end content -->
    <!-- start sidebar -->
    <div id="sidebar">
        <form id="ui" method="post" action="">
        <ul>
          <li>
            <h2>日期</h2>
</li>
          <li>
            <h2>搜索</h2>
            <input type="text" id="Autocomplete1" />
            <button id="Button1">搜索</button>
          </li>


        </ul>
        </form>
    </div>
    <!-- end sidebar -->
</div>
<div style="clear: both; height: 30px"> </div>
<!-- end page -->
<div id="footer">
    <ul>
      <li  itemtype="http://schema.org/PostalAddress"  itemscope=""
itemprop="address">地址：辽宁省丹东市xx路xx号 邮编：123456</li>
      <li> ® COPYRIGHT AMIDN</li>
```

```
  </ul>
</div>
```

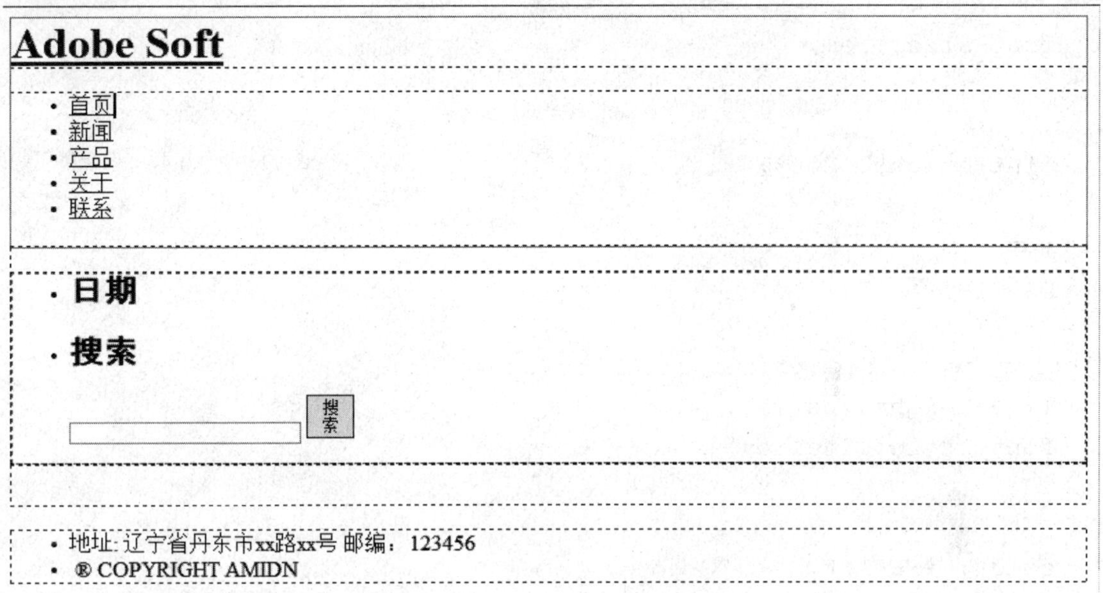

图 4-96 “soft-ui.html”页面结构

（2）编辑 CSS 样式实现页面效果，CSS 样式代码如下。

```
body {
   margin: 0;
   padding: 0;
   background: #372412 url(images/img01.gif) repeat-x;
   font-size: 13px;
   color: #FFFFFF;
}
body, th, td, input, textarea, select, option {
   font-family: Arial, Helvetica, sans-serif;
}
h1, h2, h3 {
   font-family: "Trebuchet MS", Arial, Helvetica, sans-serif;
   font-weight: normal;
   color: #FFFFFF;
}
h1 {
   letter-spacing: -2px;
   font-size: 3em;
}
h2 {
   letter-spacing: -1px;
```

```
    font-size: 2em;
}
h3 {
    font-size: 1em;
}
p, ul, ol {
    line-height: 200%;
}
blockquote {
    padding-left: 1em;
}
blockquote p, blockquote ul, blockquote ol {
    line-height: normal;
    font-style: italic;
}
a {
    color: #FFEA6F;
}
a:hover {
    text-decoration: none;
}
/* Header */
#header {
    width: 830px;
    height: 200px;
    margin: 0 auto;
    background: #FFEA6F;
}
/* Logo */
#logo {
    height: 170px;
}
#logo h1 {
    float: left;
    padding: 40px 40px 0 50px;
    letter-spacing: -2px;
    font-size: 48px;
}
#logo a {
    text-decoration: none;
    color: #372412;
```

```
}
/* Menu */
#menu {
    width: 830px;
    height: 30px;
}
#menu ul {
    margin: 0;
    padding: 0;
    list-style: none;
}
#menu li {
    display: inline;
}
#menu a {
    display: block;
    float: left;
    width: 166px;
    height: 30px;
    padding-top: 5px;
    text-transform: lowercase;
    text-decoration: none;
    text-align: center;
    letter-spacing: -1px;
    font-size: 24px;
    color: #FFFFFF;
}
#menu a:hover {
    color: #FFFFFF;
}
#menu .active a {
    color: #372412;
}
/* Page */

#page {
    width: 830px;
    margin: 0 auto;
    padding: 20px 0;
}
/* Content */
```

```
#content {
   float: left;
   width: 532px;
   padding-top: 20px;
}
/* Sidebar */
#sidebar {
   float: right;
   width: 240px;
}
#sidebar ul {
   margin: 0;
   padding: 0;
   list-style: none;
}
#sidebar li {
}
#sidebar li ul {
   padding: 15px 0;
}
#sidebar h2 {
   margin: 0;
   padding: 20px 0 2px 30px;
   border-bottom: 2px solid #4A3903;
}
/* Footer */
#footer {
   clear: both;
   padding: 20px 0;
   background: #FFEA6F;
   border-top: 3px solid #E8AD35;
   text-align: center;
   font-size: smaller;
   color: #000;
}
#footer a {
   color: #C28C21;
}
```

（3）在页面的 id 为“content”的容器中插入 Tabs 组件，编辑组件内容如图 4-97 所示。

（4）在 Tabs 组件下面继续插入 Accordion 组件，编辑组件内容如图 4-98 所示。

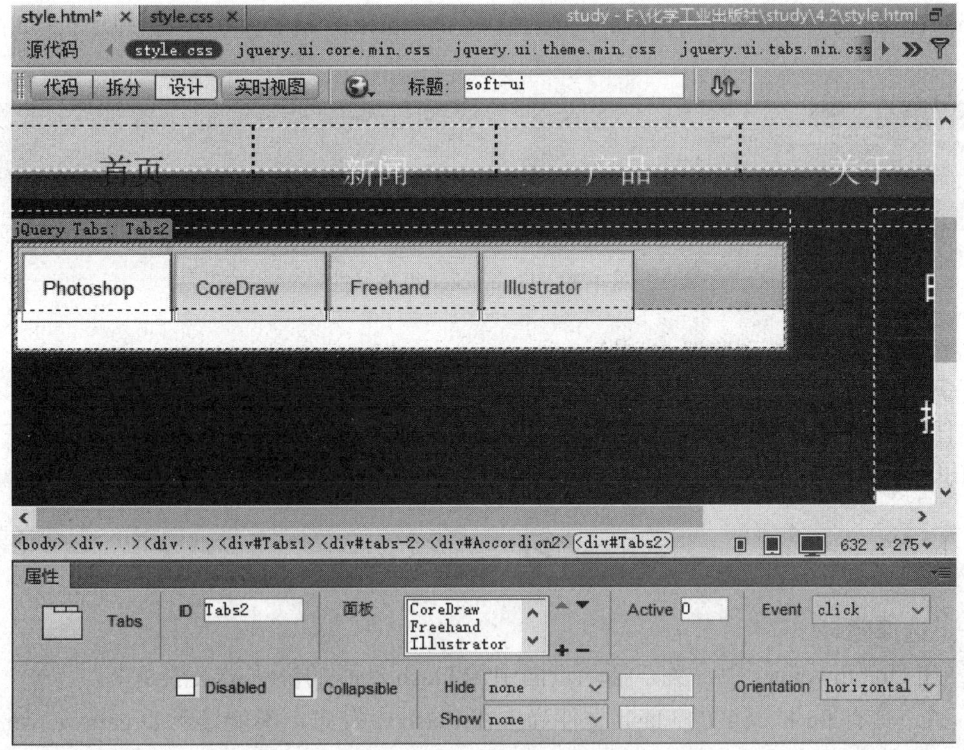

图 4-97 “soft-ui.html”页面插入 Tabs 组件效果

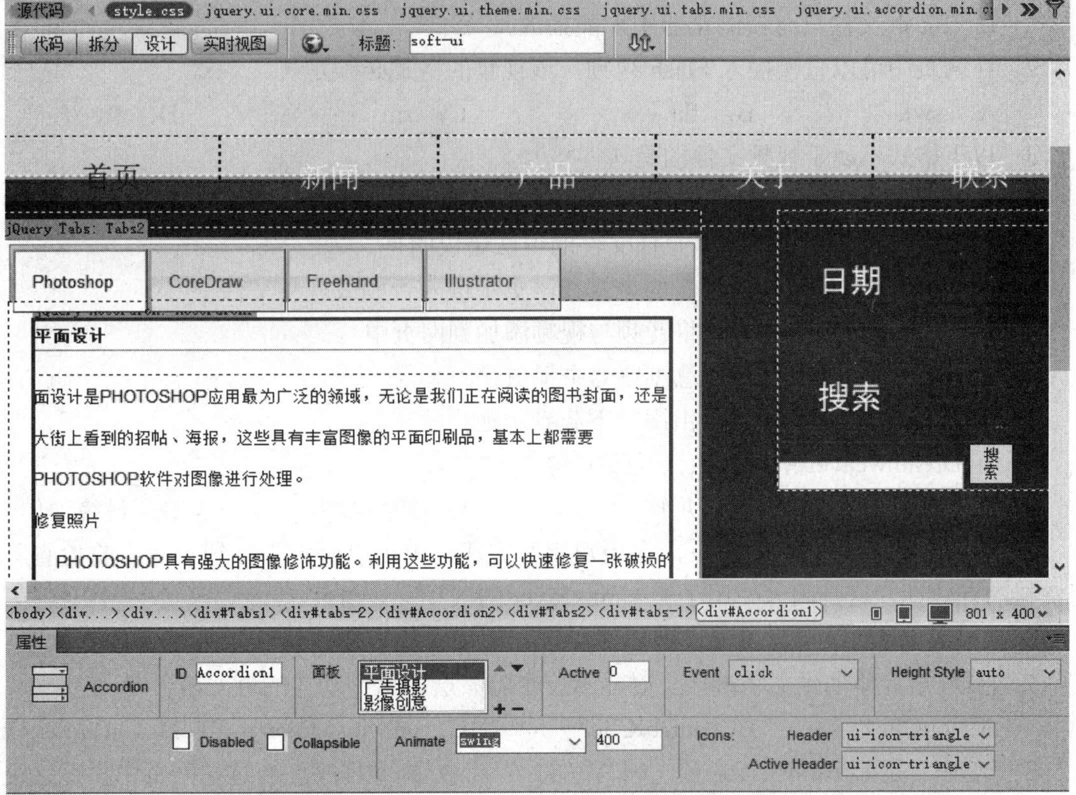

图 4-98 “soft-ui.html”页面插入 Accordion 组件效果

（5）在 id 为“sidebar”的容器中分别插入 Datepicker 组件，编辑组件属性，如图 4-99 所示。

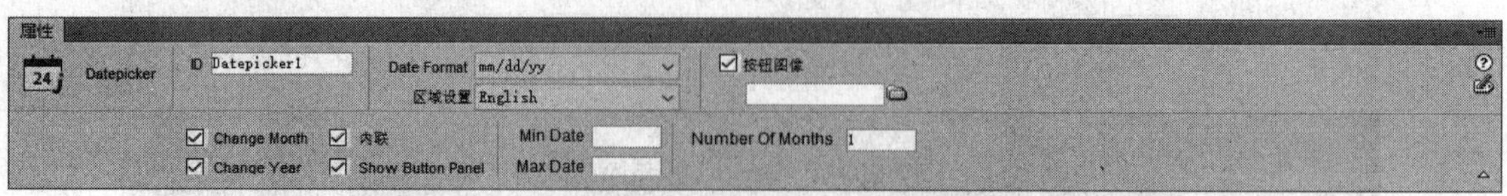

图 4-99　Datepicker 组件属性

（6）保存文件，在浏览器中浏览。

❖ 任务小结

本任务主要介绍了 jQuery UI 组件的使用方法，jQuery UI 相关内容比较多，此任务帮助大家对 jQuery UI 有所了解，为今后深入学习打下基础。

习　题

一、选择题

1．在 Dreamweaver 中，关于插入页面中的 Flash 动画的说法错误的是（　　）。

A．具有.fla 扩展名的 Flash 文件尚未在 Flash 中发布，不能导入 Dreamweaver 中

B．Flash 在 Dreamweaver 的编辑状态下可以预览动画

C．在“属性”面板中可为影片设置播放参数

D．Flash 文件只有在浏览器中才能播放

2．在网页中可以直接插入 Flash 视频，该视频的格式必须是（　　）。

A．.swf　　B．.fla　　C．.rm　　D．.flv

3．以下格式不属于视频文件的是（　　）。

A．.avi　　B．.mpg　　C．.mov　　D．.bmp

4．以下有关在网页中使用多媒体文件的说法错误的是（　　）

A．可以通过插入“插件”的方式在网页中嵌入音频或视频文件

B．可以通过链接的方法将音频与视频添加到网页中

C．嵌入的音频可以在任意浏览器中播放

D．链接的媒体文件可以由用户下载到本地播放

5．在 Dreamweaver 中行为由（　　）构成。

A．事件　　B．动作　　C．初级行为　　D．最终动作

6．有一个供用户注册的网页，在用户填写完成后单击“确定”按钮，网页将检查所填写资料的有效性，这是因为使用了 Dreamweaver 的（　　）事件。

A．检查表单　　B．检查插件　　C．检查浏览器　　D．改变属性

7.当鼠标指针移动到文字链接上时显示一个隐藏层，这个动作的触发事件是（　　）。

A．onClick　　B．onDblClick　　C．onMouseOver　　D．onMouseOut

8.“动作”是 Dreamweaver 预先编写好的（　　）脚本程序，通过在网页中执行这段代码就可以完成相应的任务。

A．VBScript　　B．JavaScript　　C．C++　　D．JSP

9．以下应用属于利用表单功能设计的是（　　）。

A．用户注册　　B．浏览数据库记录　　C．网上订购　　D．用户登录

10．在表单元素“列表”的属性中用来设置列表显示行数的是（　　）。

A．类型　　B．高度　　C．允许多选　　D．列表值

二、操作题

请参照本项目讲解的知识内容，在站点中添加多媒体效果，并且可以使用多种多媒体文件。

项目 5　网站的测试与管理

网站的测试与维护管理也是网站设计的一个重要组成部分，网站建设不只是页面设计与制作，在网站的运行过程中，对网站的管理和维护也是网站存续的关键。

本项目将介绍模板与库的应用，以及站点管理与测试方法。

【知识目标】

- 了解网页模板和库的作用；
- 掌握创建和应用项目与库的方法；
- 掌握网站的管理技巧；
- 掌握网站的测试技术。

【能力目标】

- 能运用模板高效、规范地创建页面；
- 能对站点进行必要的维护管理；
- 能有效地测试网站。

【具体任务】

- 任务 1：应用模板；
- 任务 2：使用库；
- 任务 3：站点测试。

任务 5.1　应用模板

模板是用于创建风格一致网页的有效工具，使用模板和库可以大大简化网页的开发和维护工作。本任务将介绍模板与库的应用。

❖ 任务内容分析

正确地使用模板和库，需要掌握以下内容：

① 认识模板；
② 创建模板；
③ 编辑模板；
④ 应用模板。

❖ 任务知识学习

5.1.1　认识模板

在制作大量网页时会遇到很多布局、内容相似或相同的页面。使用模板可以不再重复设计制作，将具有相同布局的页面制作成模板即可反复利用，从而快速设计网页。

模板是一种特殊类型的文档，用于设计固定的页面布局；基于模板创建的文档会继承模板的页面布局。在模板中包括可编辑区域和不可编辑区域，前者对于由模板产生的网页而言，可以使不同的内容，因为它们在文档创建过程中是可编辑的；后者在模板窗口中可以编辑，而在文档窗口中不能进行编辑，所以在网页创建过程中内容是固定的。因此，所有应用模板制作出来的网页，只是模板中的可编辑区域发生了变化，而不可编辑区域的内容都相同。

使用模板可以一次更新多个页面，从模板创建的文档与该模板保持连接状态，可以修改模板，并立即更新基于该模板的所有文档中的设计。

5.1.2　创建模板

可以基于现有文档，如 HTML、Adobe ColdFusion 或 Microsoft Active Server Pages 文档创建模板，也可以基于新文档创建模板。

创建模板后，可以插入模板区域，并为代码颜色和模板区域高亮颜色设置模板的首选参数。

1．基于现有文档创建模板

打开要另存为模板的文档，执行“文件”→“另存为模板”命令，如图 5-1 所示。或在“插入”面板的“常用”类别中单击“模板”选项，然后从弹出的下拉列表中选择“创建模板”选项，在弹出的“另存模板”对话框中，进行相应设置后单击“确定”按钮，将文档另存为模板。

从“站点”下拉列表框中，选择一个用来保存模板的站点，然后在“另存为”文本框中，为模板输入一个唯一的名称。

设置完成后单击“保存”按钮，Dreamweaver 将模板文件，以文件扩展名.dwt，保存在站点的本地根文件夹中的 Templates 文件夹中，如图 5-2 所示。如果该 Templates 文件夹在站点中尚不存在，Dreamweaver 将在保存新建模板时自动创建该文件夹。

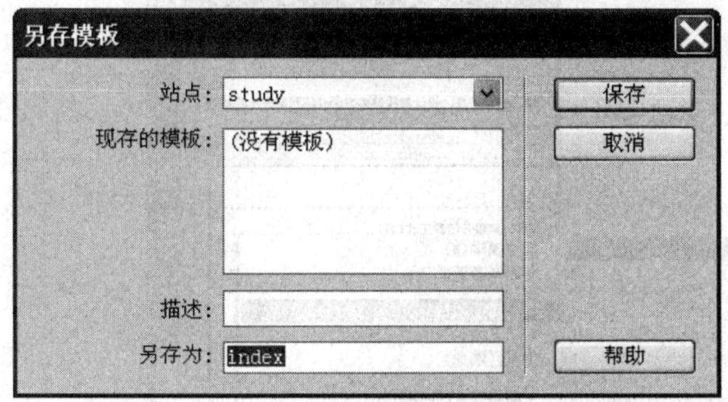

图 5-1　“另存模板”对话框

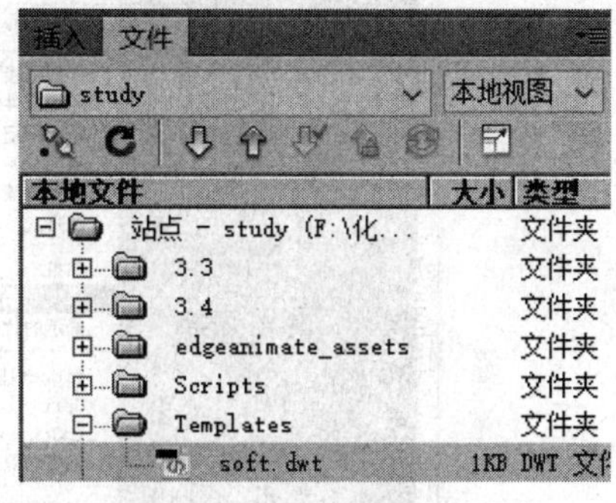

图 5-2　保存模板文件

注意：不要将模板移动到 Templates 文件夹之外，或者将任何非模板文件放在 Templates 文件夹中。此外不要将 Templates 文件夹移动到本地根文件夹之外。这样做将在模板路径中引起错误。

2．创建新模板

执行“窗口”→“资源”命令，调出“资源”面板，在面板左侧单击“模板”按钮，然后单击面板底部的“新建模板”按钮，如图 5-3 所示，这将创建一个新模板文件，在“模板”面板中设置文件名称即可。

图 5-3　单击“新建模板”按钮

5.1.3　编辑模板

1．创建可编辑区域

可编辑模板区域控制在基于模板的页面中用户可以编辑的区域。在插入可编辑区域之前，将要插入该区域的文档并另存为模板。

可以将可编辑区域置于页面的任意位置，但如果要使表格或绝对定位的元素可编辑，则需要考虑以下两点。

① 可以将整个表格或单独的表格单元格标记为可编辑的，但不能将多个表格单元格标记为单个可编辑区域。若选定<td>标签，则可编辑区域中包括单元格周围的区域；若未选定，则可编辑区域将只影响单元格中的内容。

② AP 元素和 AP 元素内容是不同的元素；将 AP 元素设置为可编辑，便可以更改 AP 元素的位置和该元素的内容；而使 AP 元素的内容可编辑，则只能更改 AP 元素的内容，不能更改该元素的位置。

在模板中创建可编辑区域的步骤如下。

（1）在文档窗口中选择想要设置为可编辑区域的文本或内容，或将插入点置于想要插入可编辑区域的位置。

（2）执行“插入”→“模板”→“可编辑区域”命令，如图 5-4 所示。或在“插入”面板的“常用”类别中单击“模板”选项，然后从弹出的下拉列表中选择“可编辑区域”选项。

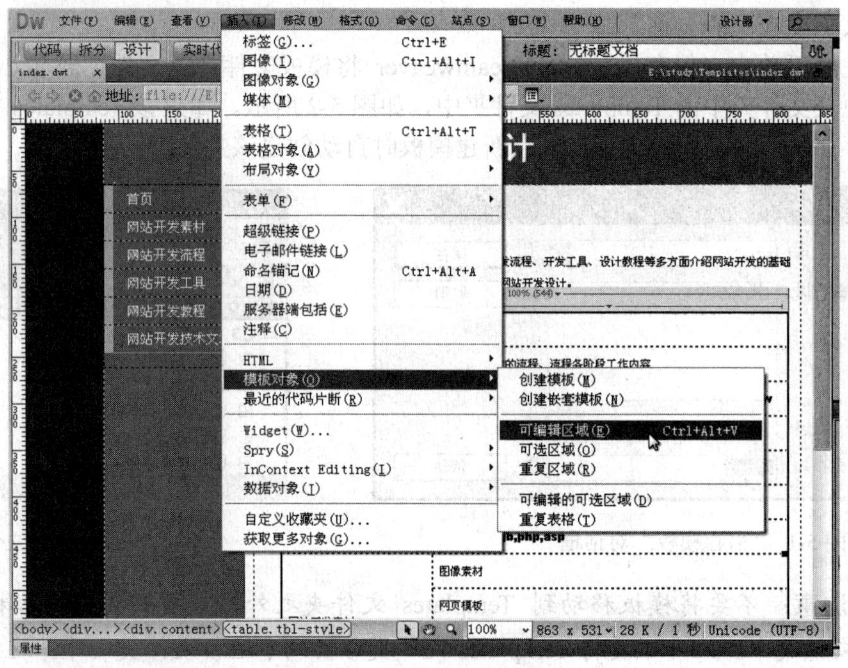

图 5-4 插入可编辑区域

（3）在弹出的“新建可编辑区域”对话框的“名称”文本框中，为该区域输入唯一的名称（不能对特定模板中的多个可编辑区域使用相同的名称），如图 5-5 所示。

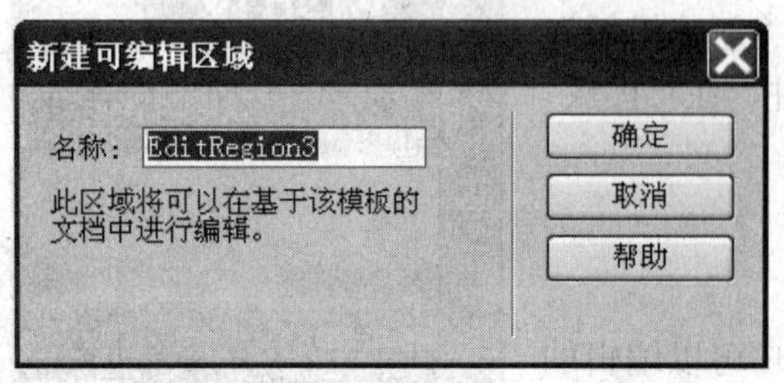

图 5-5 “新建可编辑区域”对话框

（4）设置完毕后，单击“确定”按钮。可编辑区域在模板中由高亮显示的矩形边框围绕，该边框使用在首选参数中设置的高亮颜色。该区域左上角的选项卡显示该区域的名称，如图 5-6 所示。若在文档中插入空白的可编辑区域，则该区域的名称会出现在该区域内部。

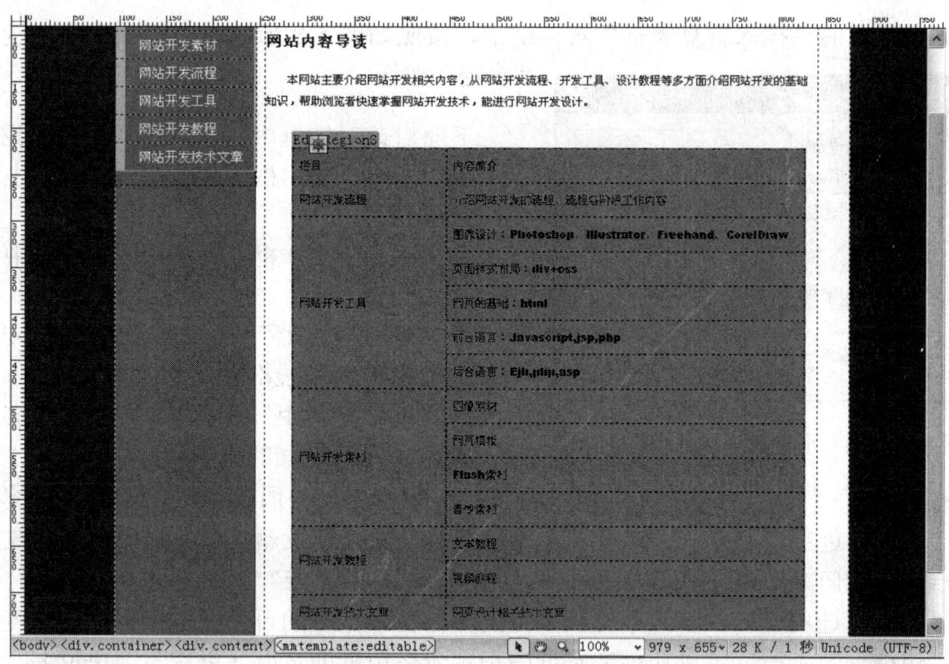

图 5-6　插入的可编辑区域

2．创建重复区域

重复区域是模板的一部分，这一部分可以在基于模板的页面中重制多次。重复区域通常与表格一起使用，也可以为其他页面元素定义重复区域。

使用重复区域，用户可以通过重复特定项目来控制页面布局。例如，目录项、说明布局或者重复数据行。有两个重复区域模板对象可供使用：重复区域和重复表格。

模板用户可以使用重复区域在模板中重制任意次数的指定区域。需要注意的是，重复区域不必是可编辑区域。要将重复区域中的内容设置为可编辑，必须在重复区域中插入可编辑区域。在模板中创建重复区域的步骤如下。

（1）选择想要设置为重复区域的文本或内容，将插入点置于文档中要插入重复区域的位置。

（2）执行“插入”→“模板”→“重复区域”命令，或在“插入”面板的“常用”类别中单击“模板”选项，然后从弹出的下拉列表中选择“重复区域”选项。

（3）在弹出的“创建重复区域”对话框的“名称”文本框中，为该模板区域输入唯一的名称（不能对一个模板中的多个重复区域使用相同的名称），如图 5-7 所示。

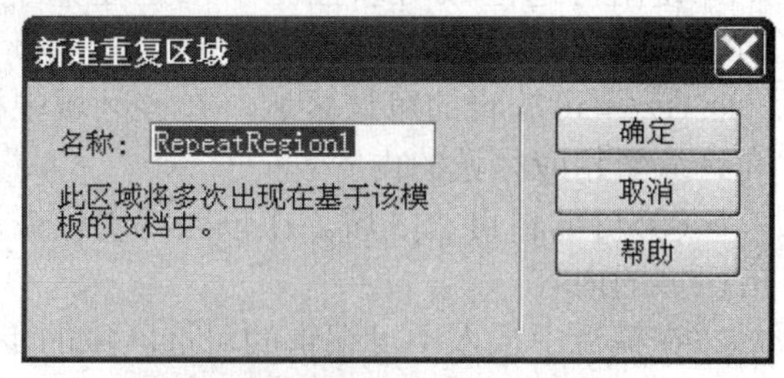

图 5-7　“新建重复区域”对话框

注意：命名区域时不能使用特殊字符。

（4）设置完毕后单击“确定”按钮。

在模板中创建重复表格的步骤如下。

（1）在文档窗口中将插入点置于文档中想要插入重复表格的位置。

（2）执行“插入”→“模板”→“重复表格”命令或在“插入”面板的“常用”类别中单击“模板”选项，然后从弹出的下拉列表中选择“重复表格”选项。

（3）在弹出的“插入重复表格”对话框中，按照如图 5-8 所示设置相关选项，然后单击“确定”按钮。

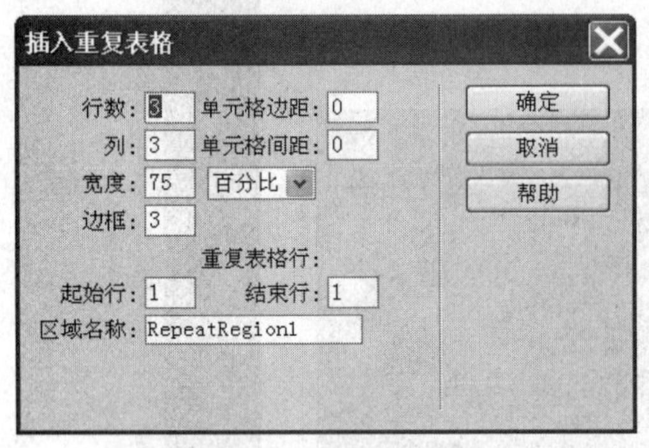

图 5-8 “插入重复表格”对话框

下面对该对话框中的各个选项进行介绍。

①“行数”文本框。可以在该文本框中设置表格中的行数。

②“列数”文本框。可以在该文本框中设置表格中的列数。

③“单元格边距”文本框。可以在该文本框中设置单元格内容与边框之间的像素数。

④“单元格间距”文本框。可以在该文本框中设置表格单元格之间的像素数。

注意：如果用户没有为“单元格边距”和“单元格间距”明确赋值，则多数浏览器按照“单元格边距”设为 1、“单元格间距”设为 2 来显示表格。若要确保浏览器显示表格时不显示边距或间距，则可将“单元格边距”和“单元格间距”均设置为 0。

⑤“宽度”选项。以像素为单位或按占浏览器窗口宽度的百分比指定表格的宽度。

⑥“边框”文本框。可以在该文本框中指定表格边框的宽度（以像素为单位）。

注意：如果没有为“边框”明确赋值，则多数浏览器按“边框”设为 1 来显示表格。若要确保浏览器显示的表格没有边框，则可将“边框”设置为 0。

⑦“起始行”文本框。可以将在该文本框中输入的行号，设置为要包括在重复区域中的第一行。

⑧“结束行”文本框。可以将在该文本框中输入的行号，设置为要包括在重复区域中的最后一行。

⑨“区域名称”文本框。可以在该文本框中设置重复区域的唯一名称。

3．创建可选区域

可选区域是模板中的区域，用户可将其设置为在基于模板的文档中显示或隐藏。当想要为在文档中显示的内容设置条件时，可使用可选区域。

插入可选区域后，既可以为模板参数设置特定的值，也可以为模板区域定义条件语句。可以使用简单的真/假操作，也可以定义比较复杂的条件语句和表达式。如有必要，还可以在之后对此可选区域进行修改。

使用可选区域可以控制不一定在基于模板的文档中显示的内容，可选区域分为以下两类。

① 不可编辑的可选区域。在该区域中模板用户能够显示和隐藏特别标记的区域但却不允许编辑相应区域的内容。

② 可编辑可选区域。在该区域中模板用户能够设置是显示还是隐藏区域并能够编辑相应区域的内容。

在模板中插入不可编辑的可选区域的步骤如下。

（1）在文档窗口中选择要设置为可选区域的元素。

（2）执行“插入”→“模板对象”→“可选区域”命令或在“插入”面板的“常用”类别中单击“模板”选项，然后从弹出的下拉列表中选择“可选区域”选项。

（3）在弹出的“新建可选区域”对话框中输入可选区域的名称，如图 5-9 所示；如果要设置可选区域的值，可切换到“高级”选项卡中进行相应设置，如图 5-10 所示；最后单击“确定”按钮。

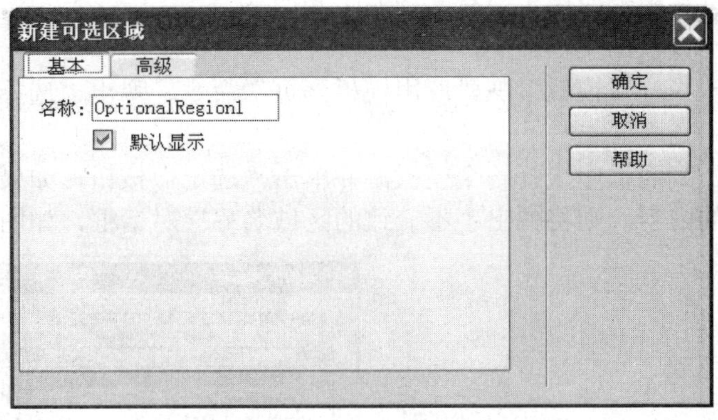

图 5-9　“新建可选区域”对话框

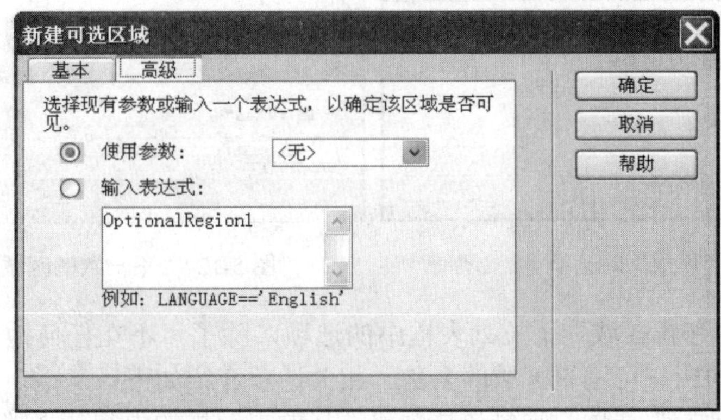

图 5-10　“高级”选项卡

下面对该对话框的“基本”选项卡和“高级”选项卡中的各个选项进行介绍。

①“名称”文本框。可以在该文本框中设置可选区域的名称。

②“默认显示”复选框。选中该复选框表示区域默认情况下，将在基本模板网页中显示。

③“使用参数”选项。若要链接可选区域参数，应选择将所选内容链接到的现在参数。

④“输入表达式”列表框。如果要编写模板表达式来控制可选区域的显示，可以在此文本框中输入表达式。

在模板中插入可编辑的可选区域的步骤如下。

（1）在文档窗口中将插入点置于要插入可选区域的位置。

（2）执行“插入”→“模板”→“可编辑的可选区域”命令，或在“插入”面板的“常用”类别中单击“模板”选项，然后从弹出的下拉列表中选择“可编辑的可选区域”选项。

（3）输入可选区域的名称，如果要设置可选区域的值，可切换到“高级”选项卡中进行相关设置，然后单击“确定”按钮。

可编辑的可选区域与不可编辑的可选区域的“新建可选区域”对话框相同，这里不再赘述。

5.1.4　应用模板

1．应用模板

当将模板应用到包含现有内容的文档时，Dreamweaver 会尝试将现有内容与模板中的区域进行匹配。如果将模板应用于一个尚未应用过模板的文档，则没有可编辑区域可供比较，并且会出现不匹配。将模板应用于现有文档的步骤如下。

（1）打开要应用模板的文档。

（2）执行“修改”→“模板”→“应用模板到页”命令，弹出“选择模板”对话框，如图 5-11 所示。

（3）从“模板”列表框中选择一个模板，并单击“选定”按钮，如果文档中存在不能自动指定到模板区域的内容，则将弹出“不一致的区域名称”对话框，如图 5-12 所示。

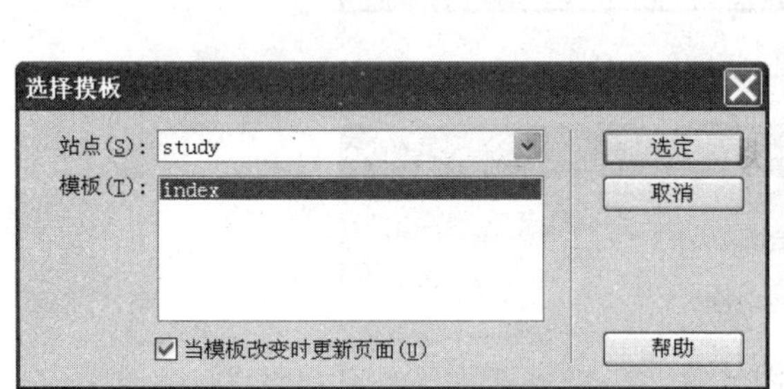

图 5-11 “选择模板”对话框

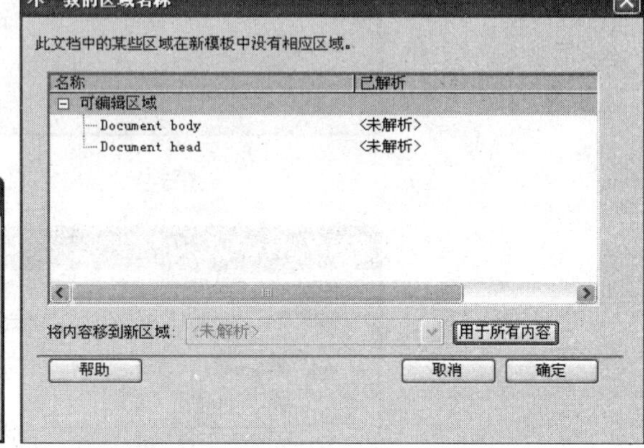

图 5-12 “不一致的区域名称”对话框

（4）“将内容移到新区域”下拉列表框中的选项，除了“不在任何地方”选项固定外，其他选项都是模板中所有可编辑区域的名称。相关选项介绍如下。

① “不在任何地方”选项。选择该选项将选择的未解析的内容从文档中删除。

② 模板中所有可编辑区域的名称。在新模板中选择一个要将现有内容移动到其中的区域，在图 5-12 中“可编辑区域”的第一项是网页的主体部分，所以移动内容时，应选择模板主体部分的可编辑区域；第二项是网页的头信息部分，同样也应将内容移到模板头信息部分的可编辑区域。

（5）若要将所有未解析的内容移到选定的区域，可单击“用于所有内容”按钮。

（6）单击“确定”按钮应用模板，或单击“取消”按钮，取消将模板应用到文档的操作。

2．将文档与模板分离

若要更改基于模板的文档的锁定区域，必须将该文档从模板分离。将文档分离之后，整个文档都将变为可编辑的。将文档与模板分离的步骤如下。

（1）打开想要分离的基于模板的文档。

（2）执行“修改”→“模板”→“从模板中分离”命令。

如果文档被从模板分离，则所有模板代码都将被删除。

❖ 任务实践训练

1．具体任务

（1）将在任务 4.1 中完成的网页 soft-coredraw.html 另存为网站模板，在页面的中间和页脚部分创建两个可编辑区域。

（2）将该模板应用于在任务 2.5 中完成的 Photoshop.html、Illustrator.html、Freehand.html 和 CorelDraw.html 页面上。

2．实施步骤

（1）打开 soft-coredraw.html 页面，执行“文件”→“另存为模板”命令，弹出“另存模板”对话框，从“站点”下拉列表框中选择对应站点，设置模板名称为 soft，单击“确定”按钮，将文档另存为模板，如图 5-13 所示。

（2）在模板中选择中间空白的单元格，插入名为 content 的可编辑区域，在页面底部的联系信息的单元格中，插入名为 footer 的可编辑区域，如图 5-14 所示，最后保存文档。

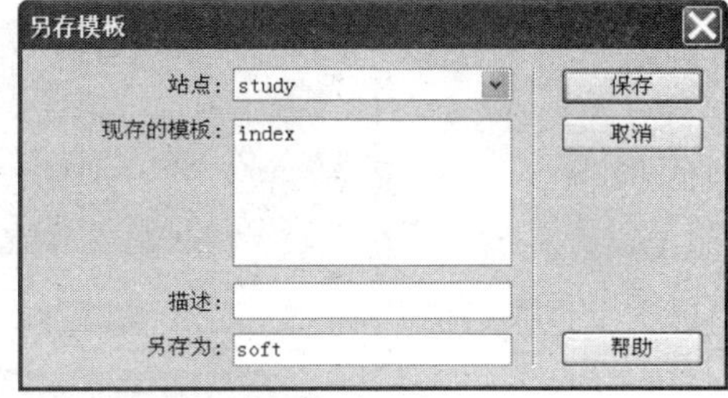

图 5-13　“另存模板”对话框

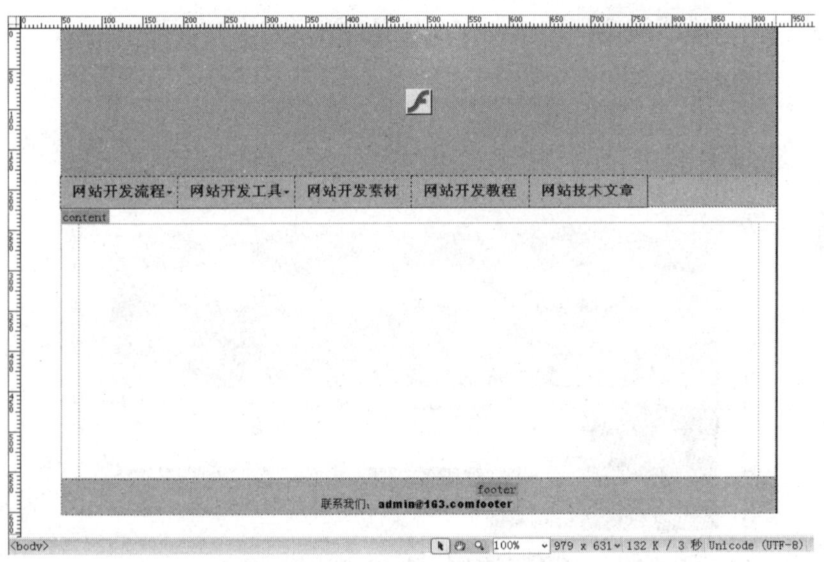

图 5-14　创建可编辑区域

（3）打开 Illustrator.html 页面，套用模板到页，将页面内容移动到 content，如图 5-15 所示。

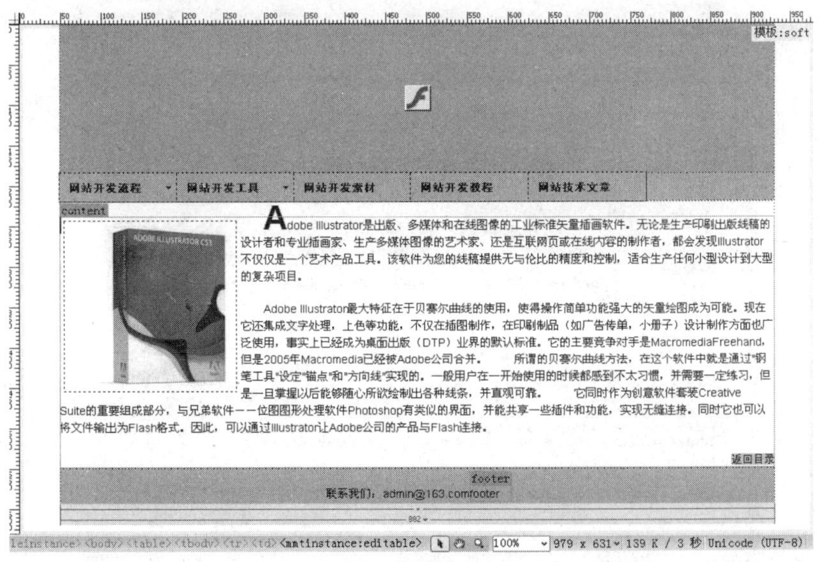

图 5-15　套用模板到页 Illustrator.html

（4）采用同样的方法，将模板 soft.dwt 套用到 CorelDraw.html、Photoshop.html 和 Freehand.html 页面上，效果分别如图 5-16～图 5-18 所示。

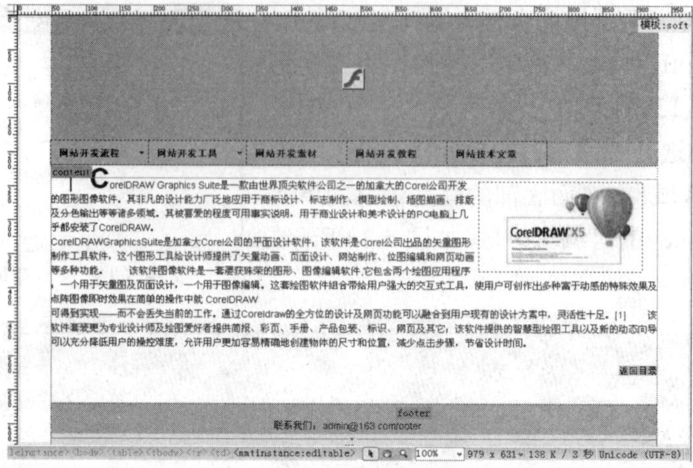

图 5-16　套用模板到页 CorelDraw.html

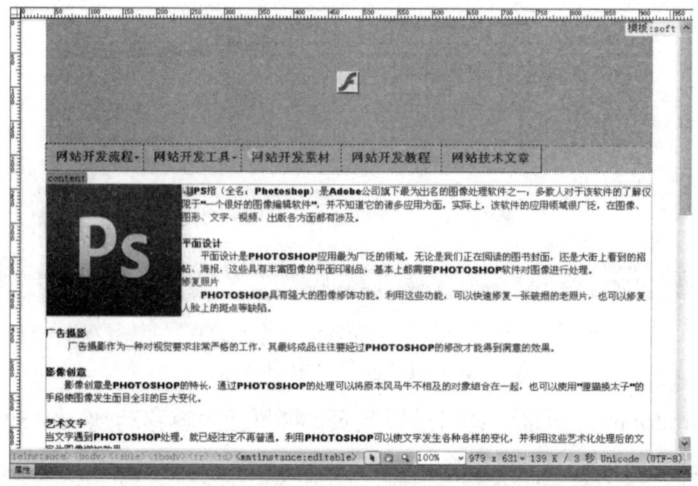

图 5-17　套用模板到页 Photoshop.html

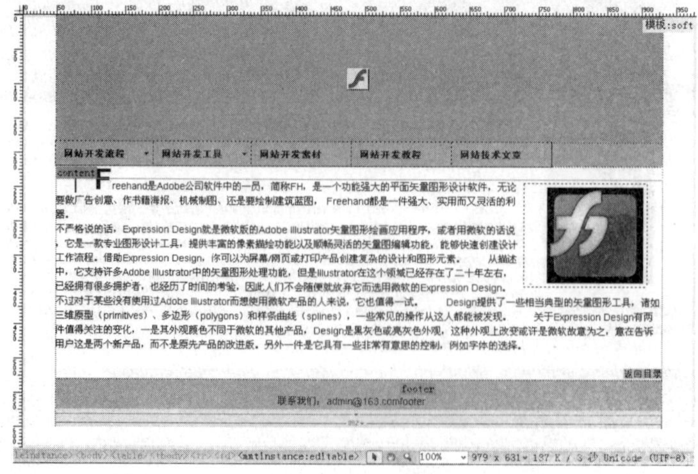

图 5-18　套用模板到页 Freehand.html

❖ 任务小结

利用模板设计网页可以简化网页制作过程，在使用模板时要注意模板中可编辑区域的创建，以及套用模板到页的设置。

任务 5.2　使用库

库可以将网页常用的对象转化为库文件，然后将其作为一个对象插入其他网页中，库能够简化网页内容的操作。

❖ 任务内容分析

要能正确使用库文件，需要掌握以下内容：

① 了解库项目；

② 创建库项目；

③ 插入库项目；

④ 使用库项目更新页面。

❖ 任务知识学习

5.2.1　了解库项目

库是一种特殊的 Dreamweaver 文件，其中包含可放置到网页中的资源。库中的这些资源在 Dreamweaver 中被称为库项目，站点中的库项目被存储在根目录文件夹下的 Library 文件夹中。

在网页中可以将文档标签<body>与</body>部分中的任意网页对象创建为库项目。这些对象包括文本、图像、表格、Div 标签、表单、Java 小程序、多媒体对象插件、ActiveX 元素、导航条等。在站点中编辑库项目时，可以像模板一样自动更新所有应用了库项目的网页文件。通过使用库项目可以提高网页开发效率，简化网站维护工作。

5.2.2　创建库项目

库在 Dreamweaver 中被定义为网站资源，因此可以使用“资源”面板创建、编辑和管理库项目。

1．基于选定内容创建库项目

（1）在文档窗口中选择要保存为库项目的文档部分。

（2）在“资源”面板左侧选择“库”类别，单击面板底部的“新建库项目”按钮，或者执行“修改”→“库”→“增加对象到库”命令来创建库项目，创建后的效果如图 5-19 所示。

（3）为新的库项目输入一个名称，然后按 Enter 键。

注意：Dreamweaver 将每个库项目作为一个单独的文件（文件扩展名为.lbi），保存在站点本地根文件夹下的 Library 文件夹中。

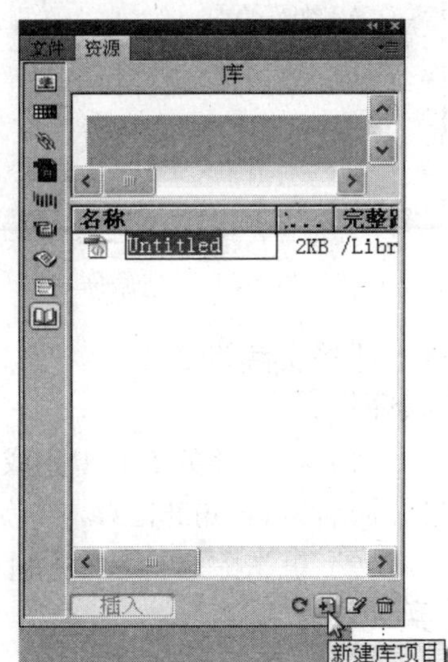

图 5-19　新建库项目

2．创建空白库项目

确保在文档窗口中没有选择任何内容。如果选择了某些内容，它们将被放入新的库项目中。创建空白库项目的步骤如下。

（1）在“资源”面板左侧选择“库”类别。

（2）单击面板底部的“新建库项目”按钮。

（3）在项目仍然处于选定状态时，为该项目输入一个名称，然后按 Enter 键。

5.2.3 插入库项目

当向页面添加库项目时，实际内容将随该库项目的引用一起插入文档中。

（1）在文档窗口中设置插入点。

（2）在“资源”面板中选择“库”类别。

（3）将一个库项目从“资源”面板拖动到文档窗口中，或选择一个库项目，然后单击“插入”按钮，如图 5-20 所示。

图 5-20 插入库项目

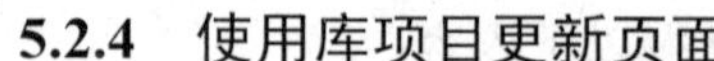

5.2.4 使用库项目更新页面

当编辑库项目时，可以更新使用该项目的所有文档。如果选择不更新，文档将保持与库项目的关联，并可以在以后更新文档。

可以利用重命名项目来断开它与文档或模板的连接，可以从站点的库中删除项目，还可以重新创建丢失的库项目。相关操作步骤如下。

（1）在“资源”面板中选择“库”类别。

（2）选择库项目。

（3）单击“编辑”按钮或双击该库项目。Dreamweaver 将打开一个与文档窗口类似的新窗口用于编辑该库项目。灰色背景表示正在编辑库项目，而不是在编辑文档。

（4）进行相应更改并保存。

（5）随即弹出“更新库项目”对话框，在其中可以指定是否更新本地站点中使用该库项目的文档，如图 5-21 所示。单击“更新”按钮，弹出“更新页面”对话框，如图 5-22 所示。

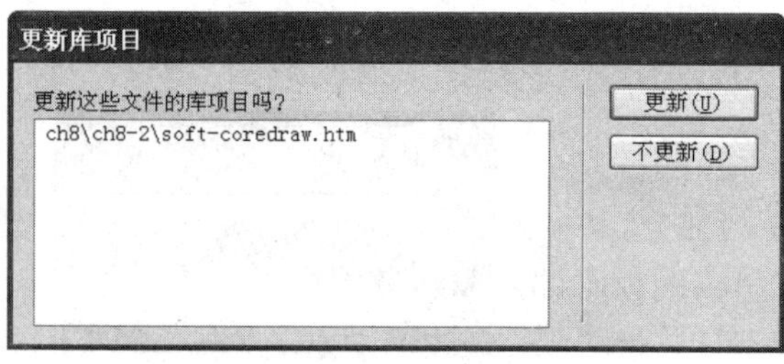

图 5-21 “更新库项目”对话框

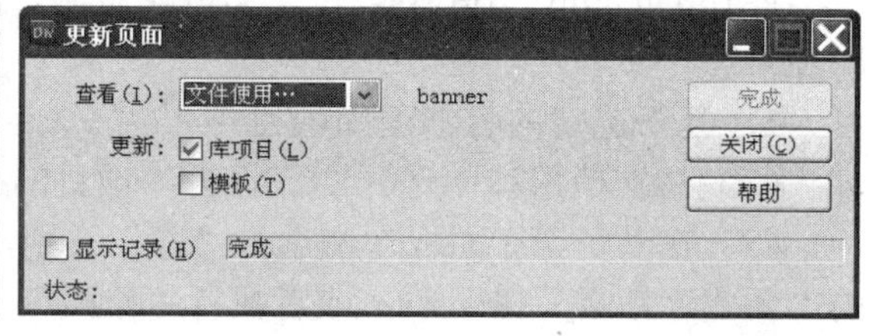

图 5-22 “更新页面”对话框

❖ 任务实践训练

【具体任务】

（1）将在任务 5.1 中完成的模板文件 soft.dwt 中，页面底部的联系方式内容创建为库项目，命名为 email.lbi。

（2）更新库项目 email.lbi 的内容，修改电子邮件地址，更新应用该库项目的页面。

【实现步骤】

（1）打开模板文件 soft.dwt，选择页面底部的联系方式文本，在“库”面板中单击“新建库项目”按钮，并将新建的库项目命名为 email.lbi，如图 5-23 所示。

（2）打开库项目 email.lbi，编辑库项目内容，将电子邮件地址更新为 admin@yahoo.com.cn，最后保存文档。

（3）随即弹出“更新库项目”对话框，如图 5-24 所示。单击“更新”按钮，弹出“更新页面”对话框，在该对话框中进行相应设置，然后单击“关闭”按钮即可，如图 5-25 所示。

图 5-23　创建库项目

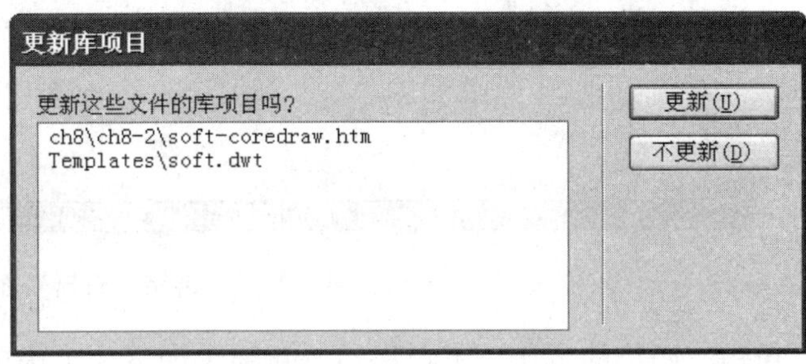

图 5-24　更新该库项目

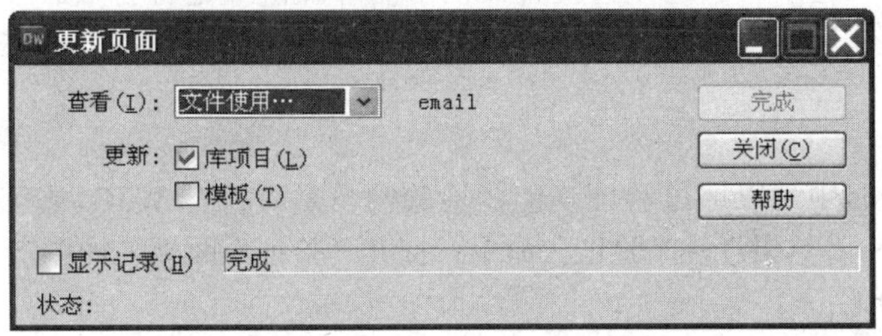

图 5-25　更新应用该库项目页面

（4）在浏览器中浏览更新页面的效果。

❖ 任务小结

库通常用来保存反复使用的图像或信息等内容。尤其当制作不同网页文件时，对于那些频繁使用的内容，使用库可以很好地解决工作重复的问题。

任务 5.3　站点测试

网站开发是一个系统工程，可能会出现很多问题，例如，整个网站在设计上是否统一和谐、链接地址是否有错、不同的浏览器打开同一网页是否能正常显示等，这就需要我们对网站进行测试。网站经过成功测试之后，就要把它发布到 Web 上让别人访问。

❖ 任务内容分析

要规范对站点进行测试，需要从以下几个内容出发：

① 站点测试；

② 上传站点。

❖ 任务知识学习

站点在上传之前，应该在本地先进行完整的测试后，再上传到服务器发布。

1．链接错误测试

网页中包含大量链接，发现页面中的链接错误一般很困难，若采取将每个链接都访问一遍的方法，则错误检测太麻烦，Dreamweaver 可以快速检查站点中网页的链接。

执行“窗口”→“结果”→“链接检查器”命令，打开“链接检查器”面板，如图 5-26 所示。

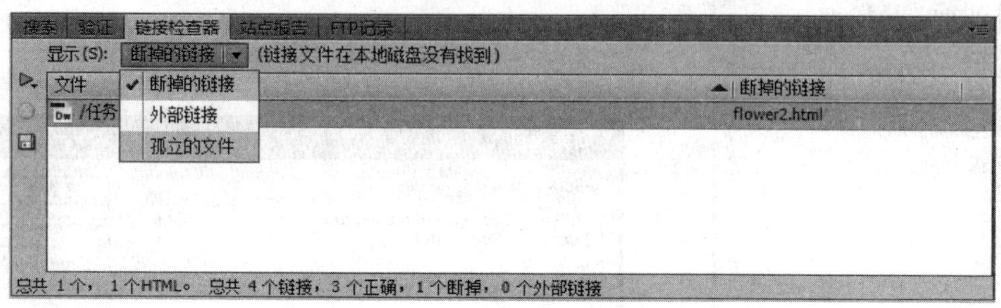

图 5-26 “链接检查器”面板

单击“断掉的链接”下拉按钮，将弹出如下 3 个选项。

①“断掉的链接”选项。该选项将检查文档中是否存在断开的链接。

②“外部链接”选项。该选项将检查文档中的外部链接是否有效。

③“孤立的文件”选项。该选项将检查站点是否存在孤立文件。孤立文件就是没有任何链接访问的文件。

2．W3C 验证

在 Dreamweaver 中可以通过验证功能，检验网页是否符合 W3C 规范。

执行“窗口”→“结果”→“验证”命令，打开“验证”面板，如图 5-27 所示，单击“验证当前文档”，开始验证。

图 5-27 “验证”面板

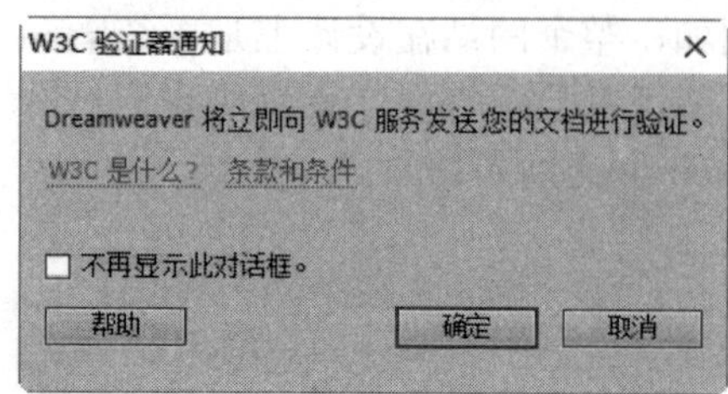

图 5-28 “W3C 验证器通知”对话框

验证时，会弹出“W3C 验证器通知”对话框，如图 5-28 所示，单击“确定”即可提交页面进行验证，验证完成后见面验证面板中显示验证结果，如图 2-59 所示。

3．使用站点报告

Dreamweaver 能自动检查网站内部的网页文件，生成关于文件信息、HTML 代码信息的报告，便于对网站进行修改和调整等操作。

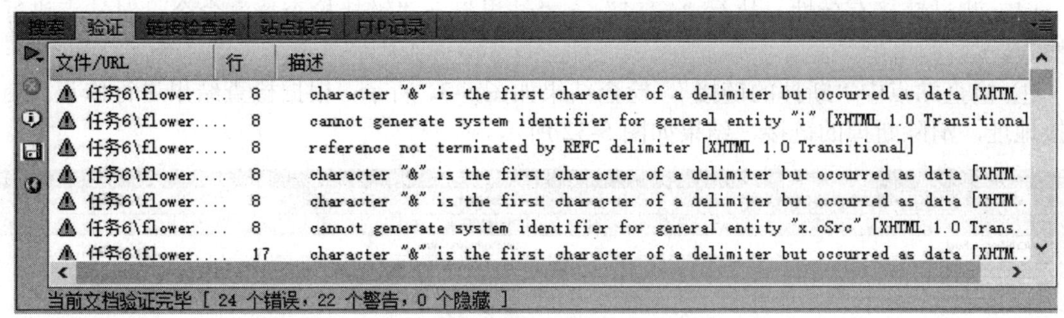

图 5-29　验证结果

执行“站点”→“报告”命令，在弹出的“报告”对话框中，可以设置要报告的内容，如图 5-30 所示。

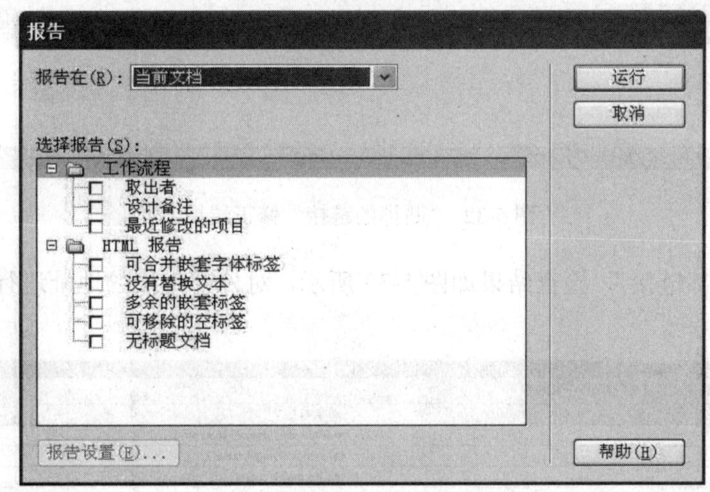

图 5-30 “报告”对话框

下面对该对话框中的各个选项进行介绍。

①“报告在”下拉列表框。可以在该下拉列表框中设置报告生成的范围。

②“取出者”复选框。选中该复选框将报告取出者的信息。

③“设计备注”复选框。选中该复选框将报告备注信息。

④“最近修改的项目”文本框。选中该复选框将报告最近有哪些项目做了修改。

⑤“可合并嵌套字体标签”复选框。选中该复选框将显示可以合并的文字修饰符。

⑥“没有替换文本”复选框。选中该复选框将报告没有添加可替换文字的图像对象。

⑦“多余的嵌套标签”复选框。选中该复选框将报告网页中多余的嵌套符号。

⑧“可移除的空标签”复选框。选中该复选框将报告可删除的 HTML 标签。

⑨“无标题文档”复选框。选中该复选框将报告没有设置标题的网页。

❖　任务实践训练

【具体任务】

利用任务 5.3 中介绍的知识，对 study 站点进行网站测试，根据测试结果进行网站修正。

【实施步骤】

（1）测试链接有效性。执行“窗口”→“结果”→“链接检查器”命令，对站点进行链接检查。

① 检查站点中“断掉的链接”，检查结果如图 5-31 所示，根据检查结果进行修正，更新链接地址，消除断掉的链接，结果如图 5-32 所示。

图 5-31 检查“断掉的链接”结果

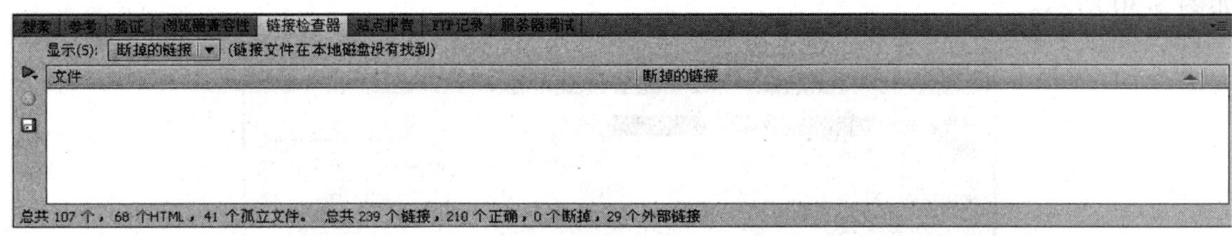

图 5-32 “断掉的链接”修正结果

② 检查“外部链接”，检查结果如图 5-33 所示，对外部链接的地址进行核查，确保准确无误。

图 5-33 检查“外部链接”结果

③ 检查“孤立的文件”，检查结果如图 5-34 所示，对发现的孤立文件进行处理，若需访问，则建立与孤立文件的链接；若为无用文件，则删除。

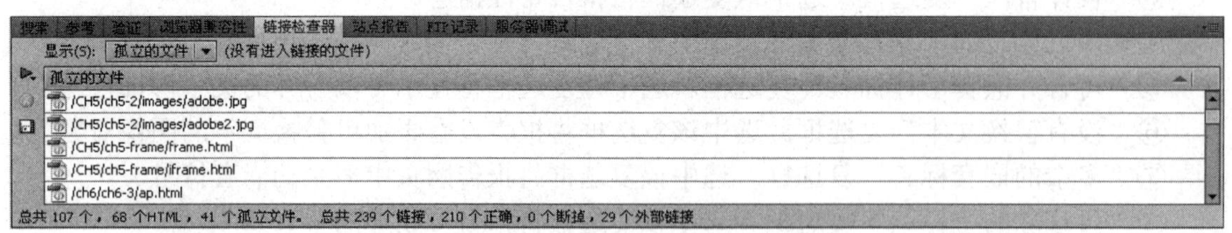

图 5-34 检查“孤立文件”结果

（2）结合站点报告对站点进行综合管理。执行“站点”→“报告”命令，生成 study 站点报告，如图 5-35 所示，然后结合报告结果对站点进行修正。

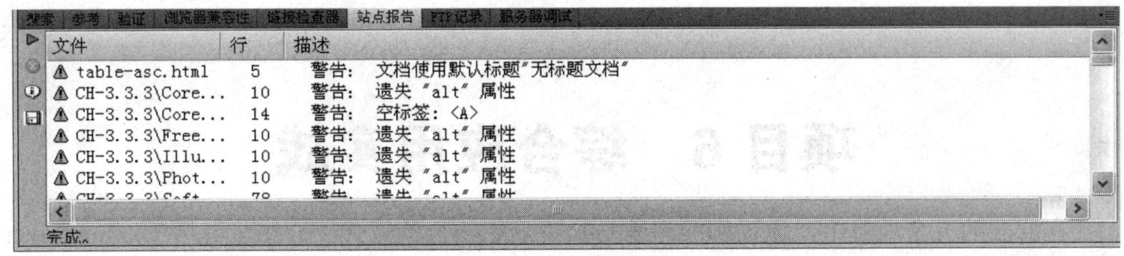

图 5-35　study 站点报告

❖ 任务小结

站点测试是网页设计流程中的一个重要内容，通过测试发现问题，从而使网站达到上传和发布的要求。

习　　题

一、选择题

1．在 Dreamweaver 中，下列关于创建模板的说法错误的是（　　）。

A．在模板子面板中单击右下角的 NewTemplate 按钮，就可以建立新模板

B．在模板子面板中双击已命名的名字，就可以对其进行重命名了

C．在模板子面板中单击已有的模板，就可以对其进行编辑了

D．以上说法都错

2．在创建模板时，下列关于可编辑区的说法正确的是（　　）。

A．只有定义了可编辑区，才能把它应用到网页上

B．在编辑模板时，可编辑区是可以编辑的，锁定区是不可以编辑的

C．一般把共同特征的标题和标签设置为可编辑区

D．以上说法都错

3．在创建模板时，下列关于可选区的说法正确的是（　　）。

A．可选区是在创建网页时定义的

B．可选区的内容不可以是图片

C．使用模板创建网页，对于可选区的内容，可以选择显示或不显示

D．以上说法都错误

二、操作题

按照本项目介绍的知识内容，结合前面项目中制作的网页，使用模板技术将名为“网站设计”的网站设计制作完成，并要求使用库项目。要求如下。

（1）页面浏览效果好。

（2）至少使用 2 个模板文件。

（3）模板定义合理。

（4）规范、恰当地使用库项目。

项目 6　综合应用实战

在前面的五个项目中，通过实践训练与知识点相结合的方式，介绍了使用 Dreamweaver CC 制作网页的相关知识，要想能够熟练使用 Dreamweaver CC 制作网站页面，大量的练习是非常必要的。本项目将通过一个应用案例，巩固使用 Dreamweaver CC 制作网页的知识和技巧。

【知识目标】

- 网站需求分析；
- 建立站点；
- 页面制作。

【能力目标】

- 能对网站进行需求分析；
- 能对站点进行设计；
- 能综合运用所学知识制作网站文件。

【具体任务】

- 任务 1：网站需求分析；
- 任务 2：网站风格、原型设计；
- 任务 3：站点制作。

任务 6.1　网站需求分析

本案例是为某高等职业技术学院的信息工程系设计制作一个网站。

需求分析是网站建设的重要基础工作。网站的需求分析要结合实际，对网站的开发背景、使用环境和受众人群进行分析调研，根据网站的功能需求对网站进行总体规划。

通过前期的调研并征求相关人员意见，对网站整体进行以下几个方面的总体规划。

（1）网站的整体风格。本任务以辽宁机电职业技术学院的信息工程系网站建设为例，整体风格应符合该学院网站的主流风格，并结合该系部的专业背景进行总体风格设计。因此，在色调上以蓝色、黑色为主，突出其严谨、大气的学科氛围，并为其设计了网站 logo，logo 效果如图 6-1 所示。

图 6-1　网站 logo

（2）网站的栏目设计。通过前期的调研分析，结合网站的功能，对网站的内容进行分析和规划，将整个网站分为：系部介绍、专业设置、实训基地、教研科研、招生就业、技能大赛、党务学团、作品欣赏、新闻公告 9 个栏目。

（3）设计网站的首页效果图。综合前面分析的内容，结合艺术设计，对网站首页进行效果设计，效果如图 6-2 所示。

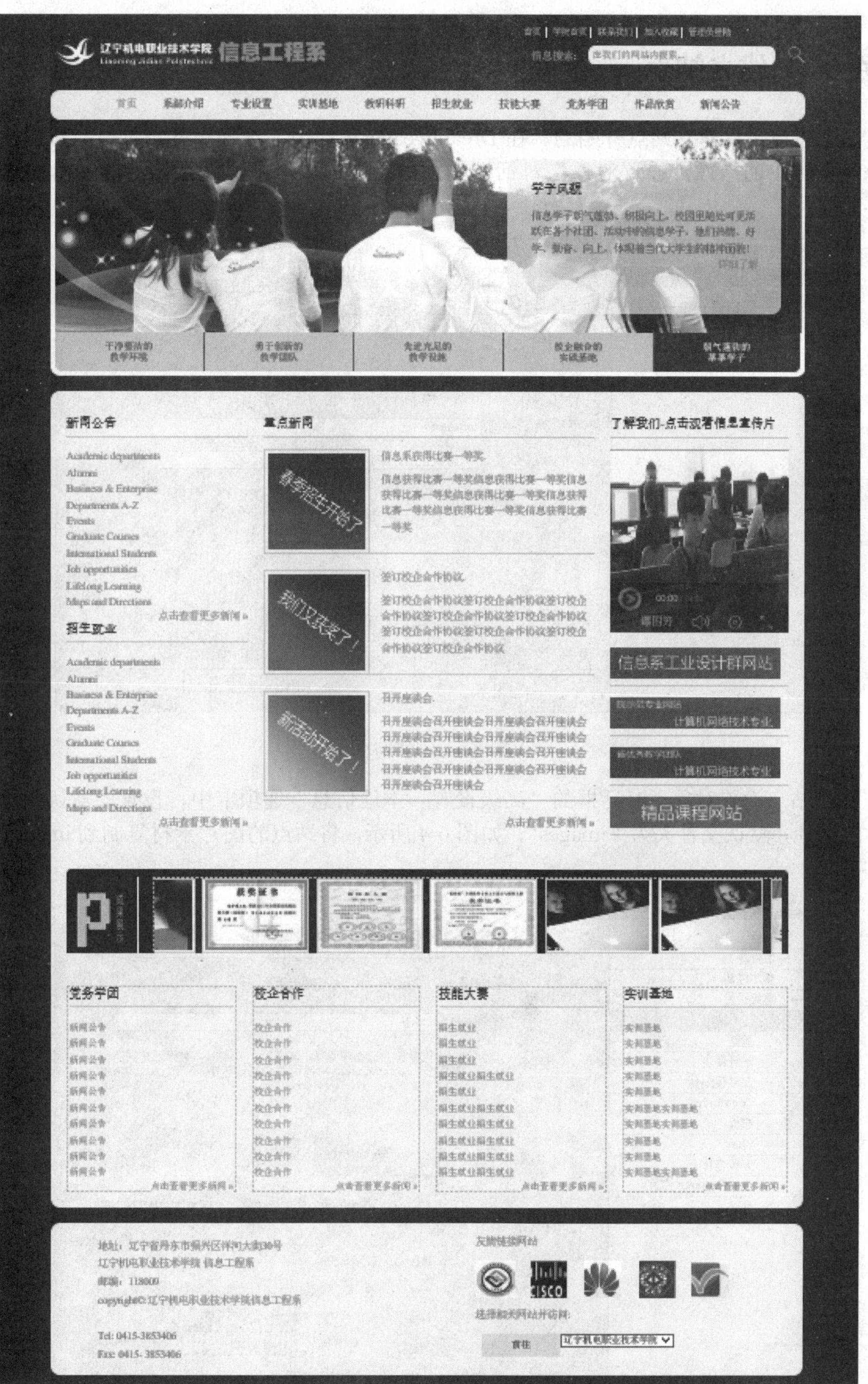

图 6-2　网站首页效果图

任务 6.2 建立站点

网站建设是从建立站点开始的。在 Dreamweaver CC 中，选择“站点”→“新建站点”命令，在弹出的“站点设置对象”对话框的“站点”选项卡中，编辑站点的基本信息。如图 6-3 所示。

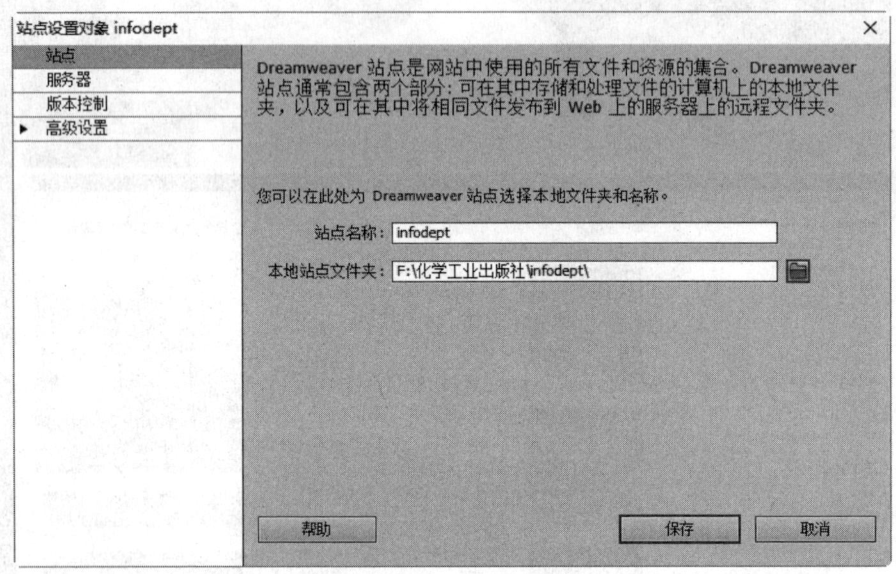

图 6-3 创建站点

在“站点设置对象”对话框的“高级设置→本地信息”选项卡中，设置“默认图像文件夹”的路径，默认文件夹为“images”，如图 6-4 所示，将站点的图片素材复制到 images 文件夹中。

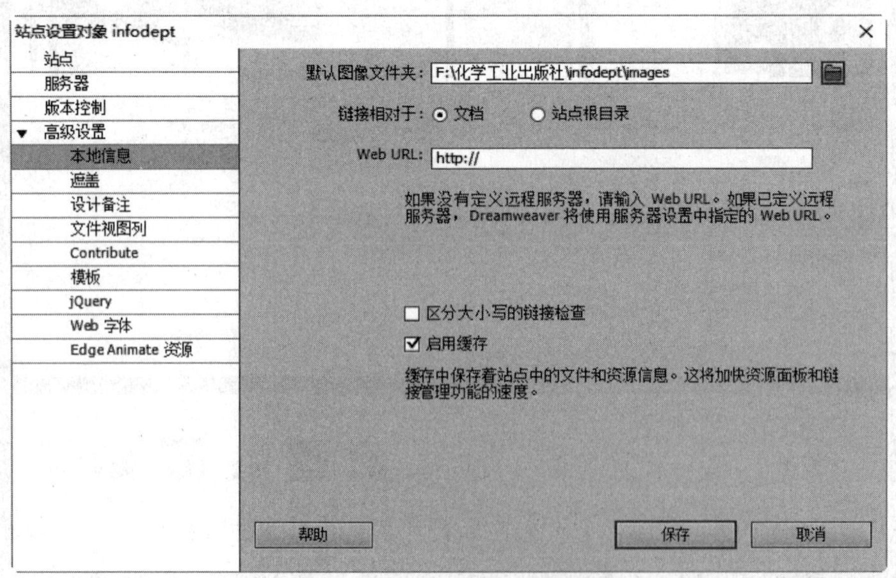

图 6-4 设置站点默认图像文件夹

任务 6.3 站点制作

6.3.1 网站首页设计

1．网页布局

网站首页采用 Div+CSS 布局，根据首页效果图，对页面进行布局设计，“index.html”首页布局效果如图 6-5 所示。

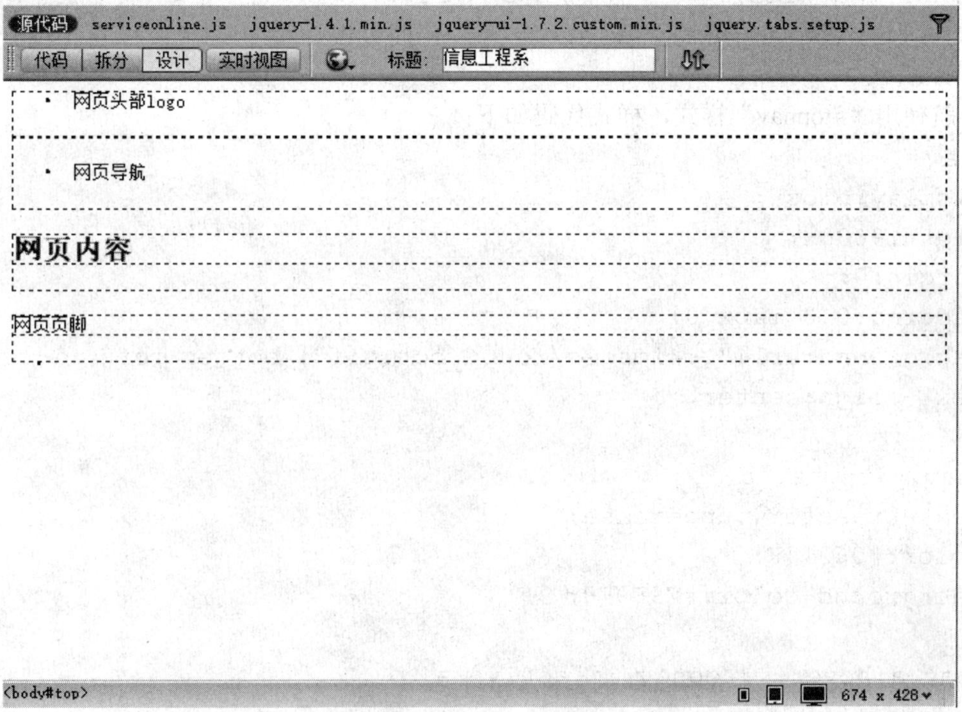

图 6-5 首页布局效果

2．页面居中

通过样式将页面内容宽度固定且居中。在页面中导入外部样式表文件“layout.css”，在其中编辑样式，将页面内容固定且居中，由于本页面由多个 Div 容器组成，需要分别将各 Div 容器居中，样式代码如下：

```
div.wrapper {
   position: relative;
   margin: 0 auto 20px;
   width: 960px;
   text-align: left;
}
```

3．导航设计

通常使用<ul>标签来制作导航栏，导航栏 HTML 代码如下：

```
<ul>
     <li class="active"><a href="index.html">首页</a></li>
```

```
    <li><a href="#">系部介绍</a></li>
    <li><a href="#">专业设置</a></li>
    <li><a href="#">实训基地</a></li>
    <li><a href="#">教研科研</a></li>
    <li><a href="#">招生就业</a></li>
    <li><a href="#">技能大赛</a></li>
    <li><a href="#">党务学团</a></li>
    <li><a href="#">作品欣赏</a></li>
    <li class="last"><a href="#">新闻公告</a></li>
  </ul>
```

导航使用“#topnav”样式，样式代码如下：

```
#topnav{
   display:block;
   width:960px;
   margin:0;
   padding:0 0 12px 0;
   background:url("../images/round_bot.gif") bottom left no-repeat;
   text-align:center;
   }
#topnav, #topnav a{
   text-transform:uppercase;
   color:#06213F;
   background-color:#F9F9F9;
   }
#topnav a:hover, #topnav li.active a{
   color:#55ABDA;
   background-color:#F9F9F9;
   }
#topnav ul, #topnav li{
   margin:0;
   padding:0;
   list-style:none;
   }
#topnav li{
   display:inline;
   margin-right:30px;
   }
#topnav li.last{
   margin:0;
   }
```

4．内容设计

页面主要内容都包含在 ID 名为“container”的容器中，其中根据内容又划分多个小容器，分别是 ID 名为“homepage”、ID 名为“twitter”、ID 名为“academiclinks”的小容器，然后分别设计这些容器的样式。

容器的样式代码如下：

```
#homepage{
   position:relative;
   margin:0 auto 30px;
   display:block;
   width:100%;
   }
/* --------------------------Left Column-----------------------*/
#homepage #left_column{
   display:block;
   float:left;
   width:230px;
   }
#homepage #left_column .imgholder{
   margin-bottom:20px;
   }
/* --------------------------Latest News-----------------------*/
#homepage #latestnews{
   display:block;
   float:left;
   width:420px;
   margin:0 0 0 20px;
   }
#homepage #latestnews ul{
   margin:0;
   padding:0;
   list-style:none;
   }
#homepage #latestnews li{
   display:block;
   width:100%;
   margin:0 0 20px 0;
   padding:0 0 0 0;
   list-style:none;
   border-bottom:1px solid #DEDACB;
   }
#latestnews .latestnews{
   display:block;
   float:right;
```

```
    width:270px;
    margin:0;
    padding:0;
    }
#latestnews .latestnews p{
    margin:0 0 8px 0;
    padding:0;
    }
#latestnews .imgl{
    margin:0;
    }
#latestnews p.readmore{
    display:block;
    width:100%;
    clear:both;
    margin:0;
    padding:0;
    text-align:right;
    }
/* ------------------------Right Column-----------------------*/
#homepage #right_column{
    display:block;
    float:left;
    width:230px;
    margin:0 0 0 20px;
    }
#homepage #right_column .holder{
    display:block;
    width:100%;
    margin-bottom:20px;
    }
#homepage #right_column .apply a{
    display:block;
    width:230px;
    height:100px;
    margin-bottom:20px;
    color:#666666;
    /*background-color:#DEDACB;*/
    font-size:14px;
    text-transform:uppercase;
```

```
    overflow:hidden;
    }
#homepage #right_column .apply a strong{
    display:block;
    float:right;
    width:130px;
    height:72px;
    padding-top:28px;
    text-align:center;
    cursor:pointer; /* IE7 Doesnt render the cursor properly so this
is needed */
    }
#homepage #right_column .apply img{
    display:block;
    float:left;
    width:100px;
    height:100px;
    }
/* -------------------------Twitter-------------------------*/
#twitter{
    display:block;
    width:900px;
    height:134px;
    margin:0 0 30px 0;
    padding:10px;
    clear:both;
    background:url("../images/twitter_bg.gif") top left no-repeat;

    }
#container #twitter a{
    color:#2DCDFF;
    background-color:#00112B;
    }
#twitter .fl_left{
    display:block;
    float:left;
    width:80px;
    height:110px;
    margin:0;
    padding:0;
```

```
    background:url("../images/twitter_logo.gif")  no-repeat;
    border-right:2px solid #FFFFFF;
    text-align:center;
    }
#twitter .fl_left a{text-transform:uppercase;}
#twitter .fl_right{
    display:block;
    float:right;
    width:800px;
    height:118px;
    margin:0;
    padding:0 0 0 0;
    color:#FFFFFF;
    background-color:#00112B;
    }
/* ------------------Academic link Block----------------------*/
#academiclinks{
    display:block;
    width:920px;
    }
#academiclinks .linkbox{
    display:block;
    float:left;
    width:209px;
    margin:0 20px 0 0;
    font-size:12px;
    border:#CCC  dashed 1px;
    padding:0 2px;
    }
#academiclinks a{
    }
#academiclinks ul{
    margin:0;
    padding:0;
    list-style:none;
    }
#academiclinks .last{
    margin:0;
    }
```

5．页面页脚

页面页脚中主要包含版权信息等内容，放置在 ID 为“footer”的 Div 容器中，其样式代码如下：

```
#footer {
   width: 920px;
   padding: 5px 20px 15px 20px;
   background: url("../images/round_bot.gif") bottom left no-repeat;
}
#footer .fl_left img {
   margin-bottom: 30px;
}
#footer address {
   display: inline;
   float: left;
   margin-left: 40px;
   text-transform: none;
   font-style: normal;
   line-height: 1.8em;
}
#footer .fl_right {
   display: block;
   width: 400px;
}
#footer .fl_right p {
   margin: 0 0 15px 0;
   padding: 0;
   line-height: normal;
}
#footer .fl_right #social {
   display: block;
   width: 100%;
   margin: 0 0 15px 0;
   padding: 0;
   line-height: normal;
}
#footer .fl_right #social ul {
   margin: 0;
   padding: 0;
   list-style: none;
}
#footer .fl_right #social li {
   float: left; /* Only For IE */
}
#footer .fl_right #social a {
   display: block;
```

```
    float: left;
    width: 49px;
    height: 49px;
    margin-right: 20px;
    overflow: hidden;
    text-indent: -4000em;
    background: url("../images/social-sprite.gif") no-repeat;
}
#footer .fl_right #social li.last a {
    margin-right: 0;
}
#footer .last {
    margin: 0;
}
```

6.3.2 栏目页设计

网站栏目页“list.html”（如图 6-6 所示），页面的页头和页脚与首页基本相同，这里就不再重复说明。

图 6-6　栏目页“list.html”浏览效果

```
.list li{
    color:#4c657e;
    border-bottom: dashed 1px #b4b4b4;
    height:28px;
    line-height:28px;
    background-image: url(../images/jiantou3.gif);
    background-repeat: no-repeat;
    padding-left:30px;
    background-position: 13px 8px;
}

.list li a{
    color:#4c657e;
    text-decoration: none;
    float:left;
}
.list li span{
    float:right;
}
```

6.3.3 内容页设计

网站内容页“content.html”浏览效果如图 6-7 所示。

图 6-7 内容页“content.html”浏览效果

栏目页的主要栏目内容通过 ID 名为“list”的容器实现，其 HTML 代码如下：

```
<div id="list" class="list">
   <ul>
     <li><a href="#">人大常委会<span>[ 2017-10-24 浏览：9 ]</span></li>
     <li><a href="#">温家宝</a><span>[ 2017-10-24 浏览：9 ]</span></li>
     <li><a href="#">美 19 家地区</a><span>[ 2008-10-24 浏览：9 ]</span></li>
     <li><a href="#">人大常委会</a><span>[ 2017-10-24 浏览：9 ]</span></li>
     <li><a href="#">温家宝开始</a><span>[ 2017-10-24 浏览：9 ]</span></li>
     <li><a href="#">美 19 家</a><span>[ 2017-10-24 浏览：9 ]</span></li>
     <li><a href="#">人大常委会</a><span>[ 2017-10-24 浏览：9 ]</span></li>
     <li><a href="#">温家宝</a><span>[ 2017-10-24 浏览：9 ]</span></li>
     <li><a href="#">美 19 家地区</a><span>[ 2017-10-24 浏览：9 ]</span></li>
     <li><a href="#">人大常</a><span>[ 2017-10-24 浏览：9 ]</span></li>
     <li><a href="#">温家宝</a><span>[ 2017-10-24 浏览：9 ]</span></li>
     <li><a href="#">美 19 家</a><span>[ 2017-10-24 浏览：9 ]</span></li>
     <li><a href="#">人大常委会</a><span>[ 2017-10-24 浏览：9 ]</span></li>
     <li id="bottom_none"><a href="#">温家宝</a><span>[ 2017-10-24 浏览：
9 ]</span></li>
   </ul>
      </div>
     <div class="pagination">
      <ul>
        <li class="prev"><a href="#">&laquo; Previous</a></li>
        <li><a href="#">1</a></li>
        <li><a href="#">2</a></li>
        <li class="splitter">&hellip;</li>
        <li><a href="#">6</a></li>
        <li class="current">7</li>
        <li><a href="#">8</a></li>
        <li><a href="#">9</a></li>
        <li class="splitter">&hellip;</li>
        <li><a href="#">14</a></li>
        <li><a href="#">15</a></li>
        <li class="next"><a href="#">Next &raquo;</a></li>
      </ul>
    </div>
```

样式代码如下：

```
.list_title{
border-bottom: solid 3px #6d7f91;
height:38px;

}
.list ul{
   list-style:none;}
```

```
    }
#container a{
    color:#55ABDA;
    background-color:#F9F9F9;
    }
#container h1, #container h2, #container h3, #container h4, #container
h5, #container h6{
    padding-bottom:8px;
    border-bottom:1px solid #DEDACB;
    }
#container .readmore{
    display:block;
    width:100%;
    text-align:right;
    line-height:normal;
    }
#content{
    display:block;
    float:left;
    width:600px;
    }
.content_title{
    border-bottom: solid 3px #6d7f91;
height:35px;}
.nr{
```

网站的其他页面可以参照前面完成的页面进行设计。

网站内容页面的结构与栏目页相似，主要区别就是内容部分，内容部分放置在 ID 名为“content”的容器中，HTML 代码如下：

```
<div id="content">
    <div class="content_title"><span style="float:left;"> <h1>信息工程系介绍</h1></span><span style="float:right;">[ 2008-10-24 浏览：9 ]</span>
      <div class="clear"></div>
    </div>
    <div class="nr"><p>信息工程系成立于 1999 年…</p>
      <p>信息工程系成立于 1999 年…</p>
      <p>信息工程系成立于 1999 年…</p>
      <div align="right"><strong>作者：管理员<br>
      信息工程系</strong> </div>
        <p>上篇:<a href="#">校企合作协议</a> <br>
        下篇:<a href="#">课程标准讨论会</a></p>
        <div class="tui"><a href="javascript:window.close()" class="guangbi">关闭窗口</a><a href="javascript:window.print()" class="daying">打印本页</a><a href="" class="dabao">打包发回信箱</a> <a href="" class="tuijian">推荐给朋友</a></div>
      </div>
      <div id="respond"></div>
    </div>
    <div id="column">
      <div class="subnav">
        <h2>系部介绍</h2>
        <ul>
          <li><a href="#">概况</a></li>
          <li><a href="#">教学队伍</a></li>
          <li><a href="#">组织机构</a></li>
          <li><a href="#">系部风采</a></li>
          <li><a href="#">教师风貌</a></li>
          <li><a href="#">邮箱服务</a></li>
          <li><a href="#">电话服务</a></li>
        </ul>
      </div>
    </div>
```

样式代码如下：

```
#container {
  width:920px;
  padding:20px;
  line-height:1.6em;
  background:url("../images/round_bot.gif") bottom left no-repeat;
```

参 考 文 献

[1] 孙永道，高欢. 网页设计与制作教程[M]. 北京：清华大学出版社，2011.

[2] 杨艳. 网页设计与制作[M]. 北京：清华大学出版社，2011.

[3] 申莉莉. Dreamweaver CC 网页设计与制作教程[M]. 3 版. 北京：机械工业出版社，2015.

[4] 张国勇，贺丽娟.Dreamweaver CC 白金手册[M]. 北京：清华大学出版社，2015.

[5] 李英俊. 网页设计与制作[M]. 3 版. 大连：大连理工大学出版社，2010.

[6] 牛立成. 网页设计与制作[M]. 大连：大连理工大学出版社，2007.

[7] 李敏. 网页设计与制作案例教程[M]. 3 版. 北京：电子工业出版社，2015.

[8] 杨桂，刘亚妮.网页设计与制作[M]. 大连：大连理工大学出版社，2010.